U0276773

中文版 **CorelDRAW X6**

图形设计与制作

慕课版

◎ **老虎工作室** 张亚先 艾萍 编著

人民邮电出版社

北 京

图书在版编目（CIP）数据

中文版CorelDRAW X6图形设计与制作：慕课版 / 老
虎工作室，张亚先，艾萍编著. -- 北京：人民邮电出版
社，2018.1
ISBN 978-7-115-45656-4

Ⅰ. ①中… Ⅱ. ①老… ②张… ③艾… Ⅲ. ①图形软
件 Ⅳ. ①TP391.41

中国版本图书馆CIP数据核字(2017)第098213号

内 容 提 要

本书是人邮学院（www.rymooc.com）慕课"CorelDRAW 图形制作"的配套教材，书中全面介绍了 CorelDRAW X6 的基本操作方法和应用技巧，包括 CorelDRAW X6 界面简介、图形图像基本概念、图形文件的基本操作、页面的设置、图形绘制与编辑工具的应用、图形的填充及轮廓工具的应用、文本工具的应用、对象的其他操作、特殊效果工具的应用以及位图的处理等内容。全书按照"边学边练"的理念设计框架结构，各章内容的讲解以实例操作为主，且操作实例都有详尽的操作步骤，以突出对读者实际操作能力的培养。

本书可作为各高等院校平面设计、工业设计等专业的教材，也适合 CorelDRAW 入门级读者学习使用。

◆ 编　著　老虎工作室　张亚先　艾　萍
责任编辑　税梦玲
责任印制　陈　犇

◆ 人民邮电出版社出版发行　　北京市丰台区成寿寺路 11 号
邮编　100164　电子邮件　315@ptpress.com.cn
网址　http://www.ptpress.com.cn
固安县铭成印刷有限公司印刷

◆ 开本：787×1092　1/16
印张：19.5　　　　　　　　2018 年 1 月第 1 版
字数：563 千字　　　　　　2025 年 1 月河北第 9 次印刷

定价：49.80 元

读者服务热线：(010)81055256　印装质量热线：(010)81055316
反盗版热线：(010)81055315
广告经营许可证：京东市监广登字20170147号

　　CorelDRAW 是功能强大的平面设计软件，它在平面广告设计、装潢设计、企业形象策划、工业设计、产品包装造型设计、网页设计、室内外建筑效果图绘制及印刷排版等领域都有广泛应用。

　　为了让读者能够快速地掌握 CorelDRAW 图形绘制的方法，人民邮电出版社充分发挥在线教育方面的技术优势、内容优势和人才优势，潜心研究，为读者提供一种"纸质图书 + 在线课程"相配套、全方位学习 CorelDRAW 图形绘制的解决方案，读者可根据个人需求，利用图书和人邮学院平台上的在线课程进行系统化、移动化的学习。

一、本书使用方法

　　本书可单独使用，也可与人邮学院中对应的慕课课程配合使用，为了读者更好地完成 CorelDRAW 的学习，建议结合人邮学院的慕课课程进行学习。

　　人邮学院（见图 1）是人民邮电出版社自主开发的在线教育慕课平台，它拥有优质、海量的课程，具有完备的在线"学习、笔记、讨论、测验"功能，提供完善的一站式学习服务，用户可以根据自身的学习程度，自主安排学习进度。

图 1　人邮学院首页

现将本书与人邮学院的配套使用方法介绍如下。

1. 读者购买本书后，刮开粘贴在图书封底的刮刮卡，获取激活码（见图 2）。

2. 登录人邮学院网站（www.rymooc.com），或扫描封面上的二维码，使用手机号码完成网站注册（见图 3）。

图 2　激活码

图 3　注册

3. 注册完成后，返回网站首页，单击页面右上角的"学习卡"选项（见图 4）进入"学习卡"页面（见图 5），输入激活码，即可获得慕课课程的学习权限。

图 4 单击"学习卡"选项　　　　　　　　　图 5 在"学习卡"页面输入激活码

4. 获取权限后，读者可随时随地使用计算机、平板电脑及手机进行学习，还能根据自身情况自主安排学习进度（见图 6）。

5. 读者在学习中遇到困难，可到讨论区提问，导师会及时答疑解惑，其他读者也可帮忙解答，互相交流学习心得（见图 7）。

6. 本书有配套的 PPT、源文件等资源，读者可在"CorelDRAW 图形制作"页面底部找到相应的下载链接（见图 8），也可在人邮教育社区（www.ryjiaoyu.com）下载。

图 7 讨论区

图 6 课时列表　　　　　　　　　　　　　图 8 配套资源

人邮学院平台的使用问题，可咨询在线客服，或致电 010-81055236。

二、本书特点

本书是基于目前高等院校开设相关课程的教学需求和社会上对 CorelDRAW 图形制作人才的需求而编写的。本书特点如下。

内容实用。 按照"边学边练"的理念设计本书框架结构，精心选取 CorelDRAW 图形制作的一些常用功能，将知识点分成小的学习模块，各模块结构形式为"理论知识＋上机练习"，适用于"边讲、边练、边学"的教学模式。

名师授课。 "人邮学院"的配套课程由老虎工作室的金牌作者、资深 CorelDRAW 培训专家艾萍主讲，视频内容包含了艾萍老师多年讲授和使用 CorelDRAW 的经验及技巧。

互动学习。 读者可在慕课平台上进行提问，通过交流互动，轻松学习。

编　者
2017 年 11 月

目录 / CONTENTS

CONTENTS

CONTENTS

CONTENTS

Chapter

1

第1章
CorelDRAW X6预备
知识

Corel公司出品的CorelDRAW是集矢量图形绘制、设计、文字编辑、位图处理及印刷排版于一体的平面设计软件，它在矢量绘图方面功能强大，操作灵活。本章主要介绍矢量图形和位图图像与计算机中色彩模式的基本概念，CorelDRAW X6的启动与退出以及工作界面等内容。

学习要点

- 了解矢量图形与位图图像的区别。

- 了解计算机中的色彩模式。

- 了解常用的文件格式。

- 了解CorelDRAW X6的工作界面。

1.1 基本概念

在使用 CorelDRAW X6 之前，首先需要了解矢量图形与位图图像的区别、计算机中的色彩模式以及常用的文件格式。

1.1.1 矢量图形与位图图像

在计算机图形领域中有两种表示图形的方式，即矢量图形与位图图像。下面详细介绍两者的特点与区别。

矢量图形与位图图像

1. 矢量图形

矢量图形又称向量图形，是计算机按照数字模式描述的图形。在 CorelDRAW 中绘制的图形都属于矢量图形。在平面设计领域，还有其他的矢量绘图软件，如 Illustrator、PageMaker 和 FreeHand 等。

由于矢量图形是计算机利用点和线的属性方式来表达的，因此它的显示与分辨率无关，无论将图形放大多少倍，图形线条边缘均可光滑显示。图 1-1 所示为矢量图形的原始尺寸与放大后的效果比较。另外，矢量图形的文件大小只与图形的复杂程度有关，因此矢量图形需要的存储空间很小，绘制与编辑时对计算机的内存要求较低，并可以按打印机或印刷机等输出设备的最高分辨率进行打印。

2. 位图图像

在 CorelDRAW 中，位图图像可以以导入的方式置入到文件中并进行编辑处理，还可以将 CorelDRAW 文件中的矢量图形导出为位图图像格式，并在位图图像处理软件（如 Photoshop 等）中进行编辑处理。

位图图像又称光栅图或点阵图，是由计算机中最小显示单位的点（通常被称为像素）排列组成的图像，它的显示清晰度、文件大小均与分辨率密切相关。当图像被放大到 100% 以上时，图像就会变得模糊且产生锯齿。因此要想得到高品质的图像，就需在设计初期设置高的分辨率，但是这样会对计算机的内存提出更高的要求。图 1-2 所示为位图图像的原始尺寸与放大后的效果比较。

图 1-1 矢量图形的原始大小与放大后的效果比较

图 1-2 位图图像的原始大小与放大后的效果比较

1.1.2 色彩模式

在计算机平面设计应用中有多种定义颜色的方法，这些不同的方法称为色彩模式。常用的色彩模式有 CMYK（青色、品红色、黄色和黑色）模式、RGB（红色、绿色和蓝色）模式、HSB（色度、饱和度和亮度）模式、HLS（色度、光度和饱和度）模式以及 CLELab（Lab）模式等，各种色彩模式可以根据处理图像的需要进行相互转换。其中常用的色彩模式为 CMYK 和 RGB。

色彩模式

在平面设计初期，首先要根据作品的用途为作品选择相应的色彩模式。如果作品是用来出版印刷的，最好使用 CMYK 模式；如果是用来在显示设备上展示的，如网页的页面等，那么最好使用 RGB 模式。有些作品则需要准备两份不同色彩模式的文件。

下面介绍 3 种比较常用的色彩模式。

1. CMYK 模式

CMYK 模式通过混合青色（Cyan）、品红色（Magenta）、黄色（Yellow）和黑色（Black）4 种颜色来定义各种颜色。很多印刷品都是采用 CMYK 模式印刷的，在混合颜色时以百分比的形式来表示加入的每种颜色的多少。每种颜色的取值范围在 0% ～ 100%。如果 4 种颜色的值都为 100%，则为黑色；如果 4 种颜色的值都为 0%，则为纯白色。

 要点提示

理论上，当青色、品红色和黄色的值都为 100% 时，混合出来的颜色应为黑色，但输出设备实际产生的色彩偏深褐色，显得很脏。因此在设计中，最好再加入些黑色来使输出的颜色显得更纯，也可以使用 100% 的黑色。

2. RGB 模式

RGB 模式通过混合红色（Red）、绿色（Green）和蓝色（Blue）3 种颜色来定义颜色。计算机显示器所使用的颜色模式是 RGB 模式，这种模式显示的颜色最鲜艳。在混合时以数值的形式表示每种色彩的多少，每种色彩的取值范围为 0 ～ 255。如果每种颜色的值都为 255，则混合出白色；如果每种颜色的值都为 0，则混合出黑色。

 要点提示

由于设备等客观因素，显示器等设备上显示的色彩与真实色彩之间存在偏差，另外输出设备也会影响输出的色彩显示，同一作品在显示器上的显示与印刷或打印出的颜色会有一些不同。因此，在做设计之前，应使用标准色标校准显示器，以减小色彩显示与输出的偏差。

3. HSB 模式

HSB 模式使用色度（H）、饱和度（S）和亮度（B）来定义颜色。它基于人们对色彩的感知方式来描述颜色。色度描述颜色的色相，用 0° ～ 359° 来表示（例如，0° 为红色，6° 为黄色，120° 为绿色，180° 为青色，240° 为蓝色，而 300° 则为品红）。饱和度描述颜色的鲜明度或阴暗度，用 0% ～ 100% 来测量（百分比越高，颜色越鲜明）。亮度描述颜色包含的白色量，用 0% ～ 100% 来测量（百分比越高，颜色越明亮）。

1.1.3　常用的文件格式

在存储文件时会涉及文件的格式，不同的软件有相应的文件存储格式，了解常用的数据格式可以方便用户在不同的软件中转换数据。要想知道某一文件的格式，只要看它的扩展名即可，例如，CorelDRAW 中的默认存储格式的扩展名为 .cdr。下面介绍几种常用的文件格式。

常用文件格式

1. CDR 格式

CDR 格式是 CorelDRAW 的默认存储格式，是矢量图的存储格式。

2. AI 格式

AI 格式是 Illustrator 使用的存储格式，是矢量图文件的通用格式，此格式的文件可以在 Photoshop 和 CorelDRAW 等软件中直接打开。

3. EPS 格式

EPS 格式是一种跨平台的通用格式，大多数的绘图软件和排版软件都支持此格式，它可以保存图像的路径信息，常用于数据在不同软件间的转换。

4. BMP 格式

位图（Windows-bitmap，BMP）格式是 Microsoft 软件的专用图形格式，也就是常说的位图格式，它是 Windows 兼容计算机系统的标准图像格式。BMP 格式支持 RGB、索引颜色、灰度和位图颜色模式，但不支持 Alpha 通道。位图格式的文件较大，但它是最通用的图像文件格式之一。

5. GIF 格式

图形交换格式（Graphics Interchange Format，GIF）格式的文件是 8 位图像文件，最多为 256 色，GIF 格式不支持 Alpha 通道。GIF 格式的文件较小，常用于网络传输，在网页上见到的图片大多是 GIF 和 JPEG 格式的，但 GIF 格式相对 JPEG 格式的优势在于 GIF 格式的文件可以保存动画效果。

6. JPEG 格式

联合图像专家组（Joint Photographic Experts Group，JPEG）格式也就是读者熟悉的扩展名为 .jpg 的图像格式。JPEG 格式实际上是一种压缩的图像文件格式，它支持真彩色，生成的文件较小，也是较常用的图像格式。JPEG 格式也是网络上最常用的格式之一，它相对 GIF 格式的优势在于：JPEG 格式文件保留 RGB 图像中的所有颜色信息，通过有选择地去掉数据来压缩文件，而 GIF 格式的文件多数采用索引颜色。

 要点提示

JPEG 格式是有损压缩格式，可以通过设置压缩的类型来产生不同大小和质量的文件。也就是说，压缩率越高，图像文件越小，相对的图像质量就越差。

7. PSD 格式

PSD 格式是 Photoshop 专用的存储格式，可以保存图像的图层、通道和路径等信息，它是在完成图像处理任务之前，一种常用的且可以较好地保存图像信息的格式。但使用 PSD 格式存储的文件较大。

8. PNG 格式

PNG（可移植网络图形）格式的文件主要用于替代 GIF 格式的文件。GIF 格式的文件虽然较小，但图像的颜色和质量较差。PNG 格式可以使用无损压缩方式压缩文件，它支持 24 位图像，产生的透明背景没有锯齿边缘，因此可以产生质量较好的图像效果。但是，一些较早版本的网页浏览器可能不支持 PNG 图像。

9. TGA 格式

TGA（Targa）格式专用于使用 Truevision（R）视频版的系统，MS-DOS 色彩应用程序普遍支持这种格式，它也是较常见的图像格式之一。Targa 格式支持带一个 Alpha 通道的 32 位 RGB 文件和不带 Alpha 通道的索引颜色、灰度、16 位和 24 位 RGB 文件。

10. TIFF

标记图像文件格式（Tag Image File Format，TIFF）用于在应用程序之间和计算机平台之间交换文件。TIFF 是一种灵活的位图图像格式，被所有绘画、图像编辑和页面排版应用程序支持，而且几乎所有的桌面扫描仪都可以生成 TIFF 图像。TIFF 支持带 Alpha 通道的 CMYK、RGB 和灰度文件，支持不带 Alpha 通道的 Lab、索引颜色和位图文件，TIFF 也支持 LZW 压缩。

1.2　CorelDRAW X6 的启动

确定计算机中已经安装了 CorelDRAWX6 中文版软件后，下面介绍进入 CorelDRAW X6 工作界面的方法。

【例 1-1】：启动 CorelDRAW X6。

操作步骤

开启 CorelDRAW

STEP 1　双击桌面上的 CorelDRAW X6 图标。

STEP 2　计算机将启动 CorelDRAW X6 程序，图 1-3 所示为 CorelDRAW X6 软件的工作界面。

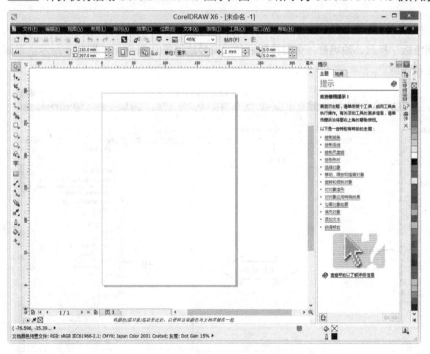

图 1-3　CorelDRAW X6 的工作界面

案例小结

安装软件后，第一次启动 CorelDRAW X6 时，会弹出如图 1-4 所示的欢迎屏幕。欢迎屏幕提供了【新建空白文档】、【打开最近用过的文档】、【打开其他文档】、【从模板新建】、【快速入门】和【新增功能】等选项。在此窗口中单击【新建空白文档】图标，即可进入 CorelDRAW 的工作界面，并同时新建一个图形文件。若想启动时不打开欢迎屏幕，而直接进入工作界面，可以取消勾选【启动时始终显示欢迎屏幕】复选项。

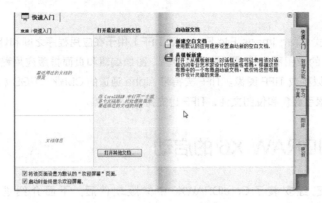

图 1-4　CorelDRAW X6 的欢迎屏幕

　　本节介绍了 CorelDRAW X6 的启动方法，掌握软件的正确启动方法是学习该软件的必要条件，也是使用软件前的必做工作。

1.3　CorelDRAW X6 的工作界面

　　CorelDRAW X6 的工作界面按功能可划分为标题栏、菜单栏、工具栏、属性栏、工具箱、工作窗口、状态栏、调色板、标尺、泊坞窗、页面控制栏和视图导航器等几部分，如图 1-5 所示。下面详细介绍各部分的功能和作用。

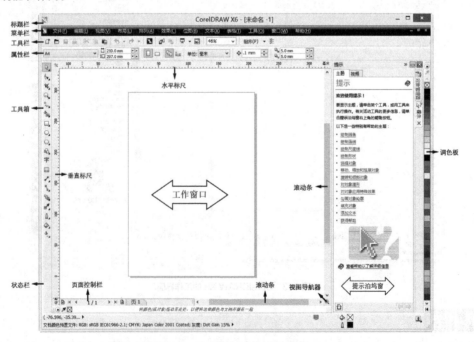

图 1-5　CorelDRAW X6 的工作界面与各部分的名称

1．标题栏

　　标题栏位于界面窗口顶部，显示当前软件的名称、版本号及当前绘制的文件的名称。其右侧有 3 个按钮 ，主要用于控制界面窗口的大小及关闭软件。

2. 菜单栏

菜单栏默认位于标题栏的下方，它几乎包含了 CorelDRAW X6 中的所有功能与命令。菜单栏按功能划分为【文件】、【编辑】、【视图】、【布局】、【排列】、【效果】、【位图】、【文本】、【表格】、【工具】、【窗口】及【帮助】12 个菜单，每一个菜单中又包含若干个子菜单，选择任意一个子菜单可以执行相应的命令。

- 【文件】菜单：主要针对绘制或编辑的图形文件进行操作，包括文件的新建、打开、保存和关闭，其他格式文件的导入、导出以及文件的打印设置等。
- 【编辑】菜单：主要针对工作区域中的图形 / 图像进行编辑操作，包括撤销与重做，图形 / 图像的剪切、复制和粘贴等。
- 【视图】菜单：用来设置图形 / 图像在工作区域中的显示方式以及辅助对象（网格、辅助线和标尺等）的显示与设置等。
- 【布局】菜单：主要用来进行页面的添加以及页面大小、背景等设置，并进行页面间的切换等操作。
- 【排列】菜单：主要用来对工作区域中选择的图形 / 图像进行变换、排列、群组、合并及锁定等操作。
- 【效果】菜单：主要用来对工作区域中选择的图形（矢量）进行特殊效果的处理，包括调整和复制效果、仿制等操作。
- 【位图】菜单：主要用来对工作区域中选择的图像（位图）进行位图效果的处理，包括转换位图、编辑位图及位图特殊效果的添加等操作。
- 【文本】菜单：主要用来对输入的文字进行处理，包括字体和字号的设置、段落文字的属性设置及使文字适合路径等操作。
- 【表格】菜单：主要用来插入表格并编辑表格的样式。
- 【工具】菜单：主要用于设定 CorelDRAW X6 中的大部分命令，包括菜单栏、工具栏和其他工具的属性设置以及颜色和对象的管理设置等。
- 【窗口】菜单：主要用于对界面窗口进行管理以及各控制对话框、泊坞窗的调用和管理等。
- 【帮助】菜单：包括 CorelDRAW X6 的自带帮助文件和 CorelDRAW X6 的在线帮助等。

在某些子菜单的命令后面还带有图标、符号或文字等，这些内容均有其相应的含义。

- 子菜单命令后的 ▶ 图标表示这个命令后面还有子菜单，将鼠标指针移到这个命令上停留片刻，会弹出相应的子菜单。
- 子菜单中有些命令后面有一个省略号，表示选择此命令会弹出相应的对话框。
- 有些命令以灰色显示，表示该命令只有在特定的情况下才可使用。
- 子菜单中有些命令后面有键盘按键的英文字母组合，这表示 CorelDRAW X6 对一些常用的命令设置了键盘的快捷方式。按键盘中的按键组合，则会执行相应的操作。例如，【编辑】/【粘贴】命令后显示 "Ctrl+V"（见图 1-6），表示按 Ctrl + V 组合键也可以执行粘贴操作。

| 粘贴(P) | Ctrl+V |

图 1-6 【编辑】/【粘贴】命令

要点提示

CorelDRAW X6 为大部分常用的菜单命令设置了快捷键，熟悉并掌握这些快捷键可以大大提高工作效率。

3. 工具栏

工具栏默认位于菜单栏的下方，工具栏中包含一些常用菜单命令的快捷工具按钮。工具栏中各按钮相应的功能如图 1-7 所示。

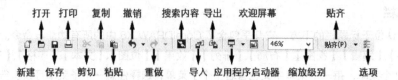

图1-7　标准工具栏中各工具按钮及对应的功能

4. 属性栏

属性栏默认位于工具栏的下方，其选项根据所选工具或对象的不同而不同。当选择工具箱中的【文本】工具或选择工作区域中的文本对象时，属性栏则显示相应的创建和编辑文本的命令、选项及参数等，如图1-8所示。

图1-8　选择文本对象或【文本】工具时的属性栏状态

5. 工具箱

工具箱默认位于工作界面的最左侧，是CorelDRAW X6中常用工具命令的集合，包含用于创建、填充和修改图形的19组工具。

有些工具按钮的右下角有黑色小三角符号，表示该工具还隐藏着其他的同类工具。要选择这些隐藏的工具，可将鼠标指针移动到该按钮上，单击鼠标左键一段时间，就会弹出其他工具。工具箱及展开的隐藏按钮如图1-9所示。

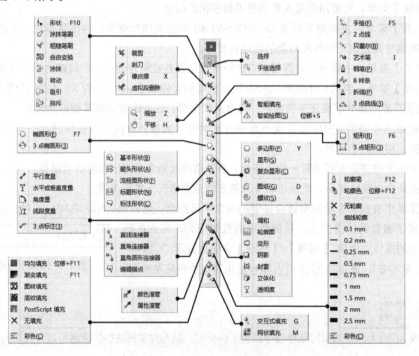

图1-9　工具箱及隐藏的工具按钮

若想查看某个工具的名称，可将鼠标指针移到到该工具按钮上并停留片刻，这样就会在工具按钮的右下角显示该工具的名称。

6. 工作窗口

工作窗口位于 CorelDRAW X6 界面的中间，是进行操作的工作区域。平面设计所创建的图形、文本及导入的图像等均显示在工作区域中。

工作窗口中的矩形框为可打印的区域。文件中的对象可以放置在工作窗口中的任意位置，但是只有矩形框内的对象可以通过输出设备进行打印输出，矩形框外的对象则不会被打印。

CorelDRAW 界面

7. 状态栏

状态栏位于 CorelDRAW X6 界面的底部，括号内显示鼠标指针的当前位置。括号后面的文字内容为当前工具使用方式的简要提示，还包含当前所选对象的相关信息，如对象的类型、大小、位置、颜色、填充和分辨率等。

8. 调色板

调色板默认位于工作界面的右侧，是为选择的对象进行单色填充的最快途径。单击调色板下方的 ◄ 按钮，可展开调色板中隐藏的色样。此部分内容将在后面详细介绍。

9. 标尺

标尺用于确定图形的大小和位置，按住鼠标左键并从标尺的位置向工作窗口拖曳，到某一处时释放鼠标，这样即可拖曳出水平或垂直方向上的辅助线，辅助线以虚线方式显示。按住鼠标左键并从左上角的 ⌖ 按钮向工作窗口拖曳，到某一处时释放鼠标，这样即可更改标尺的零点位置。双击 ⌖ 按钮，则可恢复零点位置为默认状态。当工作窗口中有辅助线时，单击辅助线即可将其选中（此时选择的辅助线将变为红色），按 Delete 键即可将选择的辅助线删除。此部分内容将在后面详细介绍。

10. 泊坞窗

CorelDRAW X6 初始界面右侧显示的是"提示泊坞窗"，它可以帮助用户更有效地使用该软件。当选择相应的工具时，泊坞窗会显示相应的提示，告诉用户该工具的使用方法及技巧。

用户还可以选择【窗口】/【泊坞窗】子菜单中的命令，调出其他的泊坞窗。泊坞窗主要是针对软件中某些特定的工具和命令额外增加的一些参数命令。例如，当对多个重叠的图形进行造形修整时，可以利用属性栏中的 ⬚⬚⬚⬚⬚⬚⬚ 按钮组对图形进行快速修整；另外也可以选择【排列】/【造形】命令，弹出图 1-10 所示的【造形】子菜单；还可以选择【窗口】/【泊坞窗】/【造形】命令，在界面右侧弹出图 1-11 所示的【造形】泊坞窗，在这个对话框中额外增加了【保留原件】的复选项，使【造形】命令使用起来更加方便、灵活。

11. 页面控制栏

CorelDRAW X6 允许在一个图形文件中创建多个页面，而页面控制栏就是用来控制当前文件的页面添加与删除、切换页面方向和跳页等操作的。

页面控制栏位于工作界面左下方，主要显示当前页码和总页数等信息，如图 1-12 所示。

图 1-10 【造形】子菜单

图 1-11 【造形】泊坞窗

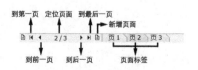

图 1-12 页面控制栏

页面的添加和重命名等操作参见"2.2.2 小节"的内容。

12. 视图导航器

视图导航器位于绘图窗口的右下角，其快捷键为Ⓝ。利用它可以显示绘图窗口中的不同区域。在🔍【视图导航器】按钮上按住鼠标左键不放，然后在弹出的小窗口中拖曳，如图 1-13 所示，这样即可显示绘图窗口中的不同区域。注意，只有在物件超出页面显示范围时此功能才可用。

上面介绍了 CorelDRAW 的工作界面，相信通过上面的学习，读者已经对 CorelDRAW X6 的界面及各部分的功能有了初步的认识。

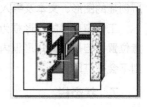

图 1-13 【视图导航器】状态

1.4 CorelDRAW X6 的退出

用 CorelDRAW 对图形进行编辑并保存后，需要退出软件。下面介绍退出软件的方法。

【例 1-2】：退出 CorelDRAW X6。

操作步骤

STEP 🖱1 确认 CorelDRAW X6 已经启动。

STEP 🖱2 CorelDRAW X6 界面窗口的标题栏右侧有一组控制按钮，单击 ✕ 按钮即可退出 CorelDRAW X6。

要点提示

除了单击 ✕ 按钮可以退出软件之外，还有其他方法可以将软件关闭，即选择【文件】/【退出】命令或按Alt + F4组合键。

案例小结

本节简单介绍了 CorelDRAW X6 的退出方法，希望读者能够将其掌握，并养成良好的启动和退出软件的习惯。

1.5 习题

1. 简述矢量图形与位图图像的区别。
2. 简述色彩的几种模式，并说明其适用范围。
3. 简述 CorelDRAW X6 的工作界面按功能可分为几部分，各部分的名称、功能及作用。

Chapter

2

第2章
CorelDRAW X6
基本操作

本章主要介绍CorelDRAW X6的基本操作，其中包括文件的创建与存储、图像的导入与导出，标尺、辅助线与网格的设置，视图查看方式的设置以及视图的查看方式等。这些知识是CorelDRAW X6比较基础的内容，对后续的进阶学习非常重要，希望读者能够熟练掌握。

学习要点

- 掌握图形文件的创建与存储方法。

- 掌握图形/图像文件的导入与导出方法。

- 学会设置图形文件的标尺、辅助线及网格。

- 学会设置视图的查看方式。

- 掌握视图的查看方式。

2.1 图形文件的基本操作

命令简介

- 【文件】/【新建】命令：用于创建一个新文件。
- 【文件】/【从模板新建】命令：用于创建一个带有预先设置的新文件。
- 【文件】/【打开】命令：用于打开一个存储在本地磁盘上的图形文件。
- 【文件】/【保存】命令：将当前编辑的文件保存在本地磁盘中。
- 【文件】/【另存为】命令：将当前编辑的文件重新命名并进行保存。
- 【文件】/【导入】命令：用于导入使用【打开】命令所不能打开的图像文件。
- 【文件】/【导出】命令：用于将 CorelDRAW X6 中绘制的图形以不同格式的文件导出。

页面设置

2.1.1 新建图形文件

利用【文件】/【新建】命令创建一个新文件。

【例 2-1】:【新建】命令的使用。

操作步骤

STEP ⬇1 双击桌面上的 图标，进入欢迎界面。

STEP ⬇2 选择【新建空白文档】选项即可创建一个新的文件。新建文件的名称可以在界面的标题栏中查看，默认为 [未命名 –1]，如图 2-1 所示。

图 2-1　新建文件后的界面

除了上述方法外，还有如下几种新建文件的方法。

- 进入 CorelDRAW X6 以后，单击工具栏中的 按钮，可以创建一个新文件。
- 进入 CorelDRAW X6 以后，按 Ctrl + N 组合键可以快速创建一个新文件。
- 进入 CorelDRAW X6 以后，选择【文件】/【新建】命令，创建一个新文件。

案例小结

本节主要介绍了几种新建图形文件的方法，常用的方法是利用快捷键新建文件，希望读者能够灵活掌握。

2.1.2 从模板创建图形文件

模板是预先定义的一组信息，它包含页面大小、方向、标尺位置、网格和辅助线等信息，模板也可以包括可修改的图形和文本。用户可以使用 CorelDRAW X6 中预置的模板或自己定义并存储的模板创建一个新文件，以加快绘制图形的速度。

【例 2-2】：【从模板新建】命令的使用。

利用【文件】/【从模板新建】命令创建一个新文件，创建的新文件如图 2-2 所示。

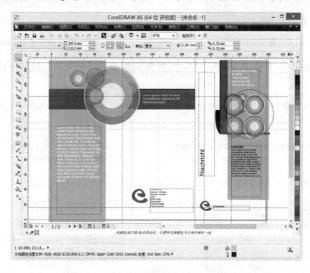

图 2-2 利用【从模板新建】命令创建文件

操作步骤

STEP 📑**1** 选择【文件】/【从模板新建】命令，弹出如图 2-3 所示的对话框。

STEP 📑**2** 在【从模板新建】对话框中选择【小册子面】选项卡，在下面的文件列表中选择文件名为"德国室内装饰师"的模板文件，单击 确定 按钮即可利用模板创建一个如图 2-2 所示的新文件。

2.1.3 打开图形文件

利用【文件】/【打开】命令（快捷键为 Ctrl + O）打开 CorelDRAW X6 中自带的一个名为"Sample2.cdr"的图形文件，如图 2-4 所示。

【例 2-3】：【打开】命令的使用。

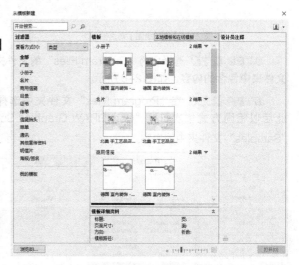

图 2-3 【从模板新建】对话框

操作步骤

STEP 📑**1** 选择【文件】/【打开】命令，或单击工具栏中的按钮，弹出如图 2-5 所示的【打开绘图】对话框。

图 2-4　打开的图形文件

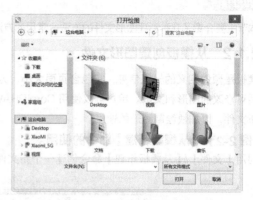

图 2-5　【打开绘图】对话框

STEP 2 单击【打开绘图】对话框中的左侧列表中的【BOOTCAMP（C:）】选项，如图 2-6 所示。

STEP 3 【打开绘图】对话框的文件目录中将显示【BOOTCAMP（C:）】的文件夹与文件，如图 2-7 所示的。

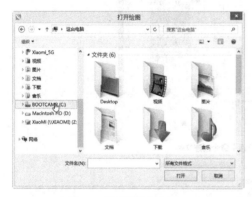

图 2-6　【打开绘图】对话框

图 2-7　（C:）中包含的文件夹与文件

STEP 4 选择名为 "Program Files" 的文件夹，单击 打开 按钮，则显示 "Program Files" 文件夹中包含的内容，如图 2-8 所示。

STEP 5 在 "Program Files" 文件夹中选择名为 "Corel" 的文件夹，单击 打开 按钮。此后以相同方式依次打开 "CorelDRAW Graphics Suite X6\Draw\Samples" 文件夹，图 2-9 所示为 "Samples" 文件夹中的内容。

图 2-8　"Program Files" 文件夹中包含的内容

图 2-9　"Samples" 文件夹中的内容

STEP 🔲6 在 "Samples" 文件夹中选择名为 "Sample2" 的文件，然后单击 打开 按钮。此时，CorelDRAW X6 的工作区域中显示打开的图形文件，如图 2-10 所示。

图 2-10　打开的图形文件

2.1.4　存储图形文件

下面介绍两种对图形文件进行存储的方式。

【例 2-4】：绘制一个图形，然后将其保存。

操作步骤

1．直接保存

当绘制完成一个图形后，可以将绘制的图形直接保存，具体操作步骤如下。

STEP 🔲1 选择【文件】/【保存】命令（快捷键为 Ctrl + S），弹出如图 2-11 所示的【保存绘图】对话框。

图 2-11　【保存绘图】对话框

STEP 🔲2 单击【打开绘图】对话框中的左侧列表中的【BOOTCAMP（C:）】选项，然后单击 新建文件夹 按钮，创建一个新文件夹，如图 2-12 所示。

STEP 3 将创建的新文件夹命名为"保存绘图"。

STEP 4 双击刚创建的"保存绘图"文件夹，将其打开，然后在【文件名】组合框中输入"图形设计"，如图 2-13 所示。

图 2-12　创建的新文件夹　　　　　　　　　　图 2-13　为文件命名

STEP 5 输入文件名称后，单击 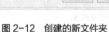 按钮即可保存绘制完成的文件。以后根据保存的文件名称及路径就可以找到并打开此文件。

2. 另一种存储图形的方法

STEP 1 选择【文件】/【打开】命令，在弹出的【打开绘图】对话框中打开 CorelDRAW X6 自带的"Sample2.cdr"文件，如图 2-14 所示。

STEP 2 在工具箱中单击 字 按钮，将鼠标指针放置在工作区域中图形的右下角并单击，将输入法切换到中文状态，然后输入文字"汽车效果展示"，如图 2-15 所示。

图 2-14　打开的图形　　　　　　　　　　图 2-15　输入文字

STEP 3 选择【文件】/【另存为】命令（组合键为 Ctrl + Shift + S），弹出如图 2-16 所示的【保存绘图】对话框。

STEP 4 单击【打开绘图】对话框中的左侧列表中单击【(C:)】选项。打开前面创建的"保存绘图"文件夹，在【文件名】组合框中输入"图形设计修改"作为文件名，如图 2-17 所示。

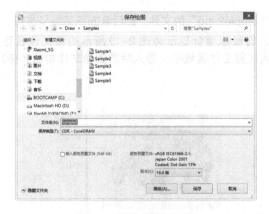

图 2-16 【保存绘图】对话框

图 2-17 为文件命名

STEP 5 输入文件名称后，单击 保存 按钮即可将修改后的图形保存了。

案例小结

　　文件的保存操作主要包括【保存】和【另存为】两种方式。对于将新建的文件编辑后保存而言，使用【保存】和【另存为】命令的性质是一样的，都是为当前文件命名并进行存储。但对于将打开的文件编辑后再保存而言，就要分清使用【保存】命令还是使用【另存为】命令。【保存】命令是将改动后的文件以原文件名进行保存，而【另存为】命令是将修改后的文件重新命名并进行另存。

2.1.5　导入文件

　　在 CorelDRAW X6 中可以打开扩展名为 ".cdr" 的文件，但是若想将其他格式的文件置入到 CorelDRAW X6 中（如将 "PSD" "TIF" "JPG" "BMP" 等格式的图像文件置入到 CorelDRAW X6 中），这时应该使用【导入】命令。选择【文件】/【导入】命令（组合键为 Ctrl + ］）或在工具栏中单击 【导入】按钮。

【例 2-5】：【导入】命令的使用。

　　利用【文件】/【导入】命令导入名为 "Sample2.jpg" 的图像文件。

操作步骤

STEP 1 选择【文件】/【导入】命令，弹出如图 2-18 所示的对话框。

图 2-18 【导入】对话框

STEP 02 选择素材"资料"文件夹下名为"Sample2.jpg"的文件，然后单击 [导入 ▼] 按钮。

STEP 03 将鼠标指针移动到工作区域中，当鼠标指针显示为图 2-19 所示的带文件名称"Sample2.jpg"的图标时单击，即可将图像文件导入当前工作区域中。导入后的图像文件如图 2-20 所示。

图 2-19　带文件名称的鼠标指针状态　　　　　　图 2-20　导入后的图像文件

 要点提示

在第（3）步的操作中，当鼠标指针显示为带文件名称的图标时，也可以使用拖曳的方式让导入的图像符合拖曳框的大小。

拓展知识　**直接单击**

本节主要介绍了将其他格式的文件导入到 CorelDRAW X6 中的方法，并以导入 JPEG 格式的图片文件为例进行了具体操作。在导入文件时，直接单击 [导入 ▼] 按钮的文字区域，会直接导入图像；单击 [导入 ▼] 按钮右侧的 ▼ 区域，会弹出一个下拉列表，如图 2-21 所示，选择相应的选项可以以需要的设定导入图像，下面对其进行详细介绍。

图 2-21　【全图像】的下拉列表

- 【导入】：是默认的导入方式，图像会置入到文档内。
- 【导入为外部链接的图像】：这种方式会以外部连接到方式导入图像，当外部图像修改后，执行菜单栏的【位图】/【自链接更新】命令后，会更新修改到文档内。
- 【导入为高分辨率文件，以使用 OPI 输出】：此选项在导入文档为 TIFF 或 Scitex 连续色调 (CT) 文件才启用。该方式会将低分辨率版本的 TIFF 或 Scitex 连续色调 (CT) 文件置入到文档中。低分辨率版本的文件使用高分辨率的图像链接，此图像位于开放式印前界面 (OPI) 服务器。

- 【重新取样并装入】：在弹出的【重新取样图像】对话框中可以设定导入图像的大小和分辨率，如图 2-22 所示。
- 【裁剪并装入】：在弹出的【裁剪图像】对话框中可以设定导入图像的裁剪范围，如图 2-23 所示。

图 2-22　【重新取样图像】对话框　　　　图 2-23　【裁剪图像】对话框

在【裁剪图像】对话框的图像预览框中，将鼠标指针放到黑色实心矩形处。当鼠标指针切换为双向箭头形式时，拖曳即可手动修改导入图像的范围。

在【选择要裁剪的区域】选项组中可以通过输入数值的方式修改导入图像的范围。

【上】：设置裁剪矩形框上边缘与原图上边缘的距离。

【左】：设置裁剪矩形框左边缘与原图左边缘的距离。

【宽度】：设置裁剪后图像的宽度。

【高度】：设置裁剪后图像的高度。

【单位】：设置输入数值时使用的单位。

 按钮：单击该按钮后，裁剪矩形框大小复位为原图大小。

2.1.6　导出文件

用户若想将在 CorelDRAW X6 中绘制的图形转到其他软件中进行编辑处理，可以使用【导出】命令（组合键为 Ctrl + E）。CorelDRAW X6 可以将文件导出为其他格式（多达 53 种）的文件，导出的文件可以在相应的应用程序中打开。

【例 2-6】：【导出】命令的使用。

利用【文件】/【导出】命令将文件以其他格式导出，操作步骤如下。

操作步骤

STEP 01 选择【文件】/【打开】命令，打开"资料/装饰画"文件。

STEP 02 选择【文件】/【导出】命令，弹出如图 2-24 所示的【导出】对话框。

 要点提示

在导出图形时，如果没有任何图形处于选择状态，系统会将当前文件中的所有图形导出。如果先选择了要导出的图形，并在弹出的【导出】对话框中勾选【只是选定的】复选项，系统只会将当前选择的图形导出。

STEP **03** 选择在"2.1.4"节中创建的"保存绘图"文件夹作为存储文件的文件夹。

STEP **04** 在【文件名】框中输入"位图 001"，如图 2-25 所示。

图 2-24 【导出】对话框

图 2-25 输入"位图 001"文件名

STEP **05** 单击【保存类型】右侧的 ∨ 按钮，在弹出的下拉列表中选择"JPG-JPEG 位图"格式，如图 2-26 所示，单击 导出 按钮。

STEP **06** 保持默认的设置，在随后弹出如图 2-27 所示的【导出到 JPEG】对话框中单击 确定 按钮，完成文件的导出。

图 2-26 【保存类型】下拉列表

图 2-27 【导出到 JPEG】对话框

案例小结

【保存类型】下拉列表中有几种常用的导出格式，包括 AI、JPEG、PSD 和 TIFF。本书第 1 章对几种常用的文件格式进行了详细的介绍，这里不再赘述。

拓展知识

下面介绍工具栏中其他选项的使用。图 2-28 所示为工具栏的状态。

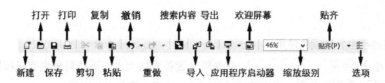

图 2-28　工具栏的状态

- 【搜索内容】：单击此按钮，会弹出【Connect】泊坞窗。在此窗口中，可以快速查找文件并打开文件。
- 【应用程序启动器】：单击此按钮，早弹出的下拉列表中选择相应选项，可以快速开启 Corel 公司的其他应用程序。
- 【欢迎屏幕】：单击可以弹出【欢迎屏幕】对话框。
- 【缩放级别】 41%：在下拉列表中可以选择工作区域的显示级别。
- 贴齐(P)：辅助工具的开启切换，分别为【贴齐像素】、【贴齐网格】、【贴齐基线网格】、【贴齐辅助网络】、【贴齐辅助线】、【贴齐对象】及【贴齐页面】。
- 【选项】：单击此按钮可以弹出【选项】对话框，进行更多的页面设置。

2.2　页面的设置

在所有设计工作开始以前，首先要根据具体的设计需要对图形文件进行页面设置。页面设置的内容主要有页面大小、方向、版面布局、标尺、网格和辅助线等。

2.2.1　设置页面大小

绘制图形的第一步是设置页面的大小和方向。根据具体的设计要求，可以在属性栏中对页面进行设置。

【例 2-7】：利用属性栏设置页面。

操作步骤

STEP 1 启动 CorelDRAW X6 后，新建一个文件，在默认情况下，属性栏的状态如图 2-29 所示。

图 2-29　默认的属性栏状态

要点提示

当未选取图形对象，且处于使用【选择工具】时，属性栏会切换到该状态。

STEP 2 单击 自定义 按钮，弹出【页面大小】下拉列表，在下拉列表中选择【A3】选项。

STEP 3 在属性栏中单击 按钮，设置页面为"横向"。

STEP 4 单击【单位】按钮，在弹出的下拉列表中选择【毫米】选项，设置设计中使用的单位为"毫米"。

拓展知识

下面介绍属性栏中各选项的使用。

- 【页面大小】 自定义 ▾ ：在这里设置页面的大小，下拉列表中有已经预设好的幅面。如果没有符合要求的幅面，可以选择"自定义"选项，然后自行设置。

- 【页面宽度】 297.0 mm / 210.0 mm ：通过在数值框中输入数据的方式自定义页面的大小。

- 【纵向】 / 【横向】 ：修改页面的纵横方向。

- 【所有页面】 / 【当前页】 ：将页面大小应用到所有页面或当前页面。

- 【绘图单位】 单位：毫米 ▾ ：设置文件在设计过程中或界面中数据显示使用的单位。

- 【微调偏移】 .1 mm ：当使用键盘上的方向键来进行距离上的微调时，在这里设置每按一次方向键微调的距离大小。

- 【再制距离】 5.0 mm / 5.0 mm ：当按 Ctrl + D 组合键或使用相关工具时，在这里设置再制后的对象与原对象之间在纵、横方向上的距离。

2.2.2 添加页面并重命名

在编排多页面的文件时（如企业 VI 设计、宣传册设计等），一般需要进行页面的添加及重命名等操作，下面对其进行具体讲解。

【例 2-8】：添加页面并重命名的方法。

操作步骤

STEP 1 新建一个图形文件。

STEP 2 选择【布局】/【插入页面】命令，在弹出的【插入页面】对话框中的【页码数】数值框中将数值设置为"3"，如图 2-30 所示。

STEP 3 单击 确定 按钮即可在当前页的后面添加 3 个页面，此时的页面控制栏如图 2-31 所示。

图 2-30 【插入页面】对话框

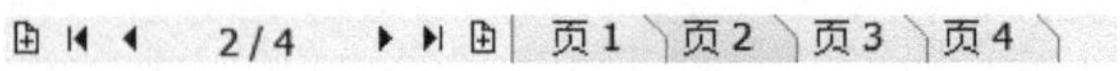

图 2-31 添加页面后的页面控制栏

STEP 4 选择【布局】/【转到某页】命令，弹出【转到某页】对话框，将"转到某页"设置为"1"，如图 2-32 所示。

STEP 5 单击 确定 按钮即可将"页 1"设置为当前页面。

STEP 6 选择【布局】/【重命名页面】命令，弹出【重命名页面】对话框，将页名设置为"效果一"，如图 2-33 所示。

STEP 7 单击 确定 按钮即可将"页 1"重命名为"效果一"，如图 2-34 所示。

图 2-32 【定位页面】对话框

图 2-33 【重命名页面】对话框

图 2-34 添加页面后的页面控制栏

STEP 8 用与步骤（4）~（7）相同的方法将"页 2"重命名为"效果二"。

STEP 9 选择【布局】/【删除页面】命令，弹出【删除页面】对话框，将"删除页面"设置为"4"，如图 2-35 所示。

STEP 10 单击 确定 按钮即可将"页 4"删除，如图 2-36 所示。

图 2-35 【删除页面】对话框

图 2-36 删除"页 4"后的页面控制栏

拓展知识

除了利用【布局】菜单下的命令对页面进行设置外，还可利用页面控制栏来进行设置。页面控制栏位于界面窗口的左下方，主要显示当前页码、页总数等信息，添加页面后的页面控制栏如图 2-37 所示。

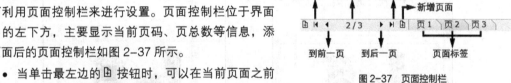

图 2-37 页面控制栏

- 当单击最左边的 按钮时，可以在当前页面之前新增一个页面。每单击 按钮一次，文件将增加一页。
- 当单击最右边的 按钮时，可以在当前页面之后新增一个页面。每单击 按钮一次，文件将增加一页。
- 当单击 按钮时，可以由当前页面直接返回到第一页。相反，当单击 按钮时，可以由当前页面直接转到最后一页。
- 单击 按钮一次，可以由当前页面向前跳动一页。例如，当前窗口所显示的页面为"页 4"，单击 按钮一次，此时窗口显示页面为"页 3"。
- 定位页面显示当前页码和图形文件中的页面数量。前面的数字为当前页的序号，后面的数字为文件中页面的总数量，如 2 / 3 表示文件中共有 3 个页面，当前窗口显示的是"页 2"。单击定位页面按钮，可在弹出的【转到某页】对话框中指定要跳转的页面序号。
- 单击 按钮一次，可以由当前页面向后跳动一页。例如，当前窗口所显示的页面为"页 2"，单击 按钮一次，此时窗口显示页面为"页 3"。

2.2.3 设置标尺、辅助线及网格

在图形设计的过程中经常会使用到标尺、辅助线和网格等辅助工具，利用这些辅助工具对图形进行定位和贴齐，可以使绘制的图形更加精确。

标尺、辅助线与网格

1. 标尺

标尺的用途是给当前图形一个参照，用于度量图形的尺寸，同时对图形进行辅助定位，使图形的设计更加方便、准确。

（1）显示与隐藏标尺

选择【视图】【标尺】命令即可将标尺显示。当标尺处于显示状态时，再次选择此命令即可将其隐藏。

（2）移动标尺

- 按住 Shift 键，将鼠标指针移动到水平标尺或垂直标尺上，按下鼠标左键并拖曳（见图 2-38）即可移动标尺。移动后的效果如图 2-39 所示。

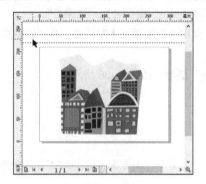 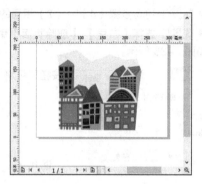

图 2-38　拖曳鼠标 1　　　　　　　　　　图 2-39　移动其中一个标尺

- 按住 Shift 键，将鼠标指针移动到水平标尺和垂直标尺相交的 图标上，按下鼠标左键并拖曳，如图 2-40 所示，可以同时移动水平标尺和垂直标尺。移动后的效果如图 2-41 所示。

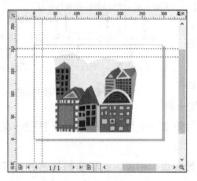 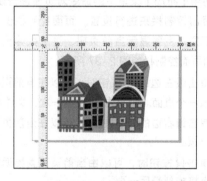

图 2-40　拖曳鼠标 2　　　　　　　　　　图 2-41　同时移动两个标尺

- 当标尺在绘图窗口中的位置改变后，按住 Shift 键的同时双击标尺或水平标尺和垂直标尺相交的 图标，可以恢复标尺在绘图窗口中的默认位置。

（3）更改标尺的原点

- 移动鼠标指针到标尺左上角的 图标上，按住鼠标左键并向右下方拖曳，出现一组十字虚线，如图 2-42 所示。在适当的位置释放鼠标左键，标尺的原点位置被更改到鼠标释放处，如图 2-43 所示。
- 移动标尺的原点后，双击水平标尺和垂直标尺相交的 图标，即可将标尺的原点位置复原到默认状态。

选择【视图】/【设置】/【网格和标尺设置】命令，在弹出的【选项】对话框的左侧选择【文档】/【标尺】选项，在右侧的选项组中可以设置标尺的其他参数，如图 2-44 所示。

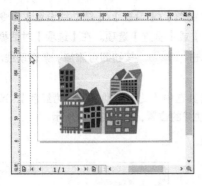

图 2-42　拖曳鼠标

图 2-43　调整标尺原点后的状态

图 2-44　【选项】对话框

2. 辅助线

利用辅助线也可以帮助用户准确地对图形进行定位和对齐。在系统默认状态下，辅助线是浮在整个图形上不可打印的线。

选择【视图】/【贴齐】/【贴齐辅助线】命令，命令状态为 ✔ 贴齐辅助线(U) ，表示开启辅助线捕捉模式，这样在绘图中才可使用辅助线来定位对象。

（1）添加辅助线

- 将鼠标指针移动到水平标尺或垂直标尺上，按住鼠标左键并拖曳，即可出现水平或垂直的虚线，如图 2-45 所示。在适当的位置释放鼠标左键，这样可以快速地在绘图窗口中添加一条水平或垂直的辅助线，如图 2-46 所示。

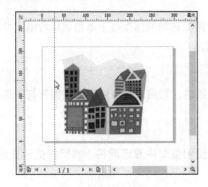

图 2-45　拖曳垂直辅助线

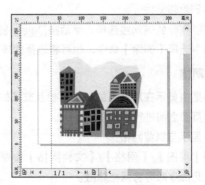

图 2-46　添加的垂直辅助线

- 要在绘图窗口中精确地添加辅助线，可以选择【视图】/【设置】/【辅助线设置】命令，然后在弹出的【选项】对话框的左侧区域中选择【水平】或【垂直】选项。在【选项】对话框右侧上方的文本框中输入相应的参数后（见图 2-47），单击 添加(A) 按钮即可添加一条辅助线。

（2）移动辅助线

利用【选择】工具 在要移动的辅助线上单击，将其选中（此时辅助线显示为红色）。当鼠标指针显示为双向箭头时，按下鼠标左键并拖曳，即可改变辅助线的位置，如图 2-48 所示。

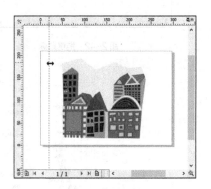

图 2-47 【选项】对话框   图 2-48 移动辅助线

（3）旋转辅助线

将添加的辅助线选择，并在选择的辅助线上再次单击，将出现旋转控制柄，如图 2-49 所示。将鼠标指针移动到旋转控制柄上，按下鼠标左键并拖曳，可以将添加的辅助线进行旋转，如图 2-50 所示。

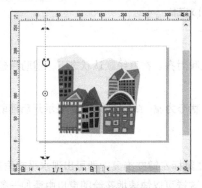

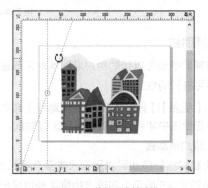

图 2-49 辅助线旋转控制柄   图 2-50 旋转垂直辅助线

（4）删除辅助线

将需要删除的辅助线选择，然后按 Delete 键。或在需要删除的辅助线上单击鼠标右键，并在弹出的快捷菜单中选择【删除】命令，也可将选择的辅助线删除。

3. 网格

网格是由显示在屏幕上的一系列相互交叉的虚线构成的，利用它可以精确地在图形与图形之间、图形与当前页面之间进行定位。

（1）显示与隐藏网格

选择【视图】/【网格】/【文档网格】命令即可在绘图窗口中显示网格。当网格处于显示状态时，再次选择此命令即可将网格隐藏。

（2）网格的间距设置

选择【视图】/【设置】/【网格和标尺设置】命令，在弹出的【选项】对话框中选中【网格】选项，如图 2-51 所示，然后在其下面的选项组中设置水平和垂直方向上每毫米内网格的数量。可以在【基础网格】选项中设置水平和垂直方向上网格之间的距离，单位为毫米。设置完成后单击 确定 按钮，相应的参数设置会反映在显示的网格上，如图 2-52 所示。

图 2-51　【选项】对话框

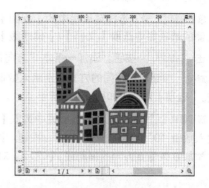

图 2-52　更改后的网格

选择【视图】/【贴齐】/【贴齐网格】命令即可开启网格捕捉模式。单击工具箱中的□按钮，鼠标指针附近会出现捕捉锁定标记，如图 2-53 所示。图 2-54 所示为以捕捉网格方式绘制的矩形。

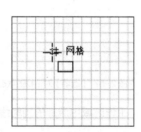

图 2-53　网格捕捉锁定图标

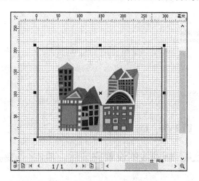

图 2-54　以捕捉网格方式绘制的矩形

要点提示

如果在绘制过程中没有显示捕捉锁定标记，则可以选择【视图】/【设置】/【贴齐对象设置】命令，在弹出的【选项】对话框中勾选【显示贴齐位置标记】复选项，即可在绘制过程中显示捕捉标记。

2.2.4　上机练习设置标尺、辅助线及网格

本节练习将通过绘制一个简单的图形来进一步熟练掌握设置标尺、辅助线、网格的方法及应用技巧。

利用标尺和辅助线的捕捉功能绘制如图 2-55 所示的图形。

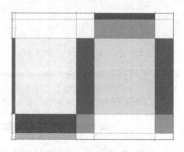

图 2-55　设计制作的图形

操作步骤

STEP 1 启动 CorelDRAW X6，并选择菜单栏中的【文件】/【新建】命令来新建一个文件。

STEP 2 在属性栏中的 📐210.0 mm/297.0 mm 选项中分别输入数值 "200" "265"。单击 □【横向】按钮，设置页面为【横向】。单击【单位】选项右边的按钮，并在弹出的下拉列表中，选取 "毫米"。设置设计中使用的单位为 "毫米"。

STEP 3 选择菜单栏中的【视图】/【设置】/【辅助线设置】命令，在弹出的【选项】对话框左侧的选项栏中选取【文档】/【辅助线】/【水平】选项，并在右侧的数值输入框中输入数值 "0"，再单击 添加(A) 按钮。添加一条水平方向的辅助线，再在数值输入框中输入数值 "10"，然后单击 添加(A) 按钮。以相同的方式分别输入数值 "40" "160" "190" "200"，总共添加 6 条水平方向的辅助线。【选项】对话框如图 2-56 所示。

STEP 4 在左侧的选项栏中选取【文档】/【辅助线】/【垂直】选项，并在右侧的数值输入框中输入数值 "0"，再单击 添加(A) 按钮。以相同的方式分别输入数值 "5" "105" "135" "235" "265"，总共添加 6 条垂直方向的辅助线。【选项】对话框的状态如图 2-57 所示。

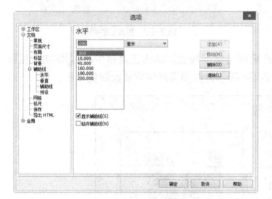

图 2-56 【选项】对话框

图 2-57 【选项】对话框的状态

STEP 5 辅助线的设置完成后，单击 确定 按钮，工作区域中添加的辅助线状态如图 2-58 所示。

STEP 6 选择菜单栏中的【视图】/【设置】/【贴齐对象设置】命令，在弹出的【选项】对话框中，勾选【显示贴齐位置标记】复选项，如图 2-59 所示，再单击 确定 按钮。

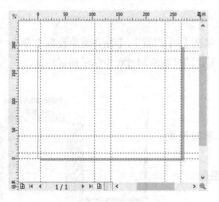

图 2-58 添加的辅助线状态

图 2-59 勾选【显示贴齐位置标记】复选项

STEP 7 选择菜单栏中的【视图】/【对齐辅助线】命令，如果已经勾选了【对齐辅助线】选项，就不需要这一步操作。

STEP 8 选择菜单栏中的【视图】/【贴齐】/【贴齐辅助线】命令，如果已经勾选了【对齐辅助线】选项，就不需要这一步操作。

STEP 9 单击工具箱中的【矩形】工具 □ 按钮，移动鼠标指针到如图 2-60 所示的辅助线交点处，当出现捕捉标记时，按住鼠标左键，拖曳鼠标到如图 2-61 所示的辅助线交点处，再松开鼠标。

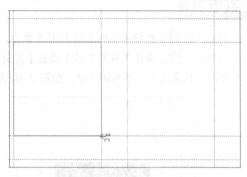

图 2-60　捕捉辅助线的焦点 A　　　　　　　图 2-61　捕捉辅助线的焦点 B

STEP 10 绘制完成的矩形如图 2-62 所示。

STEP 11 单击工具箱中的【填充】工具 ◇ 按钮，在弹出的隐藏工具中选取【均匀填充】 ■ 工具，弹出如图 2-63 所示的【均匀填充】对话框，参照图中的参数设置更改【模型】选项中的数值后，再单击 确定 按钮。

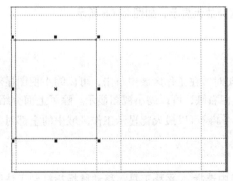
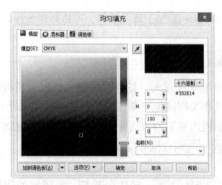

图 2-62　绘制完成的矩形　　　　　　　图 2-63　设置【均匀填充】对话框的参数

STEP 12 用鼠标右键单击【调色板】中的 ⊠ 按钮，去掉轮廓的颜色，效果如图 2-64 所示。

STEP 13 以相同的方式绘制如图 2-62 所示的矩形，最终效果如图 2-65 所示。

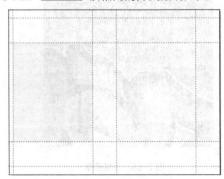
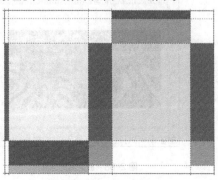

图 2-64　填充颜色后的效果　　　　　　　图 2-65　绘制其他矩形

2.2.5 视图的缩放与平移

在设计的过程中，用户可以对绘制的图形进行缩放、平移等操作，来查看绘图的整体效果或某一个局部的放大效果，使图形对象更加精确。

【**例 2-9**】：利用【缩放】工具和【手形】工具对视图进行查看。

视图的操纵

操作步骤

STEP 1 选择【文件】/【打开】命令，打开"资料/立体字母 .cdr"文件，如图 2-66 所示。

STEP 2 单击工具箱中的【缩放】工具🔍按钮，移动鼠标指针到工作区域中。当鼠标指针显示为🔍时，拖曳出一个虚线矩形框，如图 2-67 所示。

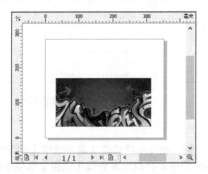

图 2-66 打开的"立体字母 .cdr"文件

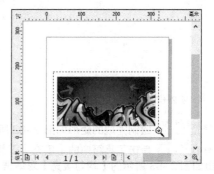

图 2-67 拖曳出虚线矩形框

STEP 3 释放鼠标，可将矩形虚线框所选的区域放大显示，如图 2-68 所示。

要点提示

在使用🔍工具时，按住 Shift 键，当鼠标指针显示为🔍时，在工作区域中单击，可以缩小视图显示；直接在工作区域中单击，可以放大视图显示；单击鼠标右键，可以缩小视图显示。除了上面介绍的缩小视图显示的方法外，还可以使用 F3 键缩小视图，F4 键可以最大化显示工作区域中的全部对象，Shift + F4 组合键可以最大化显示页面。

STEP 4 按住🔍按钮，在弹出的隐藏工具组中选择🖐平移工具。移动鼠标指针到工作区域中，当鼠标指针变为🖐时，按住鼠标左键并拖曳，可以平移视图来观察视图中其他部分的图形。平移视图的状态如图 2-69 所示。双击即可放大视图显示；单击鼠标右键，可以缩小视图显示。

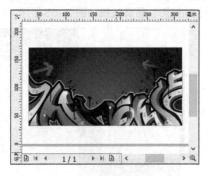

图 2-68 放大后的画面

图 2-69 平移视图

要点提示

在使用其他工具，或者绘制图形的过程中，按下鼠标滚轮可以平移视图，滚动滚轮可以缩放视图。

拓展知识

本节介绍了视图的缩放和平移方法，选择了【缩放】
工具后，属性栏将自动切换为如图 2-70 所示的状态，
下面介绍属性栏中各选项的使用。

图 2-70 【缩放】工具属性栏

- 【缩放级别】 100% ：单击 按钮，在弹出的下拉列表中可以选择相应的缩放级别。
- 【放大】 、【缩小】 ：可切换为"放大"或"缩小"模式。
- 【缩放选定对象】 ：单击此按钮，会将选择的对象最大化显示。也可以使用 Shift + F2 组合键
  来最大化显示选择的对象。在没有对象被选择时，该按钮显示为灰色，表示不可使用。
- 【缩放全部对象】 ：单击此按钮会将工作区域中的全部对象最大化显示，也可以使用 F4 键来
  最大化显示工作区域中的全部对象。
- 【显示页面】 ：单击此按钮，只最大化显示工作区域中的可打印区域。
- 【按页宽显示】 ：按页面的宽度来显示视图。
- 【按页高显示】 ：按页面的高度来显示视图。

2.2.6 设置视图查看方式

CorelDRAW X6 提供了 6 种视图查看方式，针对
不同的显示需求，可以设置不同的查看方式。这 6 种
查看方式分别是【简单线框】、【线框】、【草稿】、【正
常】、【增强】及【像素】，如图 2-71 所示，菜单中
在当前使用的查看方式前用 进行标记，默认是【增
强】方式。

图 2-71 6 种视图查看方式　　视图查看模式

下面介绍各种查看方式。

（1）【简单线框】查看方式

该查看方式是最简单、最快的视图查看方式。在这种查看方式下，图形对象只显示其轮廓，对象
的颜色填充、立体化设置、中间调和效果均不显示。位图图像则以单色模式显示，当文件对象过于复杂
时，可以使用该查看方式来提高绘图显示速度。图 2-72 所示为同一图形文件的【正常】查看方式与【简
单线框】查看方式的显示效果。

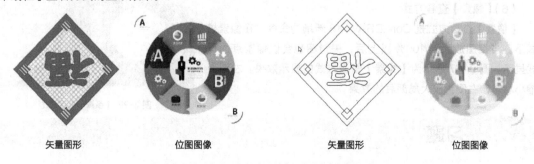

矢量图形　　　　位图图像　　　　矢量图形　　　　位图图像

图 2-72 同一图形文件的【正常】与【简单线框】查看方式

（2）【线框】查看方式

在【线框】查看方式下，不显示图形的填充效果，但显示对象轮廓、立体透视图、中间调和效果等。位图图像以单色模式显示，如图 2-73 所示。

（3）【草稿】查看方式

在【草稿】查看方式下，以低分辨率视图和标准填充显示图形对象和位图图像。图 2-74 所示为【草稿】查看方式的显示效果，对象的填充效果以特殊的样式来代替。

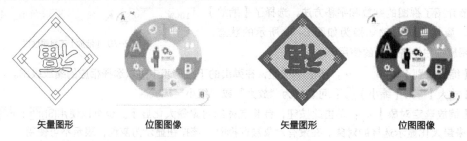

矢量图形　　　　位图图像　　　　　矢量图形　　　　位图图像

图 2-73 【线框】查看方式　　　　　图 2-74 【草稿】查看方式

（4）【正常】查看方式

在【正常】查看方式下，除了不显示 PostScript 填充效果外，可以显示所有对象的填充效果、调和效果、立体化效果以及高分辨率的位图，这是最常用的视图查看方式。在【正常】查看方式下，PostScript 填充效果会以"PS"字样的形式进行显示。当需要查看 PostScript 填充效果时，可以将查看方式切换为【增强】方式。图 2-75 所示为【正常】查看方式的显示效果。

（5）【增强】查看方式

【增强】查看方式是很好的视图查看方式，可以显示所有对象的填充效果、调和效果及立体化效果等特殊效果，位图也以高分辨率显示，尤其是只有这种查看方式可以显示对象填充的 PostScript 效果，但是这时计算机的绘图显示速度会明显降低。图 2-76 所示为【增强】查看方式的显示效果。

矢量图形　　　　位图图像　　　　　矢量图形　　　　位图图像

图 2-75 【正常】查看方式　　　　　图 2-76 【增强】查看方式

（6）【像素】查看方式

【像素】查看方式是 CorelDRAW X6 新增的命令，在像素模式下，当视图放大到 100% 以上后，矢量图也会以像素点的样式显示。图 2-77 所示为【像素】查看方式的显示效果。左图为缩小状态，右图为放大局部后的效果。

图 2-77 【像素】查看方式

2.3　习题

反复练习"2.2.3 节"中的操作，熟练掌握标尺、辅助线与网格的设置方式。

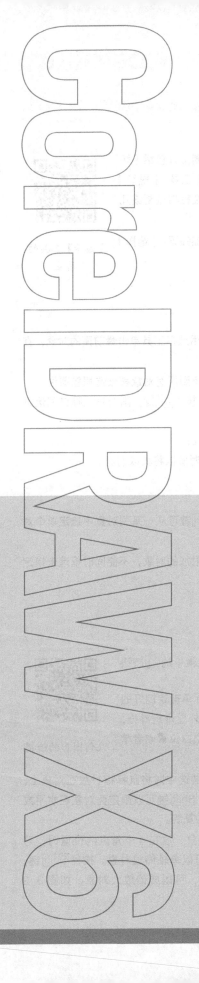

Chapter

3

第3章
图形绘制与编辑工具

本章主要介绍如何在CorelDRAW X6中绘制基本
几何图形和自由曲线，并介绍对绘制好的图形进行编辑
时所用到的工具与命令。CorelDRAW X6提供了用于绘
制矩形、正方形、椭圆形、圆形、圆弧、多边形和星形
等图形的基本几何图形工具，还提供了用于绘制自由线
条以及相对复杂的图形的手绘、贝塞尔和钢笔等工具。

学习要点

● 掌握基本几何图形的
  绘制方法。

● 掌握自由曲线的绘制
  方法。

● 掌握图形形状的调整
  方法。

● 学会使用度量工具。

3.1 基本形状的绘制

CorelDRAW X6 中的图形分为几何图形与自由曲线。几何图形绘制工具包括【矩形】工具、【椭圆形】工具、【多边形】工具、【星形】工具、【图纸】工具、【螺纹】工具和【基本形状】工具等。利用【形状】工具调整几何图形时，属性栏与绘制该几何图形的工具的属性栏相同。

【选择】工具的
用法

在学习之前，我们先了解【选择】工具 ⮕ 的用法和矢量图形的基础知识。【选择】工具 ⮕ 用于选择、定位和变换对象。

在 CorelDRAW 中选择工具的使用技巧如下。

（1）按【Space】键可以快速切换到【选择】工具。

（2）按 Shift 键并逐一单击要选择的对象，可连续选择多个对象。

（3）选定隐藏在一系列对象后面的单个对象，按住 Alt 键，然后利用选择工具单击最前面的对象，直到选定所需的对象。

（4）框选若干个对象。利用【选择】工具 ⮕ 沿对角线拖曳鼠标，直到所有对象都被选框包围住。

（5）框选未被圈选完全包围住的对象：单击【选择】工具 ⮕，按住 Alt 键，沿对角线拖曳圈选框直到把要选定的对象完全包围住。

（6）取消所选对象（一个或多个）：按 Esc 键或在工作区空白处单击。

（7）按 Shift 键多选时，如果不慎误选，可按 Shift 键再次单击误选对象以将其取消。

（8）不停地按 Tab 键，会循环选择对象。

（9）按 Shift + Tab 组合键，会按绘制顺序选择对象。

（10）单击时按住 Ctrl 键可在群组中选定单个对象。单击时按住 Alt 键可从一系列对象中选定单个对象；单击时按住 Alt + Ctrl 组合键可从群组对象中选定单个对象。

（11）使用【选择】工具 ⮕ 选择锁定的对象，单击 Shift 键以选择附加的对象，不能同时框选未锁定的对象和锁定的对象。

3.1.1 【矩形】工具和【3点矩形】工具

1.【矩形】工具

利用【矩形】工具可以绘制矩形、正方形和圆角矩形。单击工具箱中的 ☐ 按钮（快捷键为 F6），在工作区域中绘制矩形的过程如图 3-1 所示。

几何图形的绘制

按下键盘的【Space】键可切换【选择】工具，然后可以用鼠标单击绘制好的矩形或者拖住鼠标左键进行框选，可以选中对象，这个对象会在图形外显示定界框，这个定界框有 8 个控制点和一个中心点，用于移动和缩放对象，单击空白位置或者单击另外一个对象，可以取消上一个对象的选择。

按住 Shift 键可以进行对象的加选，也可以框选进行加选。对象被选中时将鼠标指针放在对象上，当鼠标指针变为 ✛ 状态时，按住鼠标左键即可进行对象的移动，按住 Shift 键可以限定为对象在水平或者垂直方向上移动，在移动的过程中单击一下鼠标右键可以进行对象的复制。

当鼠标指针放在 8 个控制点上，出现双向箭头 ↖ 时可以缩放对象。放在 4 个角点的位置时，可以等比缩放对象。放在 4 个边线点的位置上，出现双向箭头 ↔ 时，可以单轴缩放对象。按住 Shift 键，出现双向箭头 ✖ 时，可以以对象中心为基点变换对象。按住 Ctrl 键，可以成倍放大对象，如图 3-2 所示。

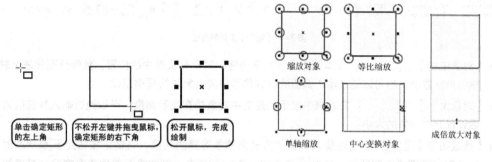

| 图 3-1 绘制矩形的过程 | 图 3-2 矩形的缩放变换 |

另外，双击 按钮即可创建一个与打印区域等大的矩形。

在使用 工具时，经常会结合键盘上的按键使用，下面对这些组合键进行介绍。

- 按住 Shift 键的同时在工作窗口中按住鼠标左键并拖曳，就会以单击处为矩形的中心向外绘制矩形。
- 按住 Ctrl 键的同时在工作窗口中按住鼠标左键并拖曳，就会以单击处为矩形的一个顶点绘制正方形。
- 按住 Shift + Ctrl 组合键的同时绘制矩形，就会以单击处为矩形的中心向外绘制正方形。

要点提示

这些组合键的使用方法对其他基本图形绘制工具同样有效。

2.【3 点矩形】工具

在 工具上按住鼠标左键不放，在弹出的隐藏工具组中选择【3 点矩形】工具 。利用【3 点矩形】工具可以直接绘制倾斜的矩形、正方形和圆角图形等。选择【3 点矩形】工具 后，在工作区域中绘制矩形的过程如图 3-3 所示。

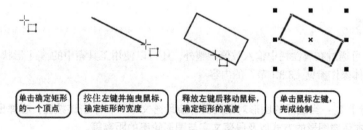

图 3-3 使用【3 点矩形】工具绘制矩形的过程

要点提示

在绘制 3 点矩形之前，按住 Ctrl 键并拖曳鼠标，可以绘制倍增为 15° 的倾斜矩形。

拓展知识

选择了 工具、 工具或选择绘制的矩形后，属性栏会切换为图 3-4 所示的状态。属性栏中还提供了很多选项和按钮，下面进行详细介绍。

图 3-4 【矩形】工具属性栏

- 【对象位置】 x:.0 mm y:.0 mm ：文本框中显示的是选择的对象在页面中的位置，数值分别代表 x 轴和 y 轴的坐标数值，也可以通过输入数值的方式将选择的对象进行精确定位。

- 【对象大小】 150.0 mm 100.0 mm ：文本框中显示的是选中对象的宽度和高度，可以通过输入数值的方式精确设置选中对象的大小。

- 【缩放因子】 100.0 % 100.0 % ：通过输入数值的方式来缩放选择的对象。当锁定按钮处于 状态时，表示宽度与高度成比例缩放。单击 按钮使其变为 状态，则切换为单独改变宽度与高度的缩放因子。

- 【旋转角度】 180.0 ° ：通过输入数值的方式来旋转选择的对象。在文本框中输入旋转角度值即可。

- 【水平镜像】 、【垂直镜像】 ：单击相应的按钮即可执行相应的镜像操作。

- 【圆角】 、【扇形角】 、【倒棱角】 ：这 3 个按钮用于设置矩形边角的造型□。3 种边角样式如图 3-5 所示。

- 【圆角半径】 .0 mm .0 mm   .0 mm ：用于设置矩形的一个或多个直角的半径。4 个数值框分别对应矩形的 4 个边角。输入的数值代表边角的圆角大小。单击微调按钮一次，数值会以"0.1mm"的跨度增大或减小。当缩定按钮处于 状态时，表示 4 个角同时变化，单击 按钮即可切换为单独控制各个边角的圆角半径。图 3-6 所示为不同圆角半径的圆角矩形。

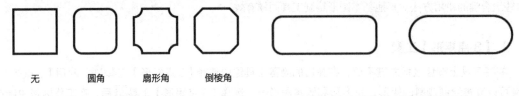

| 无 | 圆角 | 扇形角 | 倒棱角 |

图 3-5 倒角形状　　　　　　　　　　　图 3-6 不同圆角半径的圆角矩形

 要点提示

圆角化矩形除了可通过在属性栏中输入数值调整外，还可以使用工具箱中的 【形状】工具来手动调整圆角程度。具体操作参见"3.3.1 节"的内容。

- 【文本换行】 ：当选择的图形对象周围环绕段落文本时，单击该按钮，在弹出的列表中可以设置段落文本环绕图形的方式以及段落文字与图形轮廓的距离等。

- 【轮廓宽度】 .2 mm ∨ ：设置选择的图形对象的轮廓宽度。单击 ∨ 按钮，在弹出的下拉列表中可以选择软件预设的宽度，也可以通过输入数值的方式修改轮廓的宽度。

- 【转换为曲线】 ：单击该按钮可以将矩形转换为曲线，转换后属性栏相应地切换为编辑曲线的参数控制状态。

3.1.2 【椭圆形】工具和【3 点椭圆形】工具

　　 【椭圆形】工具与 【3 点椭圆形】工具也是经常使用的图形创建工具，使用方法与【矩形】工具和【3 点矩形】工具相似，这里不再赘述，其属性栏如图 3-7 所示。下面对该属性栏中与【矩形】工具属性栏不同的选项进行介绍。

图 3-7 【椭圆形】工具属性栏

- 【椭圆形】⬭：单击此按钮可绘制椭圆形。
- 【饼形】⬭：单击此按钮可绘制饼形。选择绘制好的椭圆形，单击此按钮可以将椭圆形转换为饼形。
- 【弧形】⬭：单击此按钮可绘制弧形。选择绘制好的椭圆形，单击此按钮可以将椭圆形转换为弧形。
- 【起始和结束角度】：设定椭圆形、饼形和弧形的起始角度与结束角度。
- 【更改方向】⬭：当选择的对象是饼形或弧形时，该按钮才可用。单击该按钮后，会得到与所选图形的起始角度和结束角度相反的饼形或弧形。

3.1.3 【多边形】工具

在 CorelDRAW X6 中可以使用 ⬭【多边形】工具（快捷键为 Y）绘制多边形，通过设置多边形和星形的边数来绘制不同形态的多边形。【多边形】工具的属性栏如图 3-8 所示。该属性栏中与其他图形绘制工具的属性栏相同的参数不再进行介绍，下面介绍不同参数的设定方法。

图 3-8 【多边形】工具属性栏

- 【点数或边数】⬠5：设置多边形的边数。

3.1.4 【星形】和【复杂星形】工具

【星形】⬭工具与【复杂星形】⬭工具都可以绘制星形图形，图 3-9 所示为星形与复杂星形的效果。

图 3-9 星形与复杂星形的效果

多边形、星形等工具

 **要点提示**

需要注意的是，复杂星形中的相交区域是镂空的，不能填充颜色。

1. 【星形】工具

【星形】工具的属性栏如图 3-10 所示。

图 3-10 【星形】工具属性栏

- 【点数或边数】☆5：设定星形的端点个数。
- 【锐度】▲53：用于调整星形的边角锐度，取值范围为 1 ~ 99。

2. 【复杂星形】工具

【复杂星形】工具的属性栏如图 3-11 所示。【复杂星形】工具的属性栏和【星形】工具的属性栏相似，但【锐度】选项的取值范围与使用条件有所不同。

图 3-11 【复杂星形】工具属性栏

- 【点数或边数】：设定复杂星形的端点个数。
- 【锐度】▲2⬍：用于调整复杂星形的边角锐度。此选项只有在复杂星形的边数为"7"以上时才可以使用。取值范围与复杂星形的边数相关，边数越多，取值范围越大。

3.1.5 【图纸】工具和【螺纹】工具

使用□【图纸】工具和◎【螺纹】工具可以绘制网格和螺旋线图形。这两个工具的属性栏中的参数必须在绘制前进行设定，绘制结束后，不能再进行修改。

1. 【图纸】工具

【图纸】工具的快捷键为□，其属性栏如图3-12所示。

图3-12 【图纸】工具属性栏

其中，【列数和行数】，是通过输入数值的方式设定新网格的行数和列数。

2. 【螺纹】工具

【螺纹】工具的属性栏如图3-13所示。

- 【螺纹回圈】◎4⬍：设定新的螺纹对象中要显示的完整的圆形回圈。
- 【对称式螺纹】◎和【对数螺纹】◎：设定螺纹的螺旋方式。【对称式螺纹】的螺纹间距变化均匀；【对数式螺纹】的螺纹间距以渐开线形式变大，如图3-14所示。

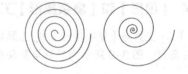

图3-13 【螺纹】工具属性栏

图3-14 对称式和对数螺纹的比较

- 【螺纹扩展参数】⬚————100：设置【对数螺纹】的螺纹间距，数值越小，螺纹线越紧密。修改方式有两种，一种是输入0 ~ 100的数值，另一种是拖动数值前面的矩形滑块。

【例3-1】：绘制客房挂牌。

使用【矩形】和【椭圆】工具，并结合捕捉网格、复制、修剪等操作来设计图3-15所示的客房挂牌。

图3-15 设计的客房挂牌

操作步骤

STEP ⬚1 按Ctrl + N组合键新建一个图形文件。

STEP ⬚2 选择【视图】/【设置】/【网格和标尺设置】命令，弹出【选项】对话框，如图3-16所示。将【水平】与【垂直】的数值设置为"1"，然后单击 确定 按钮。

STEP ⬚3 选择【视图】/【网格】/【文档网格】命令，在工作区域中显示出网格。

STEP 4　确认【视图】/【贴齐】/【贴齐网格】功能打开。

STEP 5　单击工具箱中的 ▭【矩形】按钮，通过捕捉网格绘制一个宽度为 "7"，高度为 "14" 的矩形，如图 3-17 所示。或在属性栏里设置其大小为：  。

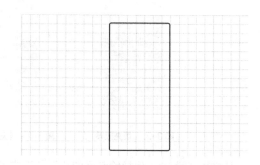

图 3-16　【选项】对话框

图 3-17　绘制矩形

STEP 6　保持矩形的选中状态，确认属性栏中同时编辑所有角 🔒 按钮处于激活状态，将【圆角半径】 选项的任意一个参数设置为 "0.4"，修改好的圆角矩形如图 3-18 所示。

STEP 7　单击工具箱中的 ◯ 按钮，通过网格捕捉绘制一个【宽度】为 "7"，【高度】为 "7" 的圆形，如图 3-19 所示。或在属性栏里设置其大小为： 7.0 mm 7.0 mm 。

STEP 8　选中绘制好的矩形和圆形，然后单击属性栏里面的 ◰【合并】工具按钮，结果如图 3-20 所示。

STEP 9　单击工具箱中的 ◯ 按钮，绘制一个【宽度】为 "4.5"，【高度】为 "4.5" 的一个圆，选中合并后的图形与刚绘制好的圆形，单击属性栏的【对齐与分布按钮】 ▤ ，在弹出的【对齐与分布】对话框中，单击【水平居中对齐】 ⊞ 按钮，将其与绘制好的图形调整为水平方向对齐，如图 3-21 所示。

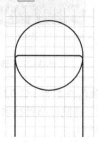
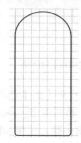
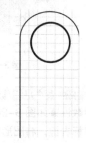

图 3-18　修改为圆角矩形　　　图 3-19　绘制正圆　　　图 3-20　合并后的图形　　　图 3-21　绘制圆形

STEP 10　选中绘制好的图形，然后单击属性栏里的 ◲【简化】工具，对图形进行简化，将绘制好的图形群组。

STEP 11　保持图形的选中状态，在工具箱中的 ◇【填充】工具按钮上按住鼠标左键，在弹出的隐藏工具中单击 ■【均匀填充】按钮，弹出【均匀填充】对话框，如图 3-22 所示。设置填充颜色为【深黄】(C:0,M:20,Y:100,K:0) 进行填充，效果如图 3-23 所示。

STEP 12　单击工具箱中的 ▭ 按钮，绘制一个宽度为 "5"，高度为 "7" 的矩形，单击【圆角】 ⌐ 按钮，并设置圆

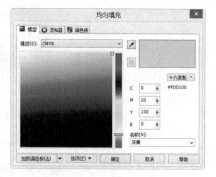

图 3-22　【均匀填充】对话框

角大小为"0.5"，然后选中所有绘制好的图形，单击属性栏的【对齐与分布按钮】🖳，在弹出的【对齐与分布】对话框中，单击【水平居中对齐】🎛 按钮，将图形选择水平居中对齐，如图 3-24 所示，对齐效果如图 3-25 所示。

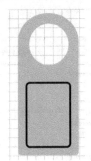

图 3-23　填充效果　　　　图 3-24　【对齐与分布】对话框　　　　图 3-25　对齐效果

STEP 13 保持绘制好的矩形的选中状态，在工具箱中的 🖌【填充】工具上按住鼠标左键，在弹出的隐藏工具中选择【渐变填充】按钮 ■，弹出【渐变填充】对话框，如图 3-26 所示。单击【从】选项右侧的 ⌄ 按钮，在弹出的下拉颜色列表中单击 更多(O)... 按钮。会弹出【选择颜色】对话框，在此对话框中选择【模型】选项卡，并为（C:0,M:20,Y:80,K:0），如图 3-27 所示。然后单击 确定 按钮，回到【渐变填充】对话框。

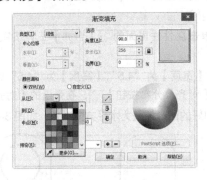
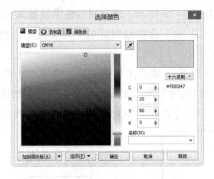

图 3-26　【渐变填充】对话框　　　　　　　图 3-27　【选择颜色】对话框

STEP 14 以相同方式将【到】选项右侧的颜色样本为（C:0,M:15,Y:60,K:0），角度设为 90，其他参数设置如图 3-26 所示，然后单击 确定 按钮。将鼠标指针移动到【调色板】上方的⊠图标上，单击鼠标右键，将图形的外轮廓去除，结果如图 3-28 所示。

STEP 15 单击工具箱中的 字按钮，输入文字，最终效果如图 3-29 所示。

图 3-28　填充效果　　　　　图 3-29　最终效果

STEP 16 按 Ctrl + S 组合键，将此文件命名为 "客房挂牌 .cdr" 并保存。

【例 3-2】：绘制老式电影票。

使用【矩形】工具 □，并结合捕捉网格、复制和修剪等操作来设计如图 3-30 所示的老式电影票。

图 3-30　老式电影票

电影票的绘制

操作步骤

STEP 1 按 Ctrl + N 组合键新建一个图形文件。

STEP 2 选择【视图】/【设置】/【网格和标尺设置】命令，弹出【选项】对话框。将【水平】与【垂直】的数值设置为 "1"，如图 3-31 所示，然后单击 确定 按钮。

STEP 3 选择【视图】/【网格】/【文档网格】命令，在工作区域中显示出网格。

STEP 4 确认【视图】/【贴齐】/【贴齐网格】功能打开。

STEP 5 单击工具箱中的 □【矩形】按钮，通过捕捉网格绘制一个宽度为 "36"，高度为 "12" 的矩形，如图 3-32 所示，或在属性栏里设置其大小为：□ 32.0 mm ／ 16.0 mm 。

图 3-31　【选项】对话框

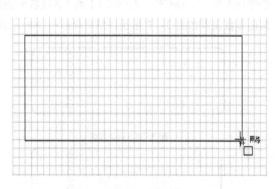

图 3-32　绘制矩形

STEP 6 保持矩形的选中状态，确认属性栏中 🔒 同时编辑所有角按钮处于激活状态，将【圆角半径】 □ 选项的任意一个参数设置为 "2.0"，修改完成的圆角矩形如图 3-33 所示。

STEP 7 单击工具箱中的 ○ 按钮，通过网格捕捉绘制一个【宽度】为 "1"，【高度】为 "1" 的圆形，如图 3-34 所示，或在属性栏里设置其大小为：□ 1.0 mm ／ 1.0 mm 。

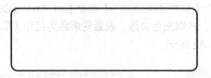

图 3-33　修改为圆角矩形

图 3-34　绘制圆

STEP 8 选择【窗口】/【泊坞窗】/【变换】/【位置】命令，在界面右侧弹出【变换】泊坞窗，如图 3-35 所示。

STEP 09 选中绘制好的圆形，将【变换】泊坞窗中的【y:】的数值修改为"−1.5"，将【副本】
设置为"8"，然后单击 应用 按钮，效果如图 3-36 所示。

STEP 10 选中所有的圆形，选择【排列】/【群组】命令，组合键是 Ctrl + G ，将它们群组。

STEP 11 选择所有对象，单击属性栏中的 【对齐与分布】按钮。在弹出的【对齐与分布】
对话框中单击【对齐】栏中的 【垂直居中】对齐按钮，如图 3-37 所示，对齐效果如图 3-38 所示。

图 3-35 【变换】泊坞窗

图 3-36 再制圆形

图 3-37 【对齐与分布】对话框

STEP 12 保持对象的选取状态，单击属性栏中的 【移除前面对象】按钮，修剪后的效果
如图 3-39 所示。

STEP 13 保持图形的选中状态，在工具箱中的 【填充】工具按钮上按住鼠标左键，在弹
出的隐藏工具中单击【渐变填充】按钮 ，弹出【渐变填充】对话框。设置渐变颜色【从】选项右侧的
颜色样本为（C:0,M:20,Y:40,K:0），【到】选项右侧的颜色样本为（C:0,M:40,Y:80,K:0），角度设为"6.3"，
其他参数设置如图 3-40 所示，然后单击 确定 按钮。

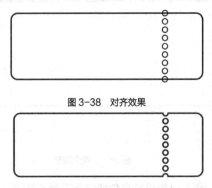
图 3-38 对齐效果

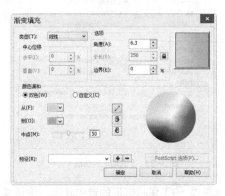
图 3-40 【渐变填充】对话框

图 3-39 修剪效果

STEP 14 将鼠标指针移动到【调色板】上方的 图标上，单击鼠标右键，将图形的外轮廓
去除，效果如图 3-41 所示。

STEP 15 利用网格捕捉绘制一个【宽度】为"26"、【高度】为"10"、【圆角半径】均为"2.0"
的圆角矩形。单击【调色板】上方的 图标，将填充色去除，设置轮廓色为红色（C:0,M:100,Y:100,K:0），
并设置轮廓宽度为"0.5mm"，效果如图 3-42 所示。

图 3-41 填充效果

图 3-42 绘制内部矩形

STEP 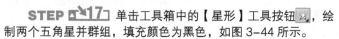 绘制一个【宽度】为 "26"、【高度】为 "0.5"
的矩形，设置填充颜色为红色（C:0,M:100, Y:100, K:0），效果
如图 3-43 所示。

STEP 17 单击工具箱中的【星形】工具按钮 ，绘
制两个五角星并群组，填充颜色为黑色，如图 3-44 所示。

图 3-43　再绘制一个矩形

STEP 18 单击工具箱中的 字 按钮，输入文字，最终效果如图 3-45 所示。

图 3-44　绘制星形

图 3-45　最终效果

STEP 19 按 Ctrl + S 组合键，将此文件命名为 "电影票 .cdr" 并保存。

【例 3-3】：设计制作标志。

利用基本图形绘制工具，绘制如图 3-46 所示的图形。

图 3-46　标志设计效果

操作步骤

STEP 1 启动 CorelDRAW X6 后，按下键盘中的 Ctrl + N 组合键，新建一个文件。

STEP 2 单击工具箱中的 按钮，移动鼠标指针到工作区域，按住键盘上的 Ctrl 键，并按住
鼠标左键拖曳，拖动鼠标到合适的位置释放。绘制一个正圆，如图 3-47 所示。

STEP 3 单击工具箱中的 按钮，选择正圆，移动鼠标指针到圆形右下角上的控制节点上，
按住键盘上的 Shift 键，当鼠标指针变为 状态，按住鼠标左键，并向左上角方向拖曳到合适的位置，在
松开鼠标左键前，单击鼠标右键一次，则以圆心为中心缩小并复制一个圆形，如图 3-48 所示。

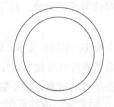

图 3-47　绘制一个正圆

图 3-48　缩小并复制一个圆形

STEP 4 选择两个圆形，并选择菜单栏中的【排列】/【合并】命令，将两个圆形合并为一个
对象。

STEP 5 单击工具箱中的 【填充】工具，在弹出的隐藏工具中选择 【均匀填充】按钮，
弹出【均匀填充】对话框，参数设置如图 3-49 所示。

STEP 6 单击 确定 按钮，为圆形填充黑色，填充后的效果如图 3-50 所示。

STEP 7 单击工具箱中的 □【矩形】按钮，移动鼠标指针到工作区域，绘制一个矩形，大小和位置如图 3-51 所示。

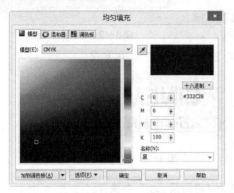

图 3-49 设置填充颜色为黑色　　图 3-50 为圆形填充黑色　　图 3-51 绘制一个矩形

STEP 8 选择菜单栏中的【窗口】/【泊坞窗】/【造形】命令，在界面右侧弹出如图 3-52 所示的【造形】对话框。

STEP 9 单击【造形】对话框中的 焊接 文本框，在弹出的下拉列表中选择【修剪】选项，取消勾选【保留原始源对象】和【保留原目标对象】，如图 3-53 所示。

STEP 10 选择矩形，然后单击【造形】对话框中的 修剪 按钮。

STEP 11 移动鼠标指针到工作区域，在圆环对象上单击鼠标左键，利用矩形修剪圆环对象。修剪后的图形如图 3-54 所示。

图 3-52 【造形】对话框　　图 3-53 设置【造形】对话框　　图 3-54 修剪后的效果

STEP 12 选择修剪后的对象，按下键盘中的 Ctrl + C 组合键和 Ctrl + V 组合键，原地复制一份对象。

STEP 13 单击属性栏中的 【垂直镜像】按钮，将复制后的对象垂直镜像。效果如图 3-55 所示。

STEP 14 以相同的方式再绘制一个圆环，其大小和位置如图 3-56 所示。

STEP 15 选择所有的对象，按下键盘上的 Ctrl + G 组合键，将对象进行群组。按下键盘中的 Ctrl + C 组合键和 Ctrl + V 组合键，原地复制一份对象。

STEP 16 用鼠标向下移动复制后的对象时，按住键盘上的 Ctrl 键，使其垂直向下移动，最终效果如图 3-57 所示。

STEP 17 选择修剪后的对象，按下键盘中的 Ctrl + C 组合键和 Ctrl + V 组合键，原地复制一份对象。

选择菜单栏中的【文件】/【保存】命令，将文件命名为"标志 01"并进行保存。

图 3-55　垂直镜像图形

图 3-56　再绘制一个圆环

图 3-57　设计的标志

3.2　线形工具

　　CorelDRAW X6 中的自由曲线由节点、控制手柄和控制点这 3 个结构可以控制曲线路径的形态，如图 3-58 所示。使用【形状】工具编辑曲线形态时，实际上是通过调整节点的位置和控制手柄的角度与长度来改变曲线路径的形态的。

图 3-58　路径的构成

矢量图形的制式

　　本节主要介绍如何使用线形工具绘制自由线条，包括【手绘】工具、【贝塞尔】工具、【钢笔】工具、【折线】工具、【3 点曲线】工具、【2 点线】工具、【B 样条】工具、【艺术笔】工具、【平行度量】工具和【智能绘图】工具。

3.2.1　【手绘】工具与【折线】工具

　　【手绘】工具与【折线】工具在使用方法上非常相似，按住鼠标左键自由拖曳即可绘制曲线，另外还可以绘制直线、连续的线段等图形。

贝塞尔与钢笔工具

1.【手绘】工具

　　使用【手绘】工具绘制曲线的过程如图 3-59 所示。

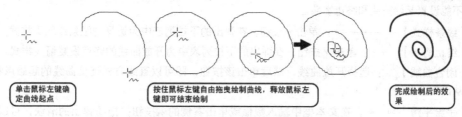

单击鼠标左键确定曲线起点

按住鼠标左键自由拖曳绘制曲线，释放鼠标左键即可结束绘制

完成绘制后的效果

图 3-59　【手绘】工具绘制曲线过程示意

　　利用【手绘】工具绘制连续线段的过程如图 3-60 所示。

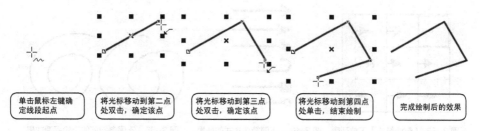

单击鼠标左键确定线段起点

将光标移动到第二点处双击，确定该点

将光标移动到第三点处双击，确定该点

将光标移动到第四点处单击，结束绘制

完成绘制后的效果

图 3-60　绘制连续线段的过程

利用 【手绘】工具绘制线形时，将鼠标指针移动到起点位置，当鼠标指针显示为 ⊹ 状态时单击，可将绘制的线形闭合。

🎯 **要点提示**

绘制线段的同时按住 Ctrl 键，可以绘制水平或垂直的线段。

2.【折线】工具

使用【折线】工具绘制图形的过程如图 3-61 所示。

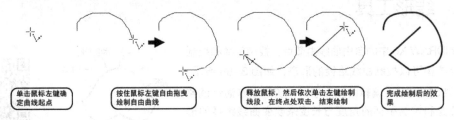

| 单击鼠标左键确定曲线起点 | 按住鼠标左键自由拖曳绘制自由曲线 | 释放鼠标，然后依次单击左键绘制线段，在终点处双击，结束绘制 | 完成绘制后的效果 |

图 3-61 【折线】工具绘制图形过程示意

拓展知识

本节介绍了 【手绘】工具与 △【折线】工具的使用方法，两个工具的属性栏相同。选择绘制好的曲线，属性栏会切换为如图 3-62 所示的状态。下面介绍其中的部分参数。

图 3-62 【手绘】与【折线】工具属性栏

- 【起始箭头】 ─ ⌄ ：单击 ⌄ 按钮，在弹出的如图 3-63 所示的下拉列表中选择相应的选项，为开放曲线的起始点设置箭头样式。图 3-64 所示为对直线添加不同的箭头样式后的效果。闭合曲线不能设置起始箭头和终止箭头。
- 【线条样式】 ──────── ⌄ ：单击 ⌄ 按钮，在弹出的下拉列表中为选择的线条或轮廓样式。
- 【终止箭头】 ─ ⌄ ：单击 ⌄ 按钮，在弹出的下拉列表中为开放曲线的终点设置箭头样式。
- 【闭合曲线】 ⅅ ：选择开放曲线，然后单击该按钮，即可以直线方式连接曲线的起始点和终点，从而闭合曲线。
- 【手绘平滑】 50 ➕ ：在文本框中输入数值或单击右侧的 ➕ 按钮并拖动弹出的滑块，可以设置手绘图形的平滑程度。数值越小，绘制的图形边缘越粗糙；反之，越平滑。图 3-65 所示为设置不同数值的效果。

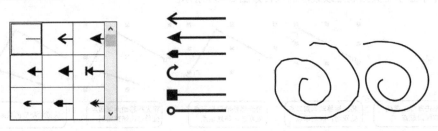

图 3-63 【起始箭头】下拉列表　　图 3-64 不同箭头样式的效果　　图 3-65 不同参数值的手绘平滑效果

3.2.2 【贝塞尔】工具的应用

【贝塞尔】工具是 CorelDRAW X6 中使用率最高的工具之一。使用该工具可以绘制出各种图形，是学习 CorelDRAW X6 的重点部分。

使用 【贝塞尔】工具绘制连续线段的过程如图 3-66 所示。

使用 【贝塞尔】工具绘制曲线的过程如图 3-67 所示。

手绘与折线工具

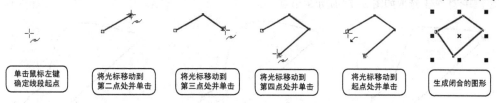

图 3-66　利用【贝塞尔】工具绘制连续线段的过程

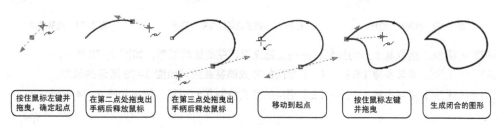

图 3-67　利用【贝塞尔】工具绘制曲线的过程

在没有闭合图形之前，按 Enter 键、Space 键或选择其他工具，即可结束操作。

【例 3-4】:【贝塞尔】工具的使用。

使用【贝塞尔】工具绘制如图 3-68 所示的花形图案。

图 3-68　花形图案

操作步骤

STEP 1 选择【文件】/【新建】命令，新建一个绘图文件。保持属性栏中的默认设置。

STEP 2 在工具箱中的 【手绘】工具按钮上按住鼠标左键，在弹出的隐藏工具组中选择 【贝塞尔】工具。移动鼠标指针到工作区域中，然后绘制如图 3-69 所示的图形作为基础图形。

STEP 3 在绘制的图形处于被选取的状态下，单击工具箱中的 【形状】工具按钮，再单击属性栏中的 【选择所有点】按钮，选取所有的节点。

STEP 4 单击属性栏中的 【转换为曲线】按钮，将选取的节点转换为具有曲线性质的节点。再单击属性栏中的 【平滑节点】按钮，将选取的节点转换为平滑节点，效果如图 3-70 所示。

STEP 5 在空白处单击，取消对所有点的选取。

STEP 6 选取如图 3-71 所示的节点。

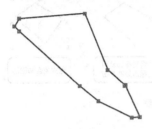  

选择此节点

图 3-69　绘制基础图形　　　　图 3-70　将节点转换为平滑节点　　　　图 3-71　选取节点

STEP 7 选取其上方的控制柄并向上拖曳以调整曲线的形态，如图 3-72 所示。

STEP 8 用与步骤（6）～（7）相同的方式调整曲线至如图 3-73 所示的状态。

STEP 9 用与步骤（2）～（8）相同的方式绘制其他图形，效果如图 3-74 所示。

图 3-72　调整曲线形态　　　　图 3-73　调整好的图形　　　　图 3-74　绘制其他图形

STEP 10 选择如图 3-75 所示的两个图形，并选择【排列】/【结合】命令，将两者结合为一个对象。

STEP 11 以相同的方式将如图 3-76 所示的两个图形结合为一个对象。

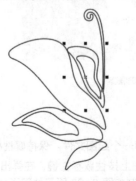 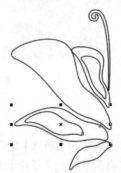

图 3-75　将选择的图形结合为一个对象　　　　图 3-76　选择并结合图形

STEP 12 复制绘制好的所有图形，然后单击属性栏中的 █【水平镜像】按钮，将复制后的对象进行镜像处理，效果如图 3-77 所示。

STEP 13 调整图形的大小与位置，效果如图 3-78 所示。

图 3-77　镜像后的效果　　　　　　　　图 3-78　调整图形

STEP 14 单击工具箱中的 █ 按钮，绘制如图 3-79 所示的矩形。

STEP 15 选择除矩形外的所有图形，设置填充颜色为白色，轮廓为无，并选择菜单栏【排列】/【顺序】/【到图层后面】命令，将矩形置于所有图形的最下面。

STEP 16 选择矩形，并设置填充颜色为浅灰色（C:0,M:0,Y:0,K:20），轮廓为"无"。填充颜色后的效果如图 3-80 所示。

图 3-79　绘制矩形　　　　　　　　图 3-80　填充颜色后的效果

案例小结

　　本节主要介绍【贝塞尔】工具的使用方式，【贝塞尔】工具是功能非常强大的工具之一，在设计的过程中会经常用到。希望读者认真练习本节内容，并熟练掌握该工具的使用方法。

【例 3-5】:【贝塞尔】工具的使用。

　　利用【贝塞尔】工具和【形状】工具绘制如图 3-81 所示的图案。

图 3-81　设计制作的标志

操作步骤

STEP 1 按下键盘中的 Ctrl + N 组合键，新建一个文件。
设置页面的大小为"110mm×60mm"，页面为【横向】。

STEP 2 双击工具箱中的 ▢ 按钮，绘制一个与页面
大小相同的矩形，将矩形的填充颜色设置为蓝色（C:90,M:15,
Y:10,K:20），用鼠标右键单击调色板中的 ⊠ 按钮，去掉对象的轮
廓色，如图 3-82 所示。

图 3-82 绘制一个与页面大小相同的矩形

STEP 3 单击工具箱中的 ✎【手绘】工具按钮，在弹出的隐藏工具中选取 ✎【贝塞尔】工具，
并在工作区域单击鼠标左键确定图形的起点。

STEP 4 移动鼠标指针到另一位置，按住鼠标左键并拖曳出控制手柄，直至拖曳出合适的形
状后，松开鼠标左键，绘制出一段曲线。

STEP 5 以相同的方式绘制其他曲线段，最后移动鼠标指针到起点处，当鼠标指针变为 +⌐ 时，
单击鼠标左键，闭合图形，绘制后的图形如图 3-83 所示（为了看清效果，将左边两图中矩形的填充颜
色去除，读者在绘制时应保留填充颜色）。

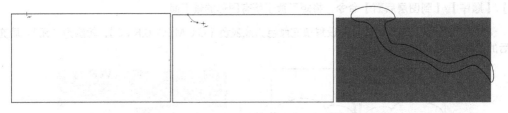

图 3-83 绘制自由图形

STEP 6 单击工具箱中的 ◌ 按钮，放大显示图形的局部，如图 3-84 所示。

STEP 7 选择绘制的闭合曲线，单击工具箱中的 ⟡ 按钮，框选图 3-85 所示的两个节点。

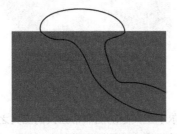
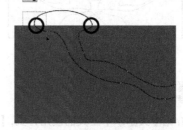

图 3-84 放大显示图形的局部　　　　图 3-85 选择两个节点

STEP 8 单击属性栏中的 ↗【转换为线条】按钮，将该段弧形曲线段转换成为一条直线。

STEP 9 选择菜单栏中的【视图】/【贴齐】/【贴齐对象】命令，开启贴齐对象捕捉功能。

STEP 10 移动节点的位置到矩形的边缘上，并拖曳节点处的控制柄，调整曲线的形态，效果
如图 3-86 所示。

STEP 11 以相同的方式调整另一端的曲线，效果如图 3-87 所示。

STEP 12 为对象填充颜色（C:100,M:25,Y:10,K:35），无轮廓。效果如图 3-88 所示。

STEP 13 以相同的方式绘制出另外几个图形，效果如图 3-89 所示。

STEP 14 单击工具箱中的 ✎【贝塞尔】工具按钮，绘制如图 3-90 所示的手型图形。

STEP 15 单击工具箱中的 ✎【贝塞尔】工具按钮，在工作区域连续单击鼠标，绘制如图 3-91

所示的闭合直线段。

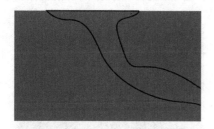

图 3-86 调整曲线的形态

图 3-87 调整另一端曲线的形态

图 3-88 为对象填充颜色

图 3-89 绘制出另外几个图形

图 3-90 绘制手型图形

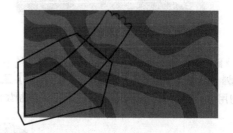

图 3-91 绘制闭合直线段

STEP 16 选择菜单栏中的【窗口】/【泊坞窗】/【造形】命令，在界面右侧弹出如图 3-92 所示的【造形】对话框（若此时界面中已经存在【造形】对话框，则不需要操作此步）。

STEP 17 在【造形】对话框中勾选【保留原目标对象】选项，如图 3-93 所示。

STEP 18 选择闭合直线段图形，然后单击【造形】对话框中的 修剪 按钮。将鼠标指针放置在手型图形的路径上，单击鼠标左键。将图形进行修剪，并保留手型图形一份，如图 3-94 所示。

图 3-92 弹出【造型】对话框

图 3-93 勾选【保留原目标对象】选项

图 3-94 修剪对象

STEP 19 分别填充颜色（C:5,M:15,Y:35,K:5），（C:5,M:35,Y:45,K:5）。轮廓颜色均为白色，轮廓宽度为 △ .75 mm ∨ 。效果如图 3-95 所示。

STEP 20 选择修剪后的两个图形，按下键盘上的 Ctrl + G 组合键，对其进行群组。

STEP 21 以相同的方式绘制出其他手型图形，也可以复制最初的图形，旋转并进行调整，效果如图 3-96 所示。

图 3-95　填充颜色　　　　　　　　　　　图 3-96　绘制出其他手型图像

STEP 22 选择图 3-97 所示的图形，按下键盘上的 Shift + Page Up 组合键，将该图形调整到最上层。调整后的效果如图 3-98 所示。

图 3-97　选择图形　　　　　　　　　　　图 3-98　调整图形层次

STEP 23 选择菜单栏中的【文件】/【保存】命令，将文件命名为"手 -01.cdr"并进行保存。

【例 3-6】：【贝塞尔】工具与【艺术笔】工具的应用。

利用【贝塞尔】工具和【艺术笔】工具绘制如图 3-99 所示的卡通图案。

图 3-99　卡通图案

操作步骤

STEP 1 按 Ctrl + N 组合键，新建一个文件。

STEP 2 选择菜单栏中的【文件】/【导入】命令，导入"资料/手绘卡通人物"图片。这是事先手工绘制好的卡通图片，并扫描为电子文件，如图 3-100 所示。

STEP 3 选择菜单栏中的【排列】/【锁定对象】命令，将图片锁定，再参考该图片，绘制人物的线条。

STEP 4 单击工具箱中的 按钮，在弹出的隐藏工具中选取 【贝塞尔】工具，参照被锁定的图片绘制图形，为了使读者看清楚，截图

图 3-100　导入的图片

为隐去了底部填充颜色的图片效果。按图 3-101 ～图 3-107 所示的绘制顺序，绘制出卡通人物的头发、脸与耳朵、眼睛与嘴、身体上部、身体下部、卡通人物细节和衣服纹理等部分的图形。

图 3-101　绘制出卡通人物的头发　　　图 3-102　绘制出卡通人物的耳朵和脸　　　图 3-103　绘制出卡通人物的眼睛与嘴

图 3-104　绘制出卡通人物的身体上部　　　　　　图 3-105　绘制出卡通人物的身体下部

图 3-106　绘制出卡通人物的细节　　　　　　图 3-107　绘制出卡通人物的衣服纹理

STEP 5 选择头发对象，按下键盘上的 Ctrl + C 组合键和 Ctrl + V 组合键，原地复制一份。

STEP 6 选择复制后的对象，稍微向上移动一点，以方便后面的操作，在填充颜色后使用【对齐与分布】工具将偏移后的对象对齐到原来的位置，如图 3-108 所示。

STEP 7 选择复制前的头发图形，将其填充颜色设置为红色（C: 0,M:100,Y:100,K:0），无轮廓。

STEP 8 选择菜单栏中的【窗口】/【泊坞窗】/【艺术笔】命令，在界面右侧弹出如图 3-109 所示的【艺术笔】对话框。

STEP 9 选择另外一个头发的图形，在【艺术笔】对话框样式列表中单击 ▷◁━━━◇ 笔刷样式，并在属性栏中更改 ✎ 10.0 mm ▲ 【笔触宽度】选项的数值为 "1.5mm"，填充笔刷化的头发图形的颜色为黑色，无轮廓。效果如图 3-110 所示。

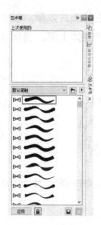

图 3-108　复制一份对象　　　　　　　　　　图 3-109　【艺术笔】对话框

STEP 10 先选择笔刷化的对象，再选择红色填充的对象，然后单击属性栏中的 ⊟【对齐与分布】按钮，弹出【对齐与分布】对话框。

STEP 11 点击【水平居中对齐】和【垂直居中对齐】按钮，如图 3-111 所示，使笔刷化的对象对齐红色填充对象。效果如图 3-112 所示。

图 3-110　艺术化笔触（头发图形）　　图 3-111　【对齐与分布】对话框　　图 3-112　对齐对象（头发图形）

STEP 12 选择两个头发图形，按下键盘上的 Ctrl + G 组合键，进行群组。

STEP 13 选择脸形图形，如图 3-113 所示，复制一份后，稍微向下移动一些，效果如图 3-114 所示。

图 3-113　选择脸型图形　　　　　　　　　　图 3-114　复制一份脸型图形

STEP 14 填充复制前的脸形图形颜色的参数为（C: 0,M:40,Y:20,K:0），无轮廓。

STEP 15 选择复制后的脸形图形，在【艺术笔】对话框样式列表中单击 ⊷━━━ 笔刷样式。笔触宽度为"1.5mm"，填充颜色为黑色，无轮廓。效果如图 3-115 所示。

STEP 16 先选择笔刷化的对象，再选择肉色填充的对象，然后单击属性栏中的 ⊟ 按钮，弹出【对齐与分布】对话框。

STEP 17 勾选两个【中】选项。使笔刷化的对象对齐肉色填充对象。效果如图 3-116 所示。

图 3-115　艺术化笔触（脸型图形）

图 3-116　对齐对象（脸型图形）

STEP 18 选择两个脸形图形，按下键盘上的 Ctrl + G 组合键，进行群组。

STEP 19 按下键盘上的 Shift + Page Down 组合键，将脸形对象放置在头发对象的下面，效果如图 3-117 所示。

STEP 20 选择眼睛对象，在【艺术笔】对话框样式列表中单击 ⋈———笔刷样式。笔触宽度为"1.5mm"，填充颜色为黑色，轮廓颜色为黑色。轮廓宽度为"0.706mm"，效果如图 3-118 所示。

STEP 21 填充脸部其他对象，效果如图 3-119 所示。

图 3-117　调整对象位置

图 3-118　编辑眼睛对象

图 3-119　编辑其他对象

STEP 22 选择所有脸部的对象，按下键盘上的 Ctrl + G 组合键，进行群组。

STEP 23 按图 3-120 ~ 图 3-123 所示的绘制顺序，以相同的方式，填充卡通人物身体部分的其他图形。

图 3-120　编辑背包对象

图 3-121　编辑衣服对象

图 3-122　编辑腿部对象　　　　　　　　　　图 3-123　编辑衣服纹理对象

STEP 24 选择菜单栏中的【文件】/【保存】命令，将文件命名为"卡通小孩 .cdr"并进行
保存。

3.2.3 【钢笔】工具

【钢笔】工具与【贝塞尔】工具的功能及使用方法相似，但比【贝塞尔】工具的使用更为方
便与直观。使用【钢笔】工具可以在绘制的过程中预览曲线的形态，并在绘制过程中添加或删除节点。

【钢笔】工具的属性栏如图 3-124 所示。下面介绍【钢笔】工具栏中的部分参数。

图 3-124　【钢笔】工具属性栏

- 【预览模式】：默认为激活状态，该按钮决定绘制过程中是否显示上一节点与鼠标指针间的预
  览连线。

- 【自动添加或删除节点】：默认为激活状态，该按钮决定绘制过程中是否能在已绘制的路径上
  添加节点或者删除存在的节点。在绘制过程中将鼠标指针移动到路径上，鼠标指针变为 状态
  时，表示可以在路径上添加节点；将鼠标指针移动到节点上，鼠标指针变为 状态时，表示可
  以删除该节点。图 3-125 所示为添加与删除节点。

在绘制过程中按住 Ctrl 键，然后移动鼠标指针到存在的节点上并拖曳，可以调整该节点处曲线的形
态，如图 3-126 所示。

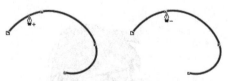

图 3-125　添加与删除节点　　　　　　　　図 3-126　调整节点处曲线的形态

在绘制过程中按住 Ctrl 键，移动鼠标指针到页面空白处并单击，即可结束曲线的绘制。在绘制的节点
处双击也可以结束曲线的绘制。将鼠标指针移动到起始点，当鼠标指针变为 状态时，表示闭合曲线。

 要点提示

在使用【钢笔】工具或【贝塞尔】工具绘制图形时，在没有闭合图形之前，按 Ctrl + Z 组合键或 Alt +
BackSpace 组合键，可自后向前擦除刚才绘制的线段。每按一次，将擦除一段。按 Delete 键可删除绘制
的所有线。

【**例 3-7**】：**基本形状工具与线性工具综合应用。**

本例主要使用【矩形】工具、【折线】工具、【贝塞尔】工具、【形状】工具、【填充】工具以及【椭圆形】工具来绘制如图 3-127 所示的卡通画。

图 3-127　卡通画效果

操作步骤

STEP 1　按 Ctrl + N 组合键新建一个图形文件，然后使用 ▢ 工具绘制出图 3-128 所示的矩形。

STEP 2　单击工具箱中的 ◈ 按钮，选择【渐变填充】命令，弹出【渐变填充】对话框。设置【类型】选项为：【辐射】；【垂直】数值为："35"；渐变颜色为从黄色（C:0,M:0,Y:100,K:0）到白色（C:0,M:0,Y:0,K:0），如图 3-129 所示。

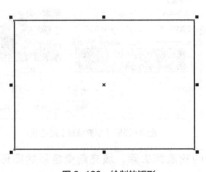

图 3-128　绘制的矩形

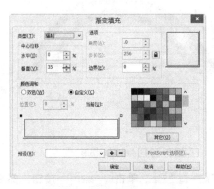

图 3-129　【渐变填充】对话框

STEP 3　单击 确定 按钮，为图形填充渐变色，然后将图形的轮廓线去除。

STEP 4　利用 ✎ 工具绘制如图 3-130 所示的图形。

STEP 5　为该图形填充紫色（C:16,M:43,Y:1,K:0）并设置为无轮廓，如图 3-131 所示。

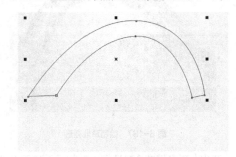

图 3-130　绘制图形

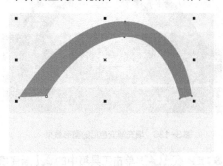

图 3-131　填充颜色后的图形效果

STEP 6 用 工具绘制出第二个图形，并为图形填充蓝色（C:100,M:0,Y:0,K:0），效果如图
3-132 所示。

STEP 7 用与步骤（4）～（6）相同的方法绘制出彩虹图形，如图 3-133 所示。

图 3-132　绘制的第 2 个图形　　　　　　　　　　图 3-133　绘制的彩虹图形

STEP 8 使用 工具和 工具绘制并调整出如图 3-134 所示的不规则图形，作为草地图形。

STEP 9 单击工具箱中的 【渐变填充】按钮，弹出【渐变填充】对话框，参数设置如图 3-135
所示。

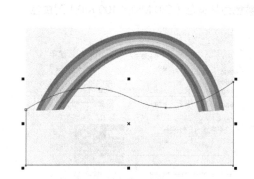

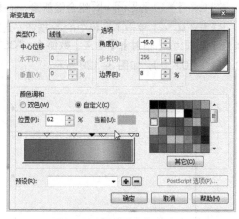

图 3-134　绘制草地图形　　　　　　　　　　图 3-135　【渐变填充】对话框

STEP 10 单击 确定 按钮，然后将图形的轮廓线去除，填充渐变色后的图形效果如
图 3-136 所示。

STEP 11 使用 和 工具绘制并调整出如图 3-137 所示的草地图形。

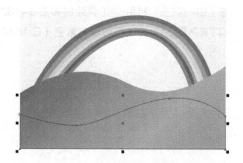

图 3-136　填充渐变色后的图形效果　　　　　　　　图 3-137　绘制草地图形

STEP 12 单击工具箱中的 【渐变填充】按钮，弹出【渐变填充】对话框，参数设置如图 3-138
所示。

STEP 13 单击 确定 按钮，然后将图形的轮廓线去除，填充渐变色后的图形效果如图 3-139 所示。

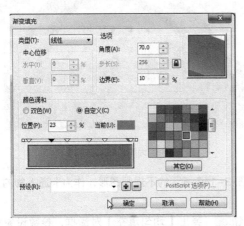

图 3-138 【渐变填充】对话框　　　　　　　　　　图 3-139 填充渐变色后的草地图形效果

STEP 14 使用 和 工具绘制并调整出如图 3-140 所示的花图形。

STEP 15 为花图形填充橙色（C:1,M:71,Y:95,K:0），轮廓线设置为白色，效果如图 3-141 所示。

STEP 16 复制花图形，并重新设置其大小、位置和颜色，效果如图 3-142 所示。

图 3-140 绘制花图形　　　　　图 3-141 填充颜色　　　　　图 3-142 复制花图形

STEP 17 用与步骤（14）~（16）相同的方法绘制云的轮廓并为其填充白色，设置为无轮廓，效果如图 3-143 所示。

STEP 18 复制出图 3-144 所示的云图形，并重新设置其大小和位置。

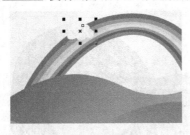　　　　　　　　

图 3-143 绘制云的轮廓　　　　　　　　　　图 3-144 复制图形

下面利用【贝塞尔】工具、【形状】工具和【填充】工具，来绘制卡通人物图形。

STEP 19 使用 和 工具绘制并调整出如图 3-145 所示的无轮廓图形作为卡通人物的头部图形，颜色设置为（C:4,M:18,Y:68,K:0），效果如图 3-146 所示。

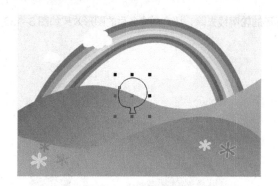

图 3-145 绘制卡通人物头部图形

图 3-146 为头部图形填充颜色

STEP 20 使用 和 工具绘制并调整出如图 3-147 所示的不规则图形，作为卡通人物的头发图形。

STEP 21 单击工具箱中的【均匀填充】按钮 ，弹出【均匀填充】对话框，参数设置如图 3-148 所示。

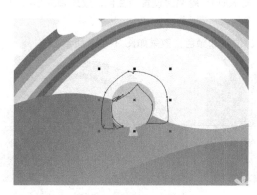

图 3-147 绘制的头发图形

图 3-148 【均匀填充】对话框

STEP 22 使用 和 工具依次绘制并调整出如图 3-149 所示的不规则图形，作为卡通人物头发的细节部分。

STEP 23 为其填充黑色，轮廓设置为无，效果如图 3-150 所示。

图 3-149 绘制头发的细节部分

图 3-150 为头发填充颜色

STEP 24 使用 和 工具绘制并调整出图 3-151 所示的图形，作为卡通人物的眼睛。

STEP 25 使用【均匀填充】工具 分别为两个图形填充白色和蓝色（C:90,M:27,Y:0,K:0），然后去除后面的图形的轮廓线，并将前面的图形的轮廓线设置为浅蓝色，效果如图 3-152 所示。

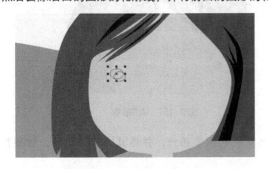
图 3-151　绘制眼睛部分

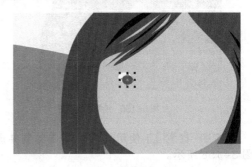
图 3-152　为眼睛填充颜色

STEP 26 使用 工具绘制出眼睛的细节部分，为其填充白色，并去除轮廓线，效果如图 3-153 所示。

STEP 27 复制步骤（24）～（26）所绘制的眼睛部分，然后移动其位置，如图 3-154 所示。

图 3-153　绘制眼睛的细节部分

图 3-154　复制眼睛部分

STEP 28 用相同的方法，在卡通人物图形的头部依次绘制出鼻子、嘴和脸部等结构图形，并将其填充为土黄色（C:4,M:27,Y:85,K:0），如图 3-155 所示。

图 3-155　绘制其他部分图形

STEP 29 使用 和 工具绘制并调整出如图 3-156 所示的蝴蝶图形。

STEP 30 选择【均匀填充】工具 ，将蝴蝶图形填充为土黄色（C:3,M:15,Y:86,K:0），并去除轮廓线，如图 3-157 所示。

图 3-156　绘制蝴蝶图形

图 3-157　填充颜色

STEP 31 使用 和 工具绘制并调整出发夹的细节部分，并将其填充为白色，效果如图 3-158 所示。

STEP 32 使用 工具继续绘制细节部分，并为其填充橙色（C:5,M:63,Y:92,K:0），如图 3-159 所示。

图 3-158　绘制发夹的细节部分

图 3-159　发夹图形效果

STEP 33 使用 和 工具绘制并调整出如图 3-160 所示的不规则图形，作为卡通人物的裙子图形。

STEP 34 选择【均匀填充】工具 ，将裙子图形填充为紫色（C:11,M:36,Y:4,K:0），并去除轮廓线，如图 3-161 所示。

图 3-160　绘制的裙子图形

图 3-161　为裙子图形填充颜色

STEP 35 用相同的方法依次绘制出卡通人物的手和腿，并进行适当的调整，如图 3-162 所示。

STEP 36 为手和腿图形填充颜色（C:4,M:18,Y:68,K:0），并去除轮廓线，如图 3-163 所示。

图 3-162　绘制手和腿图形

图 3-163　填充颜色的效果

STEP 37 绘制卡通人物的鞋图形，并将其填充为白色，如图 3-164 所示。

STEP 38 将鞋复制并移动到合适的位置，效果如图 3-165 所示。

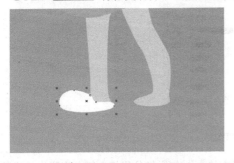

图 3-164　绘制卡通人物的鞋

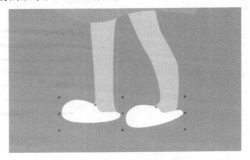

图 3-165　复制鞋

STEP 39 至此，运用相同的方法依次绘制出其余部分，包括另外 3 个卡通人物、树和太阳，最终效果如图 3-166 所示。卡通画绘制完成后，按 Ctrl + S 组合键将此文件命名为"卡通画 .cdr"并保存。

图 3-166　最终效果

3.2.4 【艺术笔】工具

使用【艺术笔】工具 可以绘制更具弹性的线条或者特殊的图案。【艺术笔】工具有 5 种模式，可以根据需要选择相应的艺术笔模式。

【例 3-8】：【艺术笔】工具的使用。

使用【艺术笔】工具绘制如图 3-167 所示的鱼图案。

艺术笔工具

图 3-167　使用【艺术笔】工具绘制的图案

操作步骤

STEP 1 选择【文件】/【打开】命令，打开名为"资料 / 笔刷文件 .cdr"的文件，如图 3-168 所示。

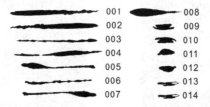

图 3-168　打开的笔刷文件

STEP 2 选择编号为"001"的图形，在工具箱中的 按钮上按住鼠标左键，在弹出的隐藏工具组中选择 工具。然后单击属性栏中的【笔刷】按钮 ，属性栏将切换为如图 3-169 所示的状态。

图 3-169　属性栏

STEP 3 单击属性栏中【保存艺术笔触】按钮 ，弹出如图 3-170 所示的【另存为】对话框，将图形命名为"001.cmx"并保存。

STEP 4 以相同的方式分别将其他图形以编号为名保存为笔刷文件。

STEP 5 单击属性栏中的【笔刷笔触】下拉列表框 ，在弹出的下拉列表中会显示前面保存的笔刷文件，如图 3-171 所示，这样用户就可以使用自定义的笔刷了。

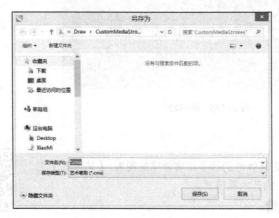

图 3-170　【另存为】对话框

图 3-171　笔刷下拉列表

STEP **6** 选择【文件】/【新建】命令，新建一个绘图文件。

STEP **7** 在工具箱中的 按钮上按住鼠标左键，在弹出的隐藏工具组中选择 工具。

STEP **8** 移动鼠标指针到工作区域中，绘制如图 3–172 所示的基本轮廓线条。

STEP **9** 选择如图 3–173 所示的图形，单击工具箱中的 按钮，在属性栏中单击 下拉列表框，然后在下拉列表中选择前面保存的名称为"001"的笔触，并将 25.4 mm 【笔触宽度】中的数值修改为"4.3"。

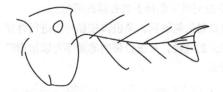

图 3-172　绘制基本线条

图 3-173　选择图形

STEP **10** 使用艺术笔触后的效果如图 3–174 所示。

STEP **11** 用与步骤（9）相同的方式，参照如图 3–175 所示的标示为其他线条设置不同的笔触样式和宽度。标示方框内的数字，左边表示笔触宽度，右边表示笔触样式编号。

图 3-174　使用艺术笔触后的效果

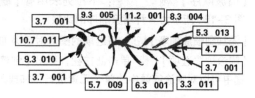

图 3-175　为线条设置笔触样式

STEP **12** 最终效果如图 3–176 所示。

图 3-176　最终效果

拓展知识

本节介绍了【艺术笔】工具的使用方式，在设计过程中经常用它制作特殊的效果，下面详细介绍【艺术笔】工具的 5 种绘制模式。在默认状态下，【艺术笔】工具的属性栏如图 3–177 所示。

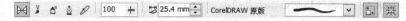

图 3-177　【艺术笔】工具的默认属性栏

（1）【预设】模式 的属性栏状态。

- 【手绘平滑】 100 ：设置笔触的平滑度，可以输入数值或者单击 按钮后拖动弹出的滑块来改变数值，取值范围为 0 ~ 100。数值越大，笔触越平滑。

- 【笔触宽度】 25.4 mm ：以输入数值的方式来设置笔触的宽度。

- 【预设笔触】：用于设置笔触的样式。

（2）【笔刷】模式 的属性栏状态如图 3-178 所示。

图 3-178 【笔刷】模式的属性栏状态

- 【浏览】：将自己制作的笔触保存后，可以从这里载入笔触。
- 【笔刷笔触】：可以在弹出的下拉列表中选择各式各样的笔触。
- 【保存艺术笔触】：在制作了笔触或者修改自带的笔触后，单击该按钮可以进行存储。
- 【删除】：单击该按钮即可删除列表中自定义的笔触，系统自带的笔触不可以被删除。

（3）【喷涂】模式 的属性栏状态如图 3-179 所示。

图 3-179 【喷涂】模式的属性栏状态

- 【喷涂对象大小】：设置喷射对象的大小。
- 【喷涂图样】：在弹出的下拉列表中可以选择各式各样的喷涂笔触。
- 【喷涂顺序】：下拉列表中有【随机】、【顺序】及【按方向】3 个喷涂顺序选项。图 3-180 所示为 3 种喷涂顺序的比较。
- 【添加到喷涂列表】：将选取的图形对象添加到喷涂列表中。
- 【喷涂列表选项】：单击此按钮，弹出【创建播放列表】对话框，如图 3-181 所示。在该对话框中可以对喷涂笔触中的单个元素进行添加或删除。

图 3-180　3 种喷涂顺序的比较　　　　图 3-181 【创建播放列表】对话框

- 【每个色块中的图像数和图像间距】：该选项有两个参数，上面的参数用于控制喷涂笔触中元素的密度，下面的参数用于控制喷涂笔触中元素间的距离。
- 【旋转】：设置喷涂笔触中元素的旋转角度。
- 【偏移】：设置喷涂笔触中元素的偏移量。
- 【重置值】：当修改了属性栏中的数值框中的数值后，可单击该按钮还原数值。

（4）【书法】模式 的属性栏状态如图 3-182 所示。

图 3-182 【书法】模式的属性栏状态

- 【笔触宽度】：以输入数值的方式设置笔触的宽度。
- 【书法角度】：设置书法笔触笔尖的角度，当数值为 0 时，绘制的水平线条最窄，垂直线条最宽。当数值为 90 时，绘制的水平线条最宽，垂直线条最窄。

（5）【压力】模式  的属性栏状态如图 3-183 所示。

图 3-183　【压力】模式的属性栏状态

- 【手绘平滑】 100 ⊹ ：设置笔触的平滑度，可以输入数值或者单击 ⊹ 按钮后拖动弹出的滑块来改变数值，取值范围为 0 ~ 100。数值越大，笔触越平滑。
- 【笔触宽度】 25.4 mm ：以输入数值的方式设置笔触的宽度。

3.2.5　【3 点曲线】工具

【3 点曲线】工具的属性栏与【手绘】工具的属性栏相同，这里不再赘述，使用该工具绘制曲线的过程如图 3-184 所示。

| 单击鼠标左键确定曲线的一个端点 | 按住鼠标左键拖曳，释放鼠标确定另一端点 | 移动鼠标光标到适当的位置后单击，确定曲线的弧度 | 完成绘制后的效果 |

图 3-184　3 点绘制曲线的过程

3.2.6　【平行度量】工具

在绘制工程图纸或工业类图形时，经常要进行尺寸标注。CorelDRAW X6 提供了 5 种标注方式，下面逐一介绍。

（1）【平行度量】工具 ：单击此按钮可以对工作区域中的图形进行垂直、水平或斜向标注。在标注尺寸时，按住 Ctrl 键可以限制标注倾斜方向为 15° 的倍数。

（2）【水平或垂直度量】工具 ：单击此按钮仅标注垂直方向上的尺度。

（3）【角度量】工具 ：单击此按钮可以对工作区域中的图形标注角度值。

（4）【线段度量】工具 ：此工具可以标注图形两两节点之间的直线间距。单击图标后，将光标移动到图形的路径上，出现 后单击左键后即可拖曳出该路径 2 节点之间的间距。

（5）【3 点标注】工具 ：单击此按钮可以对工作区域中的某一点或某一个地方进行标注，可以为图形进行标注说明，需要自行输入标注文字。

【平行度量】工具 的属性栏如图 3-185 所示。

图 3-185　【平行度量】工具的属性栏

- 【度量样式】 十进制 ：单击此按钮，弹出的下拉列表中提供了 4 种度量样式，即【十进制】、【小数】、【美国工程】及【美国建筑学的】。用户可以针对不同的需要进行选择，默认的方式为【十进制】。
- 【度量精度】 0.00 ：在这里设定度量的精度，精度以小数点后的位数表示。小数位数越多，则精度越高。
- 【度量单位】 " ：在这里设定度量时使用的单位。
- 【显示单位】 ：单击此按钮可以在是否显示尺度单位间切换，默认为激活状态，表示显示尺度单位。

- 【度量前缀】前缀：▢ 和【度量后缀】后缀：▢：在这里可以输入尺寸的前缀和后缀文字。
- 【显示前导零】：当标注的数值小于 1 时，激活此按钮，可以显示出小数点前的零，否则会不显示零。
- 【动态度量】：单击此按钮后为图形添加标注，以后对图形进行修改时，标注尺寸也会随之变化。在对图形进行调整而未激活此按钮时，添加的标注尺寸不会随图形的调整而改变。
- 【文本位置】：在这里设定标注时文本所在的位置。该下拉列表中提供了 6 种文本位置样式。

单击▢按钮可将标注文本放置于标注线上方。

单击▢按钮可将标注文本放置于标注线中间。

单击▢按钮可将标注文本放置于标注线下方。

图 3-186 所示为上述 3 种标注样式的文字位置比较。

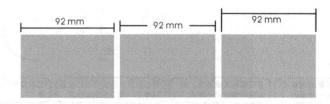

图 3-186　标注文字的位置比较

单击【将延伸线间的文本居中】▢按钮可将标注文本放置在标注线中间。如果未激活此按钮，则标注文本将放置在鼠标指针选择的位置，如图 3-187 所示。

单击【横向放置文本】▢按钮可将标注中的文本水平放置。如果未激活此按钮，则标注的文本将与标注线平行，如图 3-188 所示。

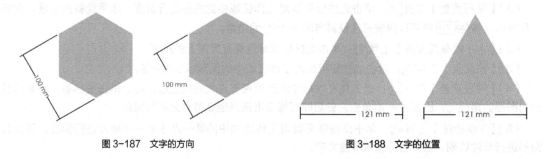

图 3-187　文字的方向　　　　　　　　　　图 3-188　文字的位置

单击【在文本周围绘制文本框】▢按钮，可以在标注文本周围加上一个矩形框，如图 3-189 所示。

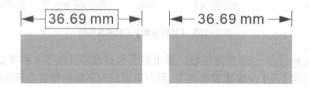

图 3-189　在文本周围绘制文本框

3.2.7 【智能绘图】工具

选择【智能绘图】工具△，并在属性栏中设置【形状识别等级】和【智能平滑等级】选项后，将鼠标指针移动到绘图窗口中自由草绘一些线条（最好有一点规律性，如大体像椭圆形、矩形或三角形等），系统会自动对绘制的线条进行识别、判断，并将其组织成最接近的几何形状。例如，大体绘制一个方形，释放鼠标左键后，系统会自动将其转换成一个矩形；大体绘制一个椭圆形，释放鼠标左键后，系统会自动将其转换成一个椭圆形，如图 3-190 所示。如果绘制的图形未被转换为某种形状，则系统对其进行平滑处理，将其转换为平滑曲线。

图 3-190　绘制的方形和圆形

3.3　图形的编辑

在实际的设计过程中，使用【贝塞尔】工具或【钢笔】工具绘制图形，很难一次就绘制精确，经常需要进行再次修改或编辑。下面介绍 CorelDRAW X6 中图形编辑工具的使用方法。

3.3.1　【形状】工具

使用【形状】工具 ![图标]（快捷键为 F10）可以将绘制的线或图形按照设计需要调整成任意形状，也可以用来改变文字的间距、行距及文字的偏移位置、旋转角度和属性设置等。

曲线形态编辑 1

使用 ![图标] 工具调整图形的形状时，根据所调整图形性质的不同，可分为调整几何图形和调整具有曲线性质的图形。当调整几何图形时，只能对其进行保持对称性的镜像编辑，也就是说当调整几何图形的某一部分时，图形的其他部分也会随之改变。当调整具有曲线性质的图形时，可以自由调整图形的任意形态。

曲线形态编辑 2

1. 调整几何图形

选择几何图形，选择 ![图标] 工具（或按 F10 键）后，将鼠标指针移动到任意控制节点上，然后按住鼠标左键并拖曳，至合适位置后释放鼠标左键即可对几何图形进行调整。

选中绘制好的矩形，使用 ![图标] 工具将矩形修改为圆角矩形的过程如图 3-191 所示。另外，通过设置属性栏中矩形的圆角半径 ![30.137 mm] ![30.137 mm] ![30.137 mm] ![30.137 mm] 的数值，也可将矩形的边角变为圆角状态。

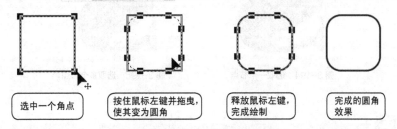

| 选中一个角点 | 按住鼠标左键并拖曳，使其变为圆角 | 释放鼠标左键，完成绘制 | 完成的圆角效果 |

图 3-191　将矩形调整为圆角矩形的过程

选中绘制好的椭圆形，使用 ![图标] 工具可将椭圆形修改为饼形，过程如图 3-192 所示。另外，通过单击属性栏中的【饼图】按钮 ![G] 或【弧】按钮 ![C]，也可将椭圆形变为饼形或弧形，通过修改【起始和结束角度】 的数值来设定椭圆形、饼形和弧形的起始角度与结束角度。

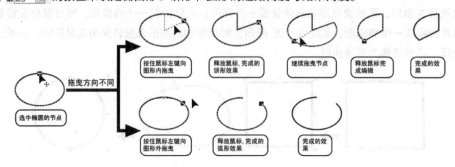

图 3-192　编辑椭圆形的过程

2. 调整曲线形态

选择使用线形工具绘制的图形或由几何图形转换成的曲线图形，然后选择 工具，此时的属性栏如图 3-193 所示。

图 3-193　【形状】工具的属性栏

当需要将几何图形调整成任意图形时，必须将此图形转换为曲线。选择几何图形，然后选择【排列】/【转换为曲线】命令（组合键为 Ctrl +Q）或单击属性栏中的【转换为曲线】按钮 ，即可将几何图形转换为曲线。

【例 3-9】：【形状】工具的使用方法。

本案例介绍节点的选取、增加和删除的方法。

操作步骤

STEP 1 打开名为"资料 / 形状调整 01.cdr"文件。

STEP 2 使用工具箱中的 工具选择图形并在图形上的一个节点处单击，将节点选取。被选取的节点以实心正方形显示，并显示节点的控制手柄，如图 3-194 所示。

STEP 3 按住 Shift 键的同时依次单击其他的节点，即可选取多个节点，被选取的节点均以实心正方形显示，如图 3-195 所示。

图 3-194　选取一个节点　　　　　图 3-195　选取多个节点

 要点提示

按住 Shift + Ctrl 组合键的同时选取图形上的任一节点，即可选中该曲线上所有的节点。除了可以使用上面的方法选取全部的节点外，还可以单击属性栏中的 按钮选取全部的节点。在视图空白处单击即可取消对所有节点的选取。

STEP 移动鼠标指针到图形的路径上，单击以确定节点的位置，如图 3-196 所示。单击属性栏中的【添加节点】按钮 ，即可在单击处新增加一个节点，如图 3-197 所示。

图 3-196　确定节点的位置　　　　　　　图 3-197　添加节点

要点提示

除了利用 按钮在曲线上添加节点外，还有两种方法可以添加节点：（1）在需要添加节点的位置双击以直接添加节点；（2）在所需要添加节点的位置单击，再按小键盘区中的 + 键。

STEP 选取一个节点，单击属性栏中的 【删除节点】按钮即可将该节点删除。

要点提示

除了使用 按钮在曲线上删除节点外，还有两种方法可以删除节点：（1）将鼠标指针放置在要删除的节点上并双击；（2）将所要删除的节点选取后，按小键盘区中的 键或 Delete 键。

【例 3-10】：利用【形状】工具调整图形形态。

本案例介绍节点属性的修改与图形形状的调整。

操作步骤

STEP 打开名为"资料 / 形状调整 02.cdr"文件。

STEP 使用工具箱中的 工具，框选图 3-198 所示的节点，单击属性栏中的【转换为曲线】按钮 ，将图形中的线段转换为曲线。

STEP 选取图 3-199 所示的节点，移动鼠标指针到节点左边的控制手柄上，按住鼠标左键并拖曳（见图 3-200）即可修改该线段的形状。

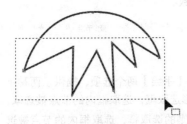 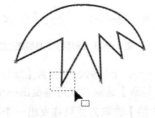 

图 3-198　框选节点　　　　　　图 3-199　选取节点　　　　　　图 3-200　拖曳控制手柄

要点提示

按住鼠标左键并拖曳路径，此路径 2 端节点的控制柄会同时调整。若按住鼠标左键并拖曳控制点，另一边节点的手柄不受影响，如图 3-201 所示。

STEP 4 以相同的方式调整其他线段的形状，调整结果如图 3-202 所示。

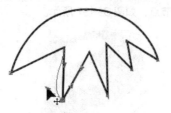

图 3-201　拖曳控制点　　　　　　　　图 3-202　调整其他线段后的效果

STEP 5 在如图 3-203 所示的位置双击以增加两个新节点，添加后的效果如图 3-204 所示。

图 3-203　添加节点　　　　　　　　图 3-204　添加节点后的效果

STEP 6 在如图 3-205 所示的位置双击以删除尖角处的节点，删除后的结果如图 3-206 所示。这样即可将尖角转化为圆角形式。

STEP 7 以相同的方式修改其他尖角为圆角，最终效果如图 3-207 所示。

图 3-205　要删除的节点　　　　图 3-206　删除节点后的效果　　　　图 3-207　最终效果

拓展知识

本节介绍了【形状】工具的基本用法，包括节点的选取、添加和删除以及节点属性的转换、调整控制手柄与控制点等。

【形状】工具的属性栏如图 3-208 所示。下面介绍属性栏中的参数。

| 矩形 ˅ | ⁝⁝⁝ ⁝⁝⁝ | ⋮ ⋮ | 减少节点 0 ＋ |

图 3-208　【形状】工具的属性栏

- 【选取范围模式】 矩形 ˅：下拉列表中包含【矩形】和【手绘】两个选项，提供了两种不同的节点选取方式。选择【矩形】选取方式可拖曳出一个矩形选取框，选取框内的节点被选取，如图 3-209 所示。选择【手绘】选取方式可拖曳出一个不规则的选取框，选取框内的节点被选取，如图 3-210 所示。

- 【添加节点】 ：将鼠标指针放置在绘制好的曲线上并单击，单击处即可出现一个小黑点，然后单击此按钮即可添加一个节点。

- 【删除节点】 ：将鼠标指针放置在曲线的节点上并单击以将其选取，然后单击此按钮即可将选取的节点删除。

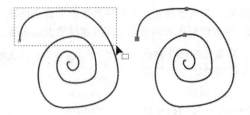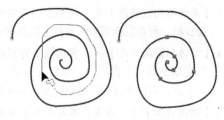

图 3-209　【矩形】节点选取方式　　　　图 3-210　【手绘】节点选取方式

- 【连接两个节点】 ：当选取的图形为开放曲线时，同时选取起点和终点两个节点，然后单击此按钮即可使两个被选取的节点连接成为一个节点。
- 【断开曲线】 ：此按钮的作用恰好与 按钮的作用相反，使用此按钮可以使被选取的节点分成两个节点。需要注意的是，将曲线分割后，需要移动节点，才可以看出效果。
- 【转换为线条】 ：使用此按钮可以将两个相邻节点之间的弧形曲线转换为一条直线。
- 【转换为曲线】 ：使用此按钮可以将直线转换成曲线，从而可以将转换后的曲线调整为弧线。当选取一个节点时，单击此按钮，将在被选取的节点线段上出现两个控制手柄，通过拖曳来调节控制手柄，可以使该直线变为弧线。将图形中所有的节点选取后，单击此按钮可以使整个图形变为曲线。将鼠标指针放置在任意一边上，按住鼠标左键并拖曳即可将选取的一边调整成弧形。
- 【尖突节点】 ：当图形的节点为平滑点或是对称节点时，单击此按钮，将生成两个控制手柄，可以通过调节每个控制手柄来使节点变得尖突。
- 【平滑节点】 ：此按钮的作用与 按钮的作用恰好相反，使用此按钮可以使原来尖突的节点变得平滑。这种节点的两个控制点的控制手柄长度可以不同。调节其中一个控制点时，另一侧的控制点将以相应的比例进行调整，以保持曲线的平滑。
- 【对称节点】 ：使用此按钮可以将选取的节点转换成两边对称的平滑节点。这种节点的两个控制点的控制手柄长度是相同的。

图 3-211 所示为 3 种节点的形态。

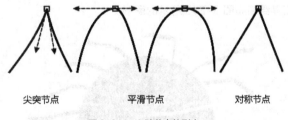

尖突节点　　　　　平滑节点　　　　　对称节点

图 3-211　3 种节点的形态

- 【反转方向】 ：当给曲线添加控制手柄以进行调整时，使用此按钮可以调换添加控制手柄的顺序。
- 【延长曲线使之闭合】 ：当在绘图窗口中绘制了一个未闭合的曲线图形时，首先将起点和终点两个节点选取，然后单击此按钮可以使两个被选取的节点通过直线进行连接，从而达到闭合图形的效果。
- 【提取子路径】 ：使用此按钮可以将结合在一起的图形拆分为独立的图形。
- 【闭合曲线】 ：此按钮的作用与 按钮的作用相同，都可以将未闭合的曲线进行闭合，只是连接两个节点的方法不同。使用 按钮连接节点时，必须将所要连接的节点选取，而使用此按钮时，只需要将未闭合的曲线图形选取即可。

- 【延伸与缩放节点】：将曲线图形中的节点选取，单击此按钮，将在所选取的节点上出现一个缩放框。利用鼠标调整缩放框上的任意一个点，可以使所选取的节点之间的线段放大或者缩小。

- 【旋转与倾斜节点】：将曲线中的节点选取，单击此按钮将会在所选取的节点上出现一个倾斜旋转框。拖曳倾斜旋转框上的任意一个点，可以通过倾斜或旋转节点来对图形进行整体调整。

- 【对齐节点】：在至少有两个节点被选取的情况下，此按钮才处于可使用状态。单击此按钮将弹出如图 3-212 所示的【节点对齐】对话框。

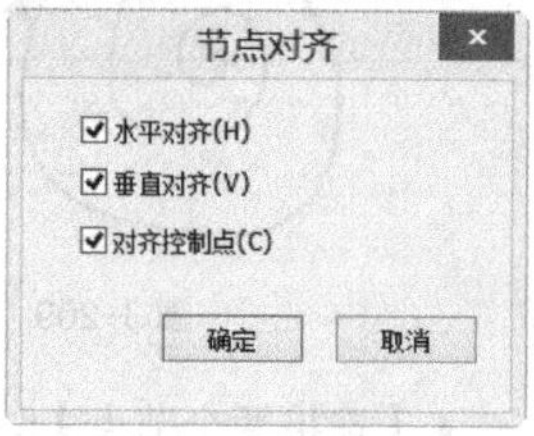

当勾选【水平对齐】复选项时，可以使被选取的节点在水平方向上进行对齐。

当勾选【垂直对齐】复选项时，可以使被选取的节点在垂直方向上进行对齐。

当勾选【对齐控制点】复选项时，可以使被选取的两个节点重合。

图 3-212 【节点对齐】对话框

- 【水平反射节点】：激活此按钮后，调整指定的节点时，节点将在水平方向映射。

- 【垂直反射节点】：激活此按钮后，调整指定的节点时，节点将在垂直方向映射。

- 【弹性模式】：当图形中有两个或多个节点被选取时，激活此按钮可以逐个移动节点。当此按钮未被激活时，移动节点，其他的节点将会随鼠标指针的移动而移动。

- 【选取全部节点】：当需要将曲线中的所有节点选取时，可以单击此按钮。

- 【减少节点】 减少节点 ：当图形路径上的节点很多时，单击此按钮可以根据图形的形状来减少图形中的节点以简化图形。

- 【曲线平滑度】 0 ＋ ：单击此按钮将弹出调节曲线平滑度的滑块，通过调节滑块的位置，可以改变被选取节点之间的曲线平滑度。

3.3.2 【涂抹笔刷】工具

利用【涂抹笔刷】工具可以对转换为曲线后的矢量图形进行涂抹，从而创造随意的效果。

【例 3-11】:【涂抹笔刷】工具的使用。

使用【涂抹笔刷】工具绘制如图 3-213 所示的图形。

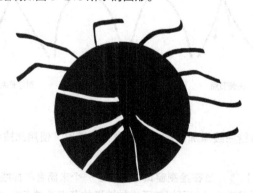

图 3-213　绘制好的图形

操作步骤

STEP 1 选择【文件】/【新建】命令，新建一个文件。

STEP 2 单击工具箱中的 ○ 按钮，按住 Ctrl 键的同时在工作区域中绘制一个圆。

STEP 3 按 Ctrl + Q 组合键，将圆形转换为曲线，效果如图 3-214 所示。

STEP 04　在工具箱中的 按钮上按住鼠标左键，在弹出的隐藏工具组中选择 【涂抹笔刷】工具，设置属性栏中【笔尖大小】 1.0 mm 选项的数值为"30"，更改笔尖的大小。移动鼠标指针到圆形的路径上，按住鼠标左键并拖曳，即可将路径拖曳出任意的涂抹效果，如图 3-215 所示。

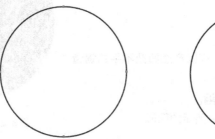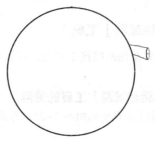

图 3-214　将圆形转换为曲线　　　　　图 3-215　涂抹中的状态

STEP 05　在适当的位置释放鼠标左键即可结束涂抹，再以相同的方式涂抹路径上的其他部位。用【填充工具】给图形填色，图 3-216 所示为涂抹的最终效果。

图 3-216　涂抹的最终效果

拓展知识

本节介绍了【涂抹笔刷】工具的使用方式，下面介绍该工具的属性栏中的选项。图 3-217 所示为【涂抹笔刷】工具的属性栏。

图 3-217　【涂抹笔刷】工具属性栏

- 【笔尖大小】 1.0 mm ：在这里设置涂抹笔刷的笔尖大小，数值越大，笔尖越粗。
- 【水份浓度】 0 ：该选项可以使涂抹笔刷产生渐大或渐小的效果。当数值为正值时，涂抹笔刷产生渐小的效果；当数值为负值时，涂抹笔刷产生渐大的效果，如图 3-218 所示。

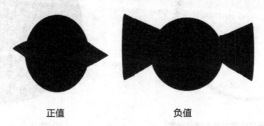

正值　　　　　　　　　负值

图 3-218　两种涂抹笔刷效果的比较

- 【斜移】 📐 45.0° ⬍：该选项用于控制笔尖的形状，数值范围
  为 15 ~ 90。数值越大，笔尖越接近正圆。
- 【方位】 📐 .0° ⬍：该选项用于控制笔尖的倾斜角度，数值
  范围为 0 ~ 90。

3.3.3 【粗糙笔刷】工具

使用该工具在矢量图形路径上拖曳，可以产生凹凸不平的锯齿
效果。

【例 3-12】：【粗糙笔刷】工具的使用。

使用【粗糙笔刷】工具绘制如图 3-219 所示的图形。

图 3-219　绘制好的图形

操作步骤

STEP 1 选择【文件】/【新建】命令，新建一个文件。

STEP 2 单击工具箱中的 ⬭ 按钮，按住 Ctrl 键的同时在工作区域中绘制一个圆形。

STEP 3 按 Ctrl + Q 组合键，将圆形转换为曲线，效果如图 3-220 所示。

STEP 4 在工具箱中的 ⬭ 按钮上按住鼠标左键，在弹出的隐藏工具组中选择【粗糙笔刷】工具 🖌，设置属性栏中【笔尖大小】选项 ⊖1.0 mm ⬍ 的数值为"20"，更改笔尖的大小。移动鼠标指针到圆形的路径上，按住鼠标左键并沿着圆形的路径拖曳，如图 3-221 所示。

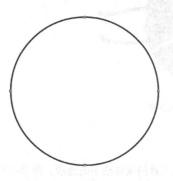

图 3-220　将圆形转换为曲线

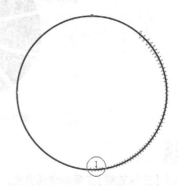

图 3-221　沿着圆形的路径拖曳

STEP 5 在适当的位置释放鼠标左键，圆形的路径即可产生锯齿效果，如图 3-222 所示。

STEP 6 填充颜色后最终的效果如图 3-223 所示。

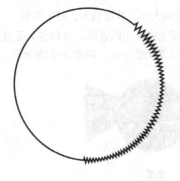

图 3-222　圆形的路径产生锯齿效果

图 3-223　最终效果

拓展知识

本节介绍了【粗糙笔刷】工具的使用方式，下面介绍该工具的属性栏中的选项。图 3-224 所示为【粗糙笔刷】工具的属性栏。

图 3-224 【粗糙笔刷】工具的属性栏

- 【笔尖大小】：设置粗糙笔刷的笔尖大小，数值越大，笔尖越大。
- 【尖突频率】：该选项用于控制锯齿的密度，数值越大，密度越大。
- 【水份浓度】：该选项用于控制锯齿的疏密变化的效果，数值范围为 –10 ~ 10。当数值为正值时，锯齿由疏到密变化；当数值为负值时，锯齿由密到疏变化。
- 【斜移】：该选项用于控制产生的锯齿的大小，数值范围为 0 ~ 90。数值越大，产生的锯齿越小。
- 【尖突方向】：该选项用于控制锯齿的方向，此选项只有在安装了手绘板之后才可以使用，可以设置根据改变笔的旋转（或持笔）角度来确定尖突的方向。其下拉列表中提供了【自动】和【固定方向】两个选项。当选择【自动】选项时，后面的【笔方位】变为不可用状态。当选择【固定方向】选项时，在后面的 中输入数值控制锯齿的尖突方向。图 3-225 所示为两种尖突方向的比较。

图 3-225 两种尖突方向的比较

3.3.4 【自由变换】工具

使用该工具在矢量图形路径上拖曳，可以自由变换图形，变换操作包括旋转、镜像、缩放和倾斜。

【例 3-13】：【自由变换】工具的使用。

使用【自由变换】工具绘制如图 3-232 所示的图形。

操作步骤

STEP 1 选择【文件】/【新建】命令，新建一个文件。

STEP 2 在工具箱中的 按钮上按住鼠标左键，在弹出的隐藏工具组中选择 工具。在属性栏中单击 按钮，在弹出的列表中选择 形式。

STEP 3 移动鼠标指针到工作区域中，然后创建一个箭头图形，效果如图 3-226 所示。

STEP 4 在工具箱中的 按钮上按住鼠标左键，在弹出的隐藏工具组中选择 工具。

STEP 5 在属性栏中确认激活【自由旋转】按钮 。移动光标到图形右下角，然后按住鼠标左键拖曳进行自由旋转变换，变换状态如图 3-227 所示。变换结果如图 3-228 所示。

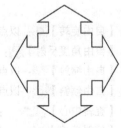

图 3-226 创建一个箭头图形

 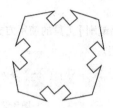

图 3-227　自由旋转对象　　　　　　　　图 3-228　旋转后的效果

STEP 6 然后在属性栏中确认激活【自由角度反射】按钮 ，并激活【应用到再制】按钮 。移动光标到图形附近，然后按住鼠标左键并拖曳进行自由角度反射变换，变换状态如图 3-229 所示。变换结果如图 3-230 所示。

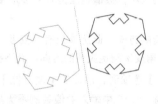 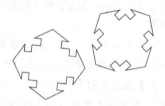

图 3-229　自由旋转对象　　　　　　　　图 3-230　旋转后的效果

STEP 7 然后在属性栏中确认激活【自由倾斜】按钮 。移动光标到图形附近，然后按住鼠标左键并拖曳进行自由倾斜变换，变换状态如图 3-231 所示。变换结果如图 3-232 所示。

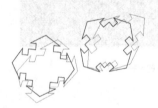 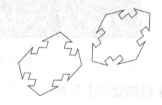

图 3-231　自由旋转对象　　　　　　　　图 3-232　旋转后的效果

拓展知识

本节介绍了【自由变换】工具的使用方式，下面介绍该工具的属性栏中的选项。图 3-233 所示为【粗糙笔刷】工具的属性栏。

图 3-233　【自由变换】工具的属性栏

- 【自由旋转】 ：以点击点为中心旋转选中对象。
- 【自由角度反射】 ：以拖曳出反射轴的方式镜像选中对象。
- 【自由缩放】 ：以点击点为中心缩放选中对象。按住 Ctrl 键并拖曳可以等比缩放。
- 【自由倾斜】 ：以点击点为基点倾斜对象。
- 【旋转中心】 ：通过设置 x、y 的坐标值来设置旋转的基点。
- 【倾斜角度】 ：输入数值的方式倾斜对象，可以分别设置水平或垂直倾斜的角度。输入数值后按回车键，即可执行变换。

- 【应用到再制】 ：激活此按钮，可以保留对象初始状态，并复制一份后再执行变换操作。
- 【相对于对象】 ：当利用数值方式旋转或倾斜对象时，对象的变换基点使用的是【旋转中心】选项 8.0 mm / .0 mm 的参数。激活此按钮，可以设置变换的基点是相对于对象的值，而不是基于页面 x，y 的数值进行变换。

3.3.5 【涂抹】工具

利用【涂抹】工具 可以对转换为曲线后的矢量图形进行涂抹，从而创造随意的效果。

【例 3-14】：【涂抹】工具的使用。

使用【涂抹】工具绘制如图 3-234 所示的图形。

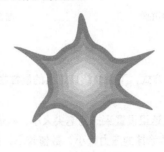

图 3-234　绘制好的图形

操作步骤

STEP 1 选择【文件】/【新建】命令，新建一个文件。

STEP 2 单击工具箱中的 按钮，按住 Ctrl 键的同时在工作区域中绘制一个大小为 28.0 mm / 28.0 mm 的圆。

STEP 3 按 Ctrl + Q 组合键，将圆形转换为曲线。

STEP 4 在调色板中单击橘色（C:0,M:60,Y:100,K:0），再用鼠标右键单击 去掉轮廓。效果如图 3-235 所示。

STEP 5 在工具箱中的 按钮上按住鼠标左键，在弹出的隐藏工具组中选择【轮廓图】工具 。

STEP 6 再属性栏中单击【到中心】按钮 ，然后设置【轮廓图偏移】 2.0 mm 数值为："2"。【填充色】 的颜色为黄色（C:0,M:0,Y:100,K:0）。轮廓图效果如图 3-236 所示。

图 3-235　绘制正圆

图 3-236　轮廓图效果

STEP 7 在工具箱中的 按钮上按住鼠标左键，在弹出的隐藏工具组中选择 工具。

STEP 8 设置属性栏中 5.0 mm 选项的数值为"5"，更改笔尖的大小，并激活【平滑涂抹】按钮 ，移动鼠标指针到圆形的路径上，按住鼠标左键并拖曳，即可将路径拖曳出任意的涂抹效果，如图 3-237 所示。

STEP 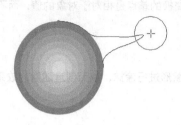 在适当的位置释放鼠标左键即可结束涂抹，再以相同的方式涂抹路径上的其他部位。图 3-238 所示为涂抹的最终效果。

图 3-237　绘制正圆　　　　　　　　　图 3-238　涂抹的最终效果

拓展知识

本节介绍了【涂抹】工具的使用方式，下面介绍该工具的属性栏中的选项。图 3-239 所示为【涂抹】工具的属性栏。

- 【笔尖半径】⊖ 5.0 mm ：在这里设置涂抹的笔尖大小，数值越大，笔尖越粗。
- 【压力】 86 ＋：在这里设置涂抹的压力大小，数值越小，按住鼠标拖曳变形的效果越微弱。
- 【笔压】 ：当连接手绘板等设备时，激活此按钮，可以通过笔的压力大小控制压力强度。
- 【平滑涂抹】 ：涂抹的图形边缘是平滑效果。
- 【尖状涂抹】 ：涂抹的图形边缘是平滑效果。图 3-240 所示为【平滑涂抹】与【尖状涂抹】的效果对比。

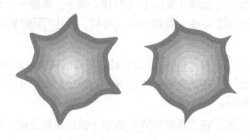

⊖ 5.0 mm ＋ 86 ＋

图 3-239　【涂抹】工具属性栏　　　　　図 3-240　【平滑涂抹】与【尖状涂抹】的效果对比

3.3.6　【转动】工具

利用【转动】工具 ，可以对转换为曲线后的矢量图形进行涂抹，从而创造随意的效果。

【例 3-15】:【转动】工具的使用。

使用【转动】工具绘制如图 3-241 所示的图形。

图 3-241　绘制好的图形

操作步骤

STEP 1 选择【文件】/【新建】命令，新建一个文件。

STEP 2 单击工具箱中的 ◯ 按钮，按住 Ctrl 键的同时在工作区域中绘制一个大小为 ⬌ 28.0 mm ⬍ 28.0 mm 的圆。

STEP 3 在调色板中单击橘色（C:0,M:60,Y:100,K:0），再用鼠标右键单击 ⊠ 去掉轮廓。效果如图 3-242 所示。

STEP 4 在工具箱中的 ◌ 按钮上按住鼠标左键，在弹出的隐藏工具组中选择 ◉ 工具。

STEP 5 设置属性栏中 ◌ 10.0 mm ⬍ 选项的数值为 "10"，更改笔尖的大小。并激活【逆时针转动】按钮 ◠，移动鼠标指针到圆形的路径上，按住鼠标左键，即可将路径按压出转动的效果，状态如图 3-243 所示，当到需要的程度后释放鼠标左键。

图 3-242　绘制正圆　　　　　　　　　图 3-243　转动状态

STEP 6 再以相同的方式转动路径上的其他部位。图 3-241 所示为转动的最终效果。

拓展知识

本节介绍了【转动】工具的使用方式，下面介绍该工具的属性栏中的选项。图 3-244 所示为【涂抹】工具的属性栏。

- 【笔尖半径】◌ 10.0 mm ⬍：在这里设置涂抹的笔尖大小，数值越大，笔尖越粗。
- 【速度】⚙ 76 ⬍：在这里设置涂抹的压力大小，数值越小，按住鼠标拖曳变形的效果越微弱。
- 【笔压】▱：当连接手绘板等设备时，激活此按钮，可以通过笔的压力大小控制压力强度。
- 【逆时针转动】◠：以逆时针方向转动路径。
- 【顺时针转动】◠：以顺时针方向转动路径。图 3-245 所示为【逆时针转动】与【顺时针转动】的效果对比。

图 3-244　【涂抹】工具属性栏　　　　　图 3-245　【逆时针转动】与【顺时针转动】的效果对比

3.3.7　【吸引】与【排斥】工具

利用【吸引】工具 ▱ 与【排斥】工具 ▱ 可以对矢量图形进行收缩或扩张变形，从而创造随意的效果。

【例 3-16】：【吸引】工具 ▱ 与【排斥】工具 ▱ 工具的使用。

使用【吸引】工具 ▱ 与【排斥】工具 ▱ 绘制如图 3-246 所示的图形。

图 3-246　绘制好的图形

操作步骤

STEP 1 选择【文件】/【新建】命令，新建一个文件。

STEP 2 在工具箱中的 ○ 按钮上按鼠标左键，在弹出的隐藏工具组中选择 ☆ 工具，按住 Ctrl 键的同时在工作区域中绘制一个大小为 [40.0 mm / 40.0 mm] 的五角星。

STEP 3 在调色板中单击绿色（C:100,M:60,Y:100,K:0），再用鼠标右键单击 ⊠ 去掉轮廓。效果如图 3-247 所示。

STEP 4 在工具箱中的 按钮上按住鼠标左键，在弹出的隐藏工具组中选择【轮廓图】工具。

STEP 5 再属性栏中单击【到中心】按钮，然后设置【轮廓图偏移】 [1.0 mm] 数值为："1"。【填充色】的颜色为黄色（C:0,M:0,Y:100,K:0）。轮廓图效果如图 3-248 所示。

STEP 6 在工具箱中的 按钮上按住鼠标左键，在弹出的隐藏工具组中选择 工具。

STEP 7 设置属性栏中 [10.0 mm] 选项的数值为"10"，更改笔尖的大小。并调整【速度】 [76] 的数值为"45"，移动鼠标指针到五角星的路径上，按住鼠标左键，即可将路径上的节点吸引到光标的效果，状态如图 3-249 所示，当到需要的程度后释放鼠标左键。

STEP 8 在工具箱中的 按钮上按住鼠标左键，在弹出的隐藏工具组中选择 工具。

STEP 9 设置属性栏中 [10.0 mm] 选项的数值为"10"，更改笔尖的大小。并调整【速度】 [76] 的数值为"45"，移动鼠标指针到五角星的路径上，按住鼠标左键，即可将路径上的节点以光标为基点向外排斥的效果，状态如图 3-250 所示，当到需要的程度后释放鼠标左键。

图 3-247　绘制五角星

图 3-248　轮廓图效果

图 3-249　绘制正圆

图 3-250　轮廓图效果

STEP 10 再以相同的方式排斥路径上的其他部位的节点。图 3-246 所示为变形的最终效果。

拓展知识

本节介绍了【吸引】工具 与【排斥】工具 的使用方式，下面介绍该工具的属性栏中的选项。图 3-251 所示为【吸引】工具 与【排斥】工具 的属性栏。

图 3-251　【涂抹】工具属性栏

- 【笔尖半径】 ⊙ 10.0 mm ：在这里设置涂抹的笔尖大小，数值越大，笔尖越粗。
- 【速度】 ⊙ 76 ：在这里设置涂抹的压力大小，数值越小，按住鼠标拖曳变形的效果越微弱。
- 【笔压】 ⊙ ：当连接手绘板等设备时，激活此按钮，可以通过笔的压力大小控制压力强度。

3.3.8 【裁剪】工具

【裁剪】工具 ⊞ 可以快速删除画面中不需要的区域，对位图图像、矢量图形、段落文本及美术文字都可以进行裁剪。【裁剪】工具的属性栏如图 3-252 所示。

x: 17.454 mm　↔ 6.894 mm　⟲ .0 °　清除裁剪选取框
y: 446.699 mm　⊥ 3.182 mm

图 3-252 【裁剪】工具属性栏

- 【裁剪位置】 x: 17.454 mm / y: 446.699 mm ：用于调整裁剪选取框的位置。
- 【裁剪大小】 ↔ 6.894 mm / ⊥ 3.182 mm ：用于调整裁剪选取框的大小。
- 【旋转角度】 ⟲ .0 ° ：用于调整裁剪选取框的旋转角度。
- 清除裁剪选取框 按钮：单击此按钮或按 Esc 键，可取消裁剪选取框。

【裁剪】工具 ⊞ 的使用过程如图 3-253 与图 3-254 所示。

导入的图像　　　　绘制裁剪选取框　　　　双击鼠标完成裁剪

图 3-253 【裁剪】工具的使用过程 1

绘制裁剪选取框　　　在裁剪选取框内单击鼠标左键，边角出现 符号　　　移动鼠标光标到选取框边角，当光标变为 ⟲ 时，即可旋转选取框　　　双击鼠标完成裁剪

图 3-254 【裁剪】工具的使用过程 2

3.3.9 【刻刀】工具

使用【刻刀】工具可以将对象分割为多个部分，【刻刀】工具不仅可以分割矢量图形，也可以分割

位图图像。

【例3-17】：【刻刀】工具的使用。

操作步骤

STEP 1 在工具箱中的 按钮上按住鼠标左键，在弹出的隐藏工具组中选择 工具。在属性栏中单击 按钮，在弹出的列表中选择 形式。

STEP 2 移动鼠标指针到工作区域中，然后创建一个箭头图形，效果如图3-255所示。

STEP 3 在工具箱中的 按钮上按住鼠标左键，在弹出的隐藏工具组中选择 工具。

STEP 4 移动鼠标指针到创建的箭头路径上，当鼠标指针变为 状态时（见图3-256），按住鼠标左键不放，拖曳鼠标指针穿越图形到路径上的另一点后释放鼠标左键，如图3-257所示。

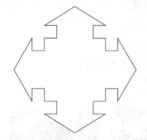
图3-255 创建一个箭头图形

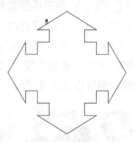
图3-256 确定起点

STEP 5 箭头图形被分割为两个对象，移动后的效果如图3-258所示。

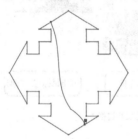
图3-257 确定终点

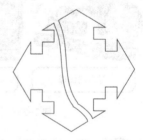
图3-258 分割后的效果

拓展知识

【刻刀】工具的属性栏如图3-259所示。下面介绍其属性栏中的参数。

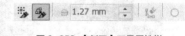
图3-259 【刻刀】工具属性栏

- 【保留为一个对象】 ：若为激活状态，可以使分割后的各部分成为一个整体。若为未激活状态，分割后的各部分将成为独立对象。

- 【剪切时自动闭合】 ：默认为激活状态，可以使分割后的对象沿鼠标指针的移动轨迹形成闭合图形。

3.3.10 【橡皮擦】工具

使用【橡皮擦】工具可以对图形对象中的一部分进行擦除，擦除部分沿鼠标指针的移动轨迹形成闭合图形。擦除后的对象仍然以一个整体的形式存在。

【**例 3-18**】:【**橡皮擦**】**工具的使用。**

操作步骤

STEP 1 创建一个箭头图形,效果如图 3-260 所示。

STEP 2 确保箭头图形的选取状态,在工具箱中的 按钮上按住鼠标左键,并在弹出的隐藏工具中选择 工具。

STEP 3 移动鼠标指针到工作区域中,按住鼠标左键并拖曳穿越箭头图形,然后释放鼠标左键。鼠标指针经过的轨迹部分将被擦除,效果如图 3-261 所示。

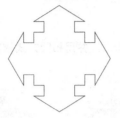
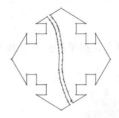

图 3-260　创建箭头图形　　　　　图 3-261　擦除后的效果

拓展知识

【**橡皮擦**】工具的属性栏如图 3-262 所示。下面介绍其属性栏的
参数。

图 3-262 【橡皮擦】工具的属性栏

- 【**橡皮擦厚度**】：通过输入数值的方式设定橡皮擦的大小,数值越大,橡皮擦越大。
- 【**减少节点**】：默认为激活状态,该按钮决定橡皮擦擦除的部分形成的路径上是否自动删除多余的节点。
- 【**橡皮擦形状**】：设定橡皮擦的形状。单击该按钮后,按钮会切换为 ,表示橡皮擦变为方形。

3.3.11 【虚拟段删除】工具

【**虚拟段删除**】工具可以用来删除图形中不需要的线条。该工具没有属性栏,使用方式也很简单,图 3-263 所示为该工具的使用过程。

图 3-263 【虚拟段删除】工具的使用过程

3.4 实训

利用【自由图形绘制】工具和【椭圆形】工具,并结合颜色填充、对齐、复制、镜像等操作来绘制如图 3-264 所示的卡通图案。

卡通头像绘制

图 3-264　卡通图案

步骤提示

STEP 1　绘制卡通猴子的外形，如图 3-265 所示。并用相同方式依次绘制卡通猴子的脸部，如图 3-266 所示。

图 3-265　绘制卡通外形　　　　　　　　　　图 3-266　绘制脸部

STEP 2　使用原地复制和等比例缩放命令，将图案调整为如图 3-267 所示的效果。

STEP 3　绘制如图 3-268 所示的耳朵部分并对其进行均匀填充，镜像后得到如图 3-269 所示效果。

图 3-267　脸部效果　　　　　　　　图 3-268　绘制耳朵　　　　　　　　图 3-269　镜像效果

STEP 4　使用【椭圆形】工具及画笔工具绘制其他部分，最终效果如图 3-270 所示。

图 3-270　最终效果

3.5 习题

1. 利用所学的图形绘制方法绘制如图 3-271 所示的图案。

2. 利用所学的图形绘制方法与【艺术笔】工具 的使用方法，绘制如图 3-272 所示的图案。

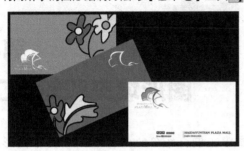

图 3-271　卡片图案

图 3-272　图案效果

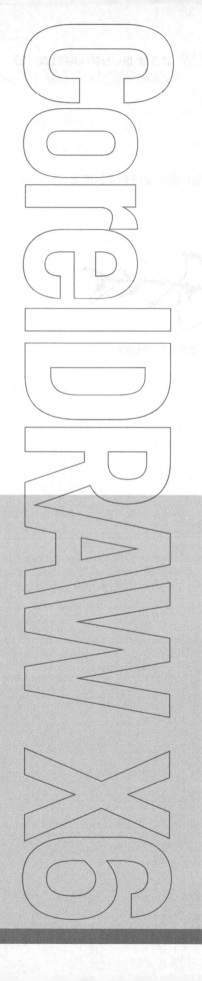

Chapter

4

第4章
图形填充和轮廓工具

本章主要介绍CorelDRAW X6中图形的填充及轮廓的设置。其中，颜色填充的工具包括填充工具组、【交互式填充】工具和【颜料桶】工具，轮廓的设置包括轮廓的颜色、宽度、边角形状及样式等的设置。另外还要介绍【智能填充】工具的用法。

学习要点

● 掌握轮廓的设置方式。

● 掌握均匀填充、渐变填充、图样填充等。

4.1　轮廓工具

轮廓工具主要用于对图形的轮廓进行编辑及修改，轮廓工具组中包括【轮廓笔】、【轮廓色】、【轮廓宽度】及【颜色泊坞窗】等工具。图 4-1 所示为工具箱中的轮廓工具组。

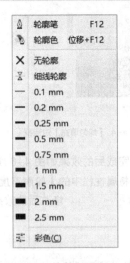

命令简介

- 【轮廓笔】工具 ：单击此按钮，可在弹出的对话框中设置图形轮廓的颜色、样式及边角形状等。

- 【轮廓色】工具 ：单击此按钮，可在弹出的对话框中设置图形轮廓的颜色。

4.1.1　【轮廓笔】工具

当选择矢量图形后，单击【轮廓笔】按钮 ，会弹出【轮廓笔】对话框。本节介绍【轮廓笔】工具的使用方法。

【例 4-1】：绘制卡通图案。

图 4-1　轮廓工具组　　　　轮廓工具

下面主要利用【矩形】工具和【椭圆形】工具，并结合颜色填充、对齐、复制和镜像等操作来绘制如图 4-2 所示的卡通图案。

操作步骤

STEP ① 按 Ctrl + N 组合键新建一个图形文件。

STEP ② 选择工具 ，绘制出图 4-3 所示的椭圆形。

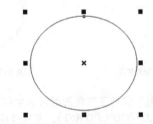

图 4-2　卡通图案　　　　　　　　　　图 4-3　绘制椭圆形

STEP ③ 将属性栏中的【对象大小】选项 的参数分别设置为 "96.0mm" 和 "82.0mm"。

STEP ④ 保持椭圆形为选中状态，单击工具箱中的 按钮，在弹出的隐藏工具组中单击【均匀填充】按钮 ，弹出【均匀填充】对话框，参数设置如图 4-4 所示。然后单击 确定 按钮。

STEP ⑤ 单击工具箱中的 按钮，在弹出的隐藏工具组中单击【轮廓色】按钮 ，弹出【轮廓颜色】对话框，参数设置如图 4-5 所示。

 要点提示

在本书的颜色应用中，使用的是 CMYK 颜色模式。在后面为图形设置填充颜色或轮廓颜色时，将不再给出【均匀填充】与【轮廓颜色】对话框，上述操作将简述为 "填充颜色为淡黄色（C:0,M:0,Y:20,K:0）" 或 "填充轮廓色为粉红色（C:0,M:100,Y:0,K:0）"。

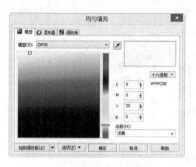

图 4-4 【均匀填充】对话框　　　　　　　　　　图 4-5 【轮廓颜色】对话框

STEP 6 完成后的效果如图 4-6 所示。

STEP 7 将属性栏中的【轮廓宽度】选项栏 .2 mm 的数值修改为 "4.0mm"，此时，此下拉列表框的状态为 4.0 mm 。修改后的效果如图 4-7 所示。

 要点提示

在本书后面的描述中将这一操作简述为：修改轮廓宽度为 "4.0mm"。

STEP 8 单击工具箱中的 ○ 按钮，将属性栏中的选项栏【点数和边数】的数值修改为 "3"。

STEP 9 按住 Shift + Ctrl 组合键的同时以单击点为中心绘制如图 4-8 所示的正三角形，确认属性栏中【对象大小】96.0 mm / 82.0 mm 右侧的【锁定比例】按钮 处于激活状态，将 ↔ 的参数设置为 "40.0mm"。

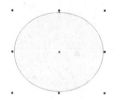

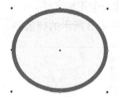

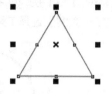

图 4-6　颜色填充效果　　　　　　图 4-7　修改轮廓宽度　　　　　　图 4-8　绘制三角形

STEP 10 保持正三角形的被选中状态，设置填充颜色为粉色（C:0,M:40,Y:0,K:0），填充轮廓色为品红色（C:0,M:100,Y:0,K:0），并且修改轮廓宽度为 "4.0mm"。

STEP 11 将属性栏中的【旋转角度】 .0 中的数值设置为 "30"。

STEP 12 双击状态栏右下侧的 C: 0 M: 100 Y: 0 K: 0 4.000 mm 按钮，弹出【轮廓笔】对话框，如图 4-9 所示，选中【角】选项组中的 ○ 单选项，修改后的效果如图 4-10 所示。

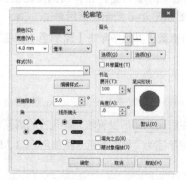

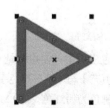

图 4-9 【轮廓笔】对话框　　　　　　　　　　　　图 4-10　修改后的效果

STEP 13 调整绘制好的三角形到图 4-11 所示的位置。

STEP 14 选择三角形按住 Shift 键向右平移，在释放左键之前单击右键复制一份，如图 4-12 所示。

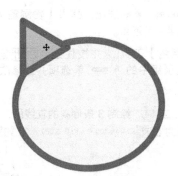
图 4-11　调整三角形的位置

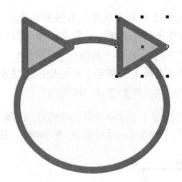
图 4-12　复制一份三角形

STEP 15 单击【水平镜像】按钮 。按住 Shift 键点选第一个三角形，单击群组 按钮，将两个三角形群组。

STEP 16 单击菜单栏【排列】【顺序】【到页面后面】，将图像层次顺序调整，如图 4-13 所示。

STEP 17 在选中三角形群组的同时，按 Shift 键，选择绘制的椭圆，单击【泊坞窗】按钮 ，单击 按钮将图形居中对齐。再将群组图形稍微向下移动。如图 4-14 所示。

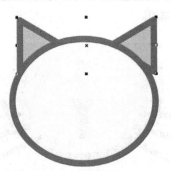
图 4-13　群组、调整层次顺序

图 4-14　居中对齐、调整位置

STEP 18 选择 工具，按住 Shift + Ctrl 组合键的同时以单击点为中心绘制一个正圆。将其填充颜色设置为褐色，右键单击 取消轮廓色，再水平向右复制一份，如图 4-15 所示。

STEP 19 选择绘制好的两个正圆，然后选择【排列】/【群组】命令（或按 Ctrl + G 组合键），将两个对象群组。

STEP 20 单击工具箱中的 按钮，将属性栏中的选项栏的数值修改为"3"。

STEP 21 按住 Shift + Ctrl 组合键的同时绘制如图 4-16 所示的正三角形，确认属性栏中【对象大小】 96.0 mm / 82.0 mm 右侧的 按钮处于激活状态，将 的参数设置为"15.5mm"。

图 4-15　绘制圆形

STEP 22 保持正三角形的被选中状态，设置填充颜色为宝石红色（C:0,M:60,Y:60,K:40），填充轮廓色也为宝石红色（C:0,M:60,Y:60,K:40），并且修改轮廓宽度为"5.0mm"。

STEP 23 将属性栏中的【旋转角度】 ↻ .0 ° 中的数值设置为"180"，让三角形变为倒三角状态。

STEP 24 双击状态栏右侧的 △ ■ C: 0 M: 60 Y: 60 K: 40 .200 mm 按钮，弹出【轮廓笔】对话框，选中【角】选项组中的 ○ ▲ 单选项，修改后的效果如图 4-17 所示。

STEP 25 单击工具箱中的 按钮，选择【2 点线】工具 并按住绘制 Shift 键绘制一个垂直的线段，然后选择【轮廓笔】对话框中【线条端头】选项组中的 ◉ ▬ 单选项并且修改轮廓宽度为"5.0mm"。完成后效果如图 4-18 所示。

STEP 26 和上一步骤方法相同，选择【2 点线】工具 ，绘制 3 条倾斜的直线段，将线段宽度设置为"3.0mm"。【线条端头】设置为 ◉ ▬ ，轮廓色设置为 △ ■ C: 0 M: 100 Y: 0 K: 0 3.000 mm ，如图 4-19 所示。

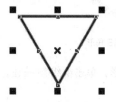

图 4-16　绘制三角形

图 4-17　绘制好的三角形

图 4-18　绘制线段

图 4-19　绘制 3 条线段

STEP 27 框选 3 条线段，按住 Shift 键向右平移，再点击 使其水平翻转，如图 4-20 所示。

STEP 28 框选图 4-21 中的线条，单击 使其群组。

图 4-20　水平翻转

图 4-21　群组

STEP 29 现在框选所有图形，单击【泊坞窗】按钮 ，选择 使所有图形水平居中对齐，如图 4-22 所示。

STEP 30 至此，图案绘制完成，按 Ctrl + S 组合键将此文件命名为"卡通头像 .cdr"并保存，如图 4-23 所示。

图 4-22　所有图形水平居中对齐

图 4-23　完成图形

拓展知识

本节介绍了【轮廓笔】工具的基本用法，下面介绍【轮廓笔】对话框中各选项及参数的设置。

- 【颜色】选项：单击 ███ ∨，在弹出的下拉列表中选择颜色样本，为轮廓修改轮廓色。
- 【宽度】选项：有两个设置框，左边的 .2 mm ∨ 用于设置轮廓的宽度，右边的 毫米 ∨ 用于设置轮廓宽度使用的单位。
- 【样式】选项：在该下拉列表中为轮廓选择线条样式。

如果【样式】下拉列表中没有需要的样式，可以自己进行编辑，编辑方式如下。

（1）单击 编辑样式... 按钮，弹出【编辑线条样式】对话框，如图 4-24 所示。

图 4-24 【编辑线条样式】对话框

（2）拖动滑块，修改虚线的单元长度，再单击滑块左侧的方格，修改方格的颜色，即线条在该点的虚实。编辑的样式可以在右下角的预览框中查看。图 4-25 所示为编辑好的一种样式。

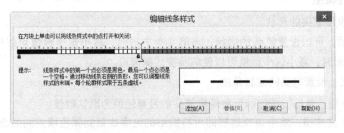

图 4-25 编辑好的一种样式

（3）单击 添加(A) 按钮，将编辑好的样式添加到【样式】下拉列表中。

1. 【角】选项组

该选项组提供了 3 种线条转折处边角的样式。

- 尖角 ◔▲◉ ▲：线条转折处边角尖锐。
- 圆角 ◔▲◉ ▲：线条转折处边角圆滑过渡。
- 平角 ○ ▲：线条转折处边角为有一定角度的直线。

图 4-26 所示为 3 种边角样式的比较。

2. 【线条端头】选项组

该选项组提供了 3 种开放曲线端点处端头的样式。

- 平形 ◉ ▬：线条端头为平角，且线段节点处于端头上。
- 圆形 ○ ▬：线条端头为圆角，且线段节点处于圆角的圆心处。
- 延展 ○ ▬：线条端头延展，且延展到节点外，延展量等于线条宽度的 50%。

图 4-27 所示为 3 种端头样式的比较。

| 尖角 | 圆角 | 平角 | 平形 | 圆形 | 延展 |

图 4-26 3 种边角样式的比较   图 4-27 3 种端头样式的比较

3.【箭头】选项组

该选项组用于设置开放曲线的起始处和终点处的箭头样式。

- 单击 —▾或—▾下拉列表框，可在弹出的下拉列表中选择箭头的样式。
- 单击 选项(O) ▾按钮，弹出如图 4-28 所示的下拉菜单。

【无】选项：选择此选项可以取消起始处或终点处的箭头。

无(O)
对换(S)
属性(A)...
新建(N)...
编辑(E)...
删除(D)

图 4-28 下拉列表

【对换】选项：选择此选项可以交换起始箭头和结束箭头的样式。

【新建】选项：选择此选项可在弹出的【编辑箭头尖】对话框中自定义新的箭头样式。

【编辑】选项：选择此选项可以基于当前所选的箭头样式进行编辑。

【删除】选项：选择此选项可以删除当前所选的箭头样式。

4.【书法】选项组

该选项组用于设置笔尖的形状。

- 【展开】选项：可以设置笔头的形状。当笔头为方形时，减小这个数值可以使笔头变成长方形。当笔头为圆形时，减小这个数值可以使笔头变成椭圆形。
- 【角度】选项：设置笔头的倾斜角度。
- 默认(D) 按钮：单击该按钮即可将轮廓笔头的设置还原为默认数值。
- 【填充之后】复选项：选中该复选项即可将图形的轮廓放置到颜色填充的后面。默认情况下，图形的轮廓位于填充颜色的前面。图 4-29 所示为勾选与未勾选该复选项时图形轮廓的效果。
- 【随对象缩放】复选项：在默认情况下，缩放图形时，图形的轮廓宽度不会与图形一起缩放，而是保持原来的宽度。当选中该复选项后，在缩放图形时，图形的轮廓宽度将与图形一起缩放。图 4-30 所示为勾选与未勾选该复选项时图形轮廓宽度的效果。

原图   勾选   未勾选

图 4-29 勾选与未勾选【填充之后】复选项的效果   图 4-30 勾选与未勾选【随对象缩放】复选项的效果

4.1.2 【轮廓色】工具

【轮廓色】工具主要用于对图形轮廓进行颜色设置，单击 按钮可弹出如图 4-31 所示的【轮廓颜色】对话框。利用【轮廓颜色】对话框对图形轮廓进行颜色设置的方法有 3 种，下面主要介绍在【模型】选项卡中设置颜色的方法，其余两种方法读者可自行练习。

在【模型】选项卡中，可以在颜色渐变条上拖曳，以选取相应的色相。再移动鼠标指针到左边的颜色窗格中，在任意位置单击，以调整色彩的亮度和饱和度。当前调整的颜色显示在右上角的新建样板框中，图 4-32 所示为选择颜色时的形态。

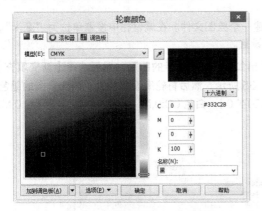

图 4-31 【轮廓颜色】对话框

图 4-32 调整颜色

另外，还可以通过输入 C、M、Y、K 的数值来调整需要的色彩，这种方式一般在对色彩使用非常熟练的情况下使用。

对话框的右下角有一个【名称】选项，单击【名称】选项文本框右侧的 ✓ 按钮，可弹出颜色名称下拉列表，通过选择颜色的名称也可以选择所要使用的颜色。

4.2　填充工具

CorelDRAW X6 提供了多种填充方式，包括均匀填充、渐变填充、图样填充、底纹填充和 PostScript 填充等。

4.2.1　【均匀填充】工具的应用

【均匀填充】工具的使用方式和【轮廓色】工具的使用方法一样，这里不再赘述。

4.2.2　【渐变填充】工具

本节介绍【渐变填充】工具的使用方法。

【例 4-2】:【渐变填充】工具的使用。

利用【渐变填充】工具绘制产品包装，效果如图 4-33 所示。

渐变工具

图 4-33　绘制好的标志

操作步骤

STEP 1 选择【文件】/【新建】命令，新建一个绘图文件。在属性栏中设置单位为"毫米"，页面大小为"800mm×800mm"，其他参数保持默认设置。

STEP 2 利用 ▲ 工具和 ₰ 工具绘制并调整出如图 4-34 所示的图形，然后选择【渐变填充】工具 ■，弹出【渐变填充】对话框，参数设置如图 4-35 所示，然后将轮廓设置为无。渐变条上的颜色依次为：白色（C:0,M: 0,Y:0,K:0）、灰色（C:0,M: 0,Y:20,K:0）、白色（C:0,M: 0,Y:0,K:0）、灰色（C:0,M: 0,Y:30,K:0）。

图 4-34 绘制图形

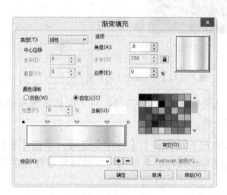

图 4-35 【渐变填充】对话框

STEP 3 在视图中绘制一个矩形与瓶体边缘相交，如图 4-36 所示。然后点选瓶身与矩形线框，单击 ▣ 按钮，然后将矩形删除。

STEP 4 选择相交部分，打开渐变填充设置界面，设置参数如图 4-37 所示。渐变条上的颜色依次为：灰色（C:0,M: 0,Y:20,K:0）、白色（C:0,M: 0,Y:0,K:0）、灰色（C:0,M: 0,Y:40,K:0）、灰色（C:0,M: 0,Y:20,K:0）。效果如图 4-38 所示。

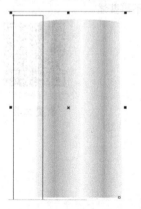

图 4-36 绘制矩形

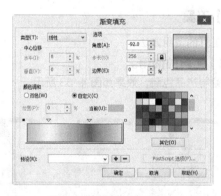

图 4-37 【渐变填充】对话框

图 4-38 渐变填充效果

STEP 5 绘制如图 4-39 所示的瓶子上方的图形，将其移动到最后，并为其填充渐变效果，参数设置如图 4-40 所示。渐变条上的颜色依次为：灰色（C:0,M: 0,Y:20,K:0）、灰色（C:0,M: 0,Y:40,K:0）、白色（C:0,M: 0,Y:0,K:0）、白色（C:0,M: 0,Y:0,K:0）、白色（C:0,M: 0,Y:0,K:0）、灰色（C:0,M: 0,Y:20,K:0）、灰色（C:0,M: 0,Y:10,K:0）。效果如图 4-41 所示。

图 4-39　绘制瓶颈

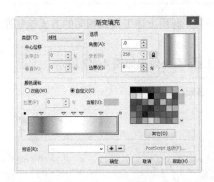

图 4-40　设置参数

STEP 06 利用 口 工具绘制如图 4-41 所示的瓶口处金属效果，并为其填充渐变效果，参数设置如图 4-42 所示。渐变条上的颜色依次为：灰色（C:0,M: 0,Y:10,K:0）、灰色（C:0,M: 0,Y:80,K:0）、白色（C:0,M: 0,Y:0,K:0）、白色（C:0,M: 0,Y:0,K:0）、白色（C:0,M: 0,Y:0,K:0）、灰色（C:0,M: 0,Y:80,K:0）、灰色（C:0,M: 0,Y:10,K:0）。

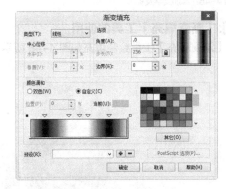

图 4-42　渐变填充效果

图 4-41　金属效果

STEP 07 利用矩形工具绘制如图 4-43 所示的图形效果。

STEP 08 单击 工具绘制如图 4-44 所示的线条。然后选择【轮廓笔】对线条进行设置。线条粗细设置为"5.0mm"，线条端头选择 ◎ ━━ 样式。

STEP 09 为了对这个图形进行渐变填充，选择菜单栏中【排列】/【将轮廓转换为对象】命令，再利用 对其形状进行调整，并对其进行渐变填充，方式与之前类似。效果如图 4-45 所示。

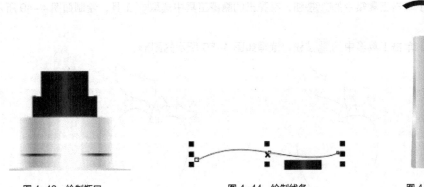

图 4-43　绘制瓶口　　　　　　　　　　图 4-44　绘制线条　　　　　　　　图 4-45　瓶嘴效果

STEP **10** 利用上述工具以相同的方式绘制瓶身上的文字图案，如图 4-46 所示。在这里不再赘述。

STEP **11** 最终效果如图 4-47 所示。

图 4-46　添加文字及标志　　　　　　　　图 4-47　最终效果

【例 4-3】：【渐变填充】工具的使用。

利用颜色【渐变填充】工具绘制填充如图 4-48 所示的苹果图形。

图 4-48　设计制作的苹果

操作步骤

STEP **1** 按下键盘上的 Ctrl + N 组合键，新建一个文件。

STEP **2** 单击工具箱中的 按钮，在弹出的隐藏工具中选取 工具，绘制如图 4-49 所示的苹果图形。

STEP **3** 单击工具箱中的 按钮，选择如图 4-50 所示的图形。

 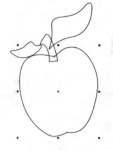

图 4-49　绘制苹果图形　　　　　　　　图 4-50　选择苹果果实

STEP 4 单击工具箱中的 按钮，在弹出的隐藏工具中单击 按钮，将弹出如图 4-51 所示的【渐变填充】对话框。

STEP 5 单击【类型】选项右侧的 线性 按钮，并在弹出的下拉列表中选择【辐射】样式。在【颜色调和】选项中，选择【自定义】选项，则【渐变填充】对话框变为如图 4-52 所示的状态。

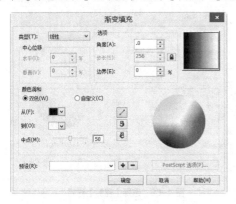

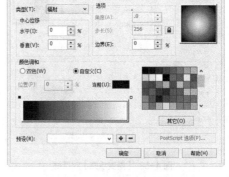

图 4-51 【渐变填充】对话框　　　　　　　　图 4-52 【渐变填充】对话框的状态

STEP 6 在 的虚线框中心处，双击鼠标左键，添加一个渐变色样，如图 4-53 所示。

STEP 7 移动鼠标指针到虚线框左侧的正方形图标上，单击鼠标左键，当正方形变为黑色实心状态，在右侧的颜色列表中选择红色（C:0,M:100,Y:100,K:0），即设置该点处颜色为红色。同样，设置右侧的颜色为黄色（C:0,M:0,Y:100,K:0），中间三角形图标处的颜色为（C:0,M:40,Y:100,K:0），如图 4-54 所示。

图 4-53 添加一个渐变色样　　　　　　　　图 4-54 修改渐变条的颜色

STEP 8 在【中心位移】选项中，设置【水平】选项数值为"-14%"，【垂直】选项数值为"12%"，如图 4-55 所示。

STEP 9 单击 确定 按钮，填充后的效果如图 4-56 所示。

STEP 10 单击工具箱中的 按钮，选择如图 4-57 所示的叶子图形。

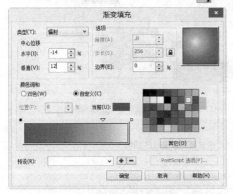

图 4-55 设置【中心位移】选项中的数值　　　图 4-56 填充后的效果　　图 4-57 选择苹果叶子图形

STEP 11 单击工具箱中的 按钮，在弹出的隐藏工具中单击 按钮。弹出【渐变填充】对话框，如图 4-58 所示。

STEP 12 单击【类型】选项右侧的 线性 ∨ 按钮，在弹出的下拉列表中选择【辐射】样式，如图 4-59 所示。

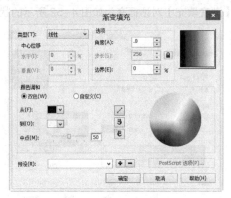

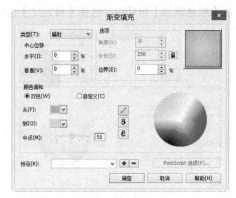

图 4-58 【渐变填充】对话框   图 4-59 选择【辐射】样式

STEP 13 在【颜色调和】选项中，单击【从】后的 ■ ∨，并在弹出的颜色样本中单击 更多(O)... 按钮，然后在弹出的【选择颜色】对话框中设置数值为（C:40,M:0,Y:100,K:0），单击 确定 按钮，回到【渐变填充】对话框。

STEP 14 单击【到】后的 ∨，在弹出的颜色样本单击 更多(O)... 按钮，并在弹出的【选择颜色】对话框中设置数值为（C:20,M:0,Y:60,K:0），单击 确定 按钮，回到【渐变填充】对话框中，再次单击 确定 按钮。填充后的效果如图 4-60 所示。

STEP 15 以相同的方式填充另外一片叶子。

STEP 16 选择叶柄对象，单击工具箱中的 ◇ 按钮，在弹出的隐藏工具中单击 ■ 按钮，弹出【渐变填充】对话框。

STEP 17 参照图 4-61 设置相应的参数，渐变条中的颜色从左到右分别为（C:50,M:90,Y:100,K:0），（C:40,M:90,Y:95,K:0），（C:13,M:80,Y:78,K:0），（C:60,M:95,Y:90,K:30）。

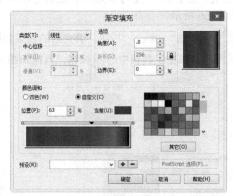

图 4-60 填充后叶子的效果   图 4-61 设置填充渐变条的颜色

STEP 18 单击 确定 按钮。填充后的效果如图 4-62 所示。

STEP 19 选择所有对象，按下键盘上的 Ctrl + G 组合键，将对象进行群组。

STEP 20 单击工具箱中的 按钮，在弹出的隐藏工具中选取【阴影】工具 ，移动鼠标指针到工作区域，在靠近苹果的中心位置，按住鼠标左键，并向右下角拖曳鼠标，在适当的位置松开鼠标，为苹果添加投影，如图 4-63 所示。复制出一个苹果并调整其大小和位置，效果如图 4-64 所示。

图 4-62 填充后苹果的效果

图 4-63 为苹果添加投影

图 4-64 复制一个苹果

STEP 21 选择菜单栏中的【文件】/【保存】命令，将文件命名为"两个苹果"并进行保存。

拓展知识

本案例介绍了【渐变填充】工具的使用方法，下面介绍【渐变填充】对话框中各选项的作用。【渐变填充】对话框如图 4-65 所示。

（1）【类型】：其下拉列表中提供了 4 种渐变方式，分别是【线性】、【辐射】、【圆锥】和【正方形】，如图 4-66 所示。4 种渐变方式的效果显示在【渐变填充】对话框右侧的样本框中。

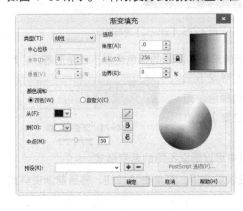

图 4-65 【渐变填充】对话框

线性　　　辐射　　　圆锥　　　正方形

图 4-66 4 种渐变方式

（2）【中心位移】：该选项组在使用后 3 种渐变方式时才可用，后 3 种渐变方式都是由中心向四周发散的形式。该选项组控制渐变中心点的位置。

- 【水平】：控制中心在水平方向上的位置。数值为"0"时，渐变中心处于图形水平方向的中点。
- 【垂直】：控制中心在垂直方向上的位置。数值为"0"时，渐变中心处于图形垂直方向的中点。

（3）【选项】：该选项组中有 3 个选项，即【角度】、【步长】及【边界】。

- 【角度】：该选项控制渐变的角度，在【辐射】渐变方式下不可用。单击右侧的微调按钮，数值会以 5° 的增量增加。
- 【步长】：该选项在单击右侧的🔒按钮后才可用。该选项用于控制颜色间调和的程度，数值越大，颜色渐变越细腻。图 4-67 所示为两种步长效果的比较。
- 【边界】：该选项用于控制渐变颜色与边缘和中心的距离。数值范围为 0 ~ 49。数值越大，与边缘和中心的距离越远，色彩调和范围就越小。【圆锥】渐变方式下，该选项不可用。图 4-68 所示为两个不同的边界值的效果比较。

步长值 =100	步长值 =10	边界值 =40	边界值 =0

图 4-67　两种步长效果的比较　　　　　图 4-68　两个边界值的效果比较

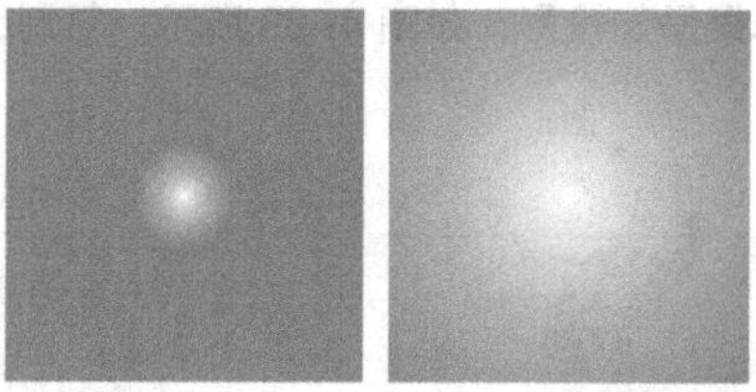

（4）【颜色调和】：该选项组用于设置渐变的颜色，包括【双色】和【自定义】两种。

- 【双色】：图 4-69 所示为该选项的控制界面。该选项是两种颜色进行渐变。单击【从】与【到】下拉列表框 ，在弹出的下拉列表中分别设置颜色。【中点】用于控制两种颜色变化的位置。

- 【自定义】：图 4-70 所示为该选项的控制界面。该选项可以设置多种颜色进行渐变。

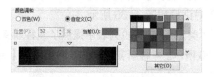

图 4-69　【双色】控制界面　　　　　　图 4-70　【自定义】控制界面

- 双击  图标虚线框中的任意位置即可添加新的颜色。新添的颜色会以下三角形表示，默认的颜色以正方形表示，如图 4-71 所示。单击正方形或下三角形一次，当图标变为黑色实心时，即可编辑该点的颜色。拖曳下三角形即可改变该点的位置。也可以通过在【位置】数值框中输入数值来设置位置。

图 4-71　渐变样本条

（5）【预设】：软件自带的一些渐变效果，在该下拉列表中可以选取不同的渐变形式。

- ➕ 按钮：若想把当前编辑的渐变样式保存起来以便以后调用，可单击该按钮，将当前渐变样式存储，在下拉列表中会新增该样式的名称。

- ➖ 按钮：在下拉列表中选择一个样式后，单击该按钮即可将其删除。

4.2.3 【图样填充】工具

本节利用【图样填充】工具 快速绘制一幅"福"字图案，效果如图 4-72 所示。

图样填充

图 4-72　绘制的"福"图案

【例 4-4】:【图样填充】工具的使用。

操作步骤

STEP 1 选择【文件】/【新建】命令,新建一个绘图文件。在属性栏中设置单位为"毫米",页面大小为"300mm×300mm",其他参数保持默认设置。

STEP 2 单击工具箱中的□按钮,按住 Ctrl 键的同时绘制一个正方形,并参照图 4-73 所示的参数进行设置。

| X: 94.291 mm | ↔ 220.0 mm | 184.3 % | ⟲ .0 | | | .0 mm | | | .0 mm | | | .2 mm |
| y: 124.702 mm | ⇳ 220.0 mm | 184.3 % | | | | .0 mm | | | .0 mm | | | |

图 4-73 正方形属性栏中的参数设置

STEP 3 单击调色板中的红色色块,为正方形填充红色。右键单击调色板中的⊠按钮,将正方形设置为无轮廓,效果如图 4-74 所示。

STEP 4 将正方形原地复制一份,并在属性栏中修改其宽和高均为"220mm"。

STEP 5 选取复制后的正方形,单击工具箱中的◇按钮,在弹出的隐藏工具组中选择【图样填充】工具▨,弹出如图 4-75 所示的【图样填充】对话框。

图 4-74 填充颜色

图 4-75 【图样填充】对话框

STEP 6 单击▣,在弹出的样式列表中选取如图 4-76 所示的样式。单击【前部】颜色下拉列表框■▾,在弹出的下拉列表中单击 更多(O)... 按钮,设置颜色为(C:0,M:50,Y:30,K:0),单击 确定 按钮,回到【图样填充】对话框。再次单击 确定 按钮,图案填充效果如图 4-77 所示。

图 4-76 选取样式

图 4-77 图案填充效果

STEP 7 选择最初绘制的正方形,再复制一份,在属性栏中将其宽和高均设置为"30mm",移动复制后的正方形到如图 4-78 所示的位置。

STEP 8 选择复制后的小正方形,单击工具箱中的◇按钮,在弹出的隐藏工具组中选择【图样填充】工具 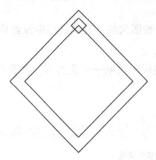，弹出【图样填充】对话框。

STEP 9 单击 ，在弹出的样式列表中选择如图 4-79 所示的样式。

图 4-78 复制一个小正方形　　　　　图 4-79 为小正方形选取样式

STEP 10 单击【前部】颜色下拉列表框 ，在弹出的下拉列表中选择红色，然后单击
【后部】颜色下拉列表框 ，并在弹出的下拉列表中选择黄色。

STEP 11 参照图 4-80 所示的参数设置其他选项。单击 确定 按钮，填充后的效果如图 4-81
所示。

STEP 12 选择最小的正方形，将其复制 3 份并分别移动到相应的位置，效果如图 4-82 所示。

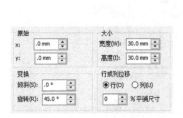

图 4-80 设置其他选项　　　　图 4-81 填充后的效果　　　图 4-82 复制 3 个小正方形并移动

STEP 13 单击工具箱中的 字 按钮，在工作区域中输入"福"字，在属性栏中设置图 4-83 所
示的参数。

图 4-83 设置"福"字的参数

STEP 14 将文字旋转 180°，并将其填充为红色（C:0,M:100,Y:100,K:0），最终效果如图 4-84
所示。

图 4-84 最终效果

拓展知识

本节介绍了【图样填充】工具的使用，下面介绍【图样填充】对话框中的各个选项。图 4-85 所示为【图样填充】对话框。

【图样填充】对话框中包括 3 种填充类型，即【双色】、【全色】及【位图】。

（1）【双色】：单击右侧的样本框 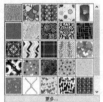，在弹出的下拉列表中选取需要的样式。该填充类型中的图案颜色有两种，可以在【前部】和【后部】下拉列表框中设置相应的颜色。

- 【前部】：单击 ■▼，在弹出的列表中选择前部的颜色。
- 【后部】：单击 □▼，在弹出的列表中选择后部的颜色。

图 4-85 【图样填充】对话框

（2）【全色】：单击右侧的样本框 ，在弹出的下拉列表中选取需要的样式。该类型填充的图案颜色在两种以上，但不能编辑颜色，图 4-86 所示为【全色】样式的下拉列表。

（3）【位图】：单击右侧的样本框 ▓，在弹出的下拉列表中选择需要的样式。该类型填充的图案为位图，图 4-87 所示为【位图】样式的下拉列表。

<table>
<tr><td>图 4-86　【全色】样式的下拉列表</td><td>图 4-87　【位图】样式的下拉列表</td></tr>
</table>

（4）【原始】：在其中的【x】与【y】数值框中输入数值，用于设置填充图案相对于被填充图形的位置。

（5）【大小】：用于设置单元图案的【宽度】与【高度】。

（6）【变换】：包括【倾斜】与【旋转】两个选项。

- 【倾斜】选项：用于设置图案填充时的倾斜角度，角度范围为 –75°～ 75°，图 4-88 所示为两种倾斜角度的比较。
- 【旋转】选项：用于设置图案填充时的旋转角度，角度范围为 –360°～ 360°，图 4-89 所示为两种旋转角度的比较。

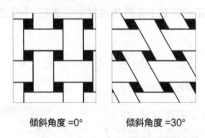
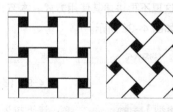

倾斜角度 =0°　　　　倾斜角度 =30°　　　　　　　旋转角度 =0°　　　　旋转角度 =45°

图 4-88　两种倾斜角度的比较　　　　　　图 4-89　两种旋转角度的比较

（7）【行或列位移】：设置单元图案在填充时，在水平和垂直方向上的偏移量。【行】用于控制水平方向；【列】用于控制垂直方向。在【平铺尺寸】数值框中输入偏移的大小，该数值为百分数。

（8）【将填充与对象一起变换】：选中该复选项后，当改变图形时，其中的填充图案会与图形一起进行变换；若取消选中，则图案不随图形进行改变。

（9）【镜像填充】：选中该复选项，单元图案间会以镜像形式进行填充。

4.2.4 【底纹填充】工具

【底纹填充】工具 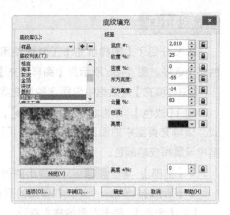 的使用方式与其他填充工具的使用方式类似，图 4-90 所示为【底纹填充】的对话框。CorelDRAW 提供了丰富多样的底纹，用户可以对底纹进行编辑，以创建更为灵活的图案。

- 【底纹库】：可在该下拉列表中选取底纹的类型。
- 【底纹列表】：在选择了底纹类型后，在该列表框中选取不同的底纹样式。

右侧的选项组中针对不同的底纹样式提供不同的编辑选项，使用方式与前面的填充工具相似，这里不再赘述。

图 4-90 【底纹填充】对话框

4.2.5 【PostScript 填充】工具

【PostScript 填充】工具  是利用 PostScript 语言设计的一种特殊的填充工具，图 4-91 所示为【PostScript 底纹】对话框。

- 对话框的左上角是填充样式的名称，可以通过拖曳滑块来选择所要填充的样式。
- 位于填充样式列表右侧的是预览窗口，选中对话框右侧的【预览填充】复选项，窗口中可以显示填充的样式效果。
- 【参数】选项组中的参数根据选择的填充样式的不同而不同，可以通过改变相关选项的数值来改变填充选项的性质。

图 4-91 【PostScript 底纹】对话框

- 刷新(R) 按钮：确认【预览填充】复选项被勾选后，单击此按钮可以查看参数调整后的填充效果。

4.2.6 【交互式填充】工具

【交互式填充】工具可以看作是前面各种填充工具的综合，使用方法与前面介绍的填充工具的使用方式相似，这里不再讲述其使用方式。本节介绍【交互式填充】工具属性栏中的选项。【交互式填充】工具的属性栏如图 4-92 所示。

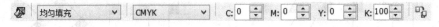

图 4-92 【交互式填充】工具的属性栏

- 【填充类型】 无填充 ：该下拉列表中提供了前面介绍过的所有填充类型，图 4-93 所示为【填充类型】的下拉列表。在选择了除【无填充】以外的其他填充方式后，其后面的选项才切换为可用状态，且根据不同的填充类型显示不同的选项。

- 【复制属性】 ：单击该按钮可以将一个图形的填充属性复制到另外一个图形上。

图 4-93 【填充类型】下拉列表

【例 4-5】：【图样填充】工具的使用。

利用【图样填充】工具绘制如图 4-94 所示的"矛盾空间"图案。

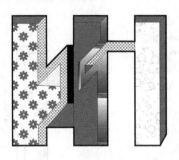

图 4-94 设计制作的图案

操作步骤

STEP 1 按下键盘上的 Ctrl + N 组合键，新建一个文件。

STEP 2 选择菜单栏中的【视图】/【贴齐】/【贴齐对象】命令，开启对齐对象捕捉模式。如果已经勾选了【贴齐对象】选项，就不需要操作这一步。

STEP 3 单击工具箱中的 按钮，在弹出的隐藏工具中选取 工具，绘制如图 4-95 所示的闭合图形。此步骤可参照如图 4-96 所示的分开后的图形效果。

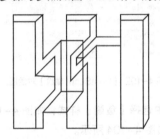

图 4-95 绘制闭合直线段图形

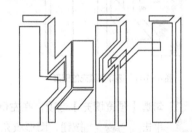

图 4-96 分开后的图形效果

STEP 4 选择如图 4-97 所示的左侧闭合图形。

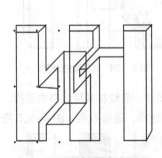

图 4-97 选择左侧的闭合图形

图 4-98 【图样填充】对话框

STEP 5 单击工具箱中的 按钮，在弹出的隐藏工具中选取 工具，则会弹出图 4-98 所示的【图样填充】对话框。单击 按钮，在弹出的下拉列表中选择 样式，单击【前部】右侧的 按钮，在弹出的颜色列表中选择蓝色（C:100,M:0,Y:0,K:0），在【宽度】和【高度】选项中均输入数值 "20.0mm"。如图 4-99 所示。

STEP 6 单击 确定 按钮，则图形填充的效果如图 4-100 所示。

图 4-99 【图样填充】对话框的状态

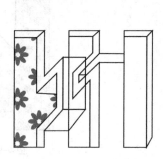

图 4-100 图形填充的效果

STEP 7 选择如图 4-101 所示的要填充的图形，单击工具箱中的 按钮，在弹出的隐藏工具中选取 工具，则弹出如图 4-102 所示的【PostScript 底纹】对话框。

图 4-101 选择要填充的图形

图 4-102 【PostScript 底纹】对话框

STEP 8 勾选【预览填充】选项，在左侧的列表中选择【鱼鳞】样式，如图 4-103 所示。

STEP 9 单击 确定 按钮，图形填充的效果如图 4-104 所示。

图 4-103 【PostScript 底纹】对话框的状态

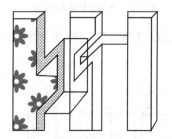

图 4-104 图形填充的效果

STEP 10 以相同的方式填充如图 4-105 所示的图形，底纹样式可以自由选择。

STEP 11 为剩下的图形填充单色，色彩可以随意选择，最终效果如图 4-106 所示。

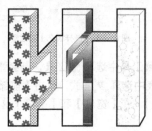

图 4-105 以相同的方式填充其他图形

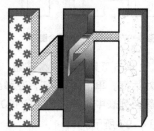

图 4-106 为剩下的图形填充单色

STEP **12** 选择菜单栏中的【文件】/【保存】命令，将文件命名为"矛盾空间 .cdr"并进行保存。

4.2.7 【网状填充】工具

利用 【网状填充】工具可以为图形填充自由且丰富的颜色效果。本例利用【网状填充】工具为图形填充如图 4-107 所示的效果。

图 4-107 最终效果

【例 4-6】:【网状填充】工具的使用。

操作步骤

STEP **1** 选择【文件】/【新建】命令，新建一个绘图文件。

STEP **2** 在工具箱中的 按钮上按住鼠标左键，在弹出的隐藏工具组中选择 工具，绘制如图 4-108 所示的图形线稿。

STEP **3** 选择如图 4-109 所示的图形，设置填充颜色为浅黄绿色（C:5,M:5,Y:14,K:0），轮廓填充为无，效果如图 4-110 所示。

图 4-108 绘制基本线条

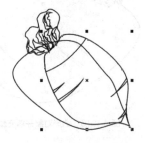

图 4-109 选择图形

图 4-110 填充颜色

STEP **4** 保持对象的选取状态，单击工具箱中的 按钮，此时图形中将出现如图 4-111 所示的网格。

STEP **5** 将属性栏中 选项的数值均设置为"1"，此时的网格状态如图 4-112 所示。

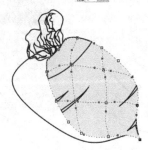

图 4-111 出现的网格

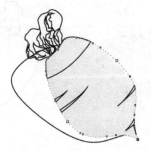

图 4-112 修改后的网格状态

STEP 6 此时鼠标指针变为 状态，将鼠标指针移动到如图 4-113 所示的位置并双击，重新设置网格的位置。

STEP 7 添加网格后的效果如图 4-114 所示。

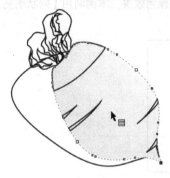

图 4-113　鼠标指针的位置

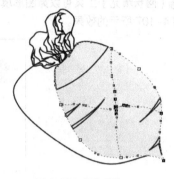

图 4-114　添加网格

STEP 8 保持控制点的选取状态，在软件界面右侧的调色板中单击白色按钮，将其颜色设置为白色，完成后的效果如图 4-115 所示。

STEP 9 以相同的方法为如图 4-116 所示的图形填充浅绿色（C:16,M:2,Y:53,K:0）。

STEP 10 保持对象的选取状态，单击工具箱中的 按钮，并将属性栏中 选项中的数值均设置为"1"。此时的网格状态如图 4-117 所示。

图 4-115　填充颜色后的效果

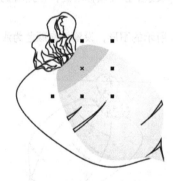

图 4-116　选择对象并填充颜色

图 4-117　修改网格状态

STEP 11 选择如图 4-118 所示的节点，并将颜色设置为白色，效果如图 4-119 所示。

STEP 12 用前面学习的单色填充与渐变填充的方法，完成图形其他部分的颜色填充。最终效果如图 4-120 所示。

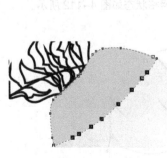

图 4-118　选择节点

图 4-119　设置节点颜色为白色

图 4-120　最终效果

本节介绍了【网状填充】工具的使用方法，下面介绍其属性栏中的选项。【网状填充】工具的属性栏如图 4-121 所示。

图 4-121 【网状填充】工具的属性栏

- 【网格大小】：分别设置纵向和横向上的网格数目。
- 【添加交叉点】：单击该按钮可以在图形上添加新的网格。
- 【删除节点】：单击该按钮可以删除选择的网格。
- 【复制网状填充】：选择一个图形后，单击该按钮可以在工作区域选择已有的网格填充图形，将该填充属性复制到当前选取的图形上。
- 【清除网状】：单击该按钮可以清除所有网格节点的填充设置。

4.3 【智能填充】工具

【智能填充】工具可以对封闭图形或多个图形的重叠区域进行颜色填充，该工具的属性栏如图 4-122 所示。

图 4-122 【智能填充】工具的属性栏

- 【填充选项】：包括 3 个选项，即【使用默认值】、【指定】和【无填充】。当选择【指定】选项时，可以单击右侧的下拉列表框，在弹出的面板中指定其他颜色。当选择【使用默认值】选项时，会采用系统默认的无填充、轮廓为黑色来填充新对象。
- 【轮廓选项】选项：包括 3 个选项，分别是【使用默认值】、【指定】和【无轮廓】。当选择【指定】选项时，可以单击右侧的下拉列表框.2 mm，在弹出的下拉列表中指定新对象的轮廓宽度，单击下拉列表框，在弹出的面板中指定其他颜色。

【例 4-7】：【智能填充】工具的使用。

STEP 1 选择【文件】/【新建】命令，新建一个绘图文件。保持属性栏中的默认设置。

STEP 2 单击工具箱中的 字 按钮，在窗口中分别输入大写字母 "A" 与 "S"。字体可以自由选择，并且参照如图 4-123 所示的效果调整两个字母间的位置与角度。

STEP 3 单击工具箱中的 按钮，将所有字母同时选择，按 Ctrl + G 组合键将对象群组，以方便后面的操作。

STEP 4 选择工具箱中的【智能填充】工具，再单击属性栏中【填充选项】右侧的 下拉列表框，在弹出的面板中单击 更多(O)... 按钮，在【选择颜色】对话框中将颜色设置为浅蓝色（C:40,M:0,Y:0,K:0）。【轮廓选项】下拉列表中选择【无轮廓】选项。

STEP 5 将鼠标指针移动到如图 4-124 所示的位置并单击，

图 4-123 调整字母的角度和位置

从而为图形填充颜色，效果如图 4-125 所示。

图 4-124　鼠标指针的位置

图 4-125　填充效果

STEP ⬇6 同样在相应的位置单击，将该区域填充为指定的颜色，效果如图 4-126 所示。

STEP ⬇7 单击属性栏中【填充选项】右侧的 ▢ 下拉列表框，将颜色设置为洋红色 (C:0, M:100,Y:0,K:0)，再将剩余的区域填充为指定的颜色，最终效果如图 4-127 所示。

图 4-126　继续填充其他区域

图 4-127　最终效果

4.4 综合案例——绘制滑板底图纹样

本节利用前面学习的知识绘制如图 4-128 所示的图案。

图 4-128　滑板底图纹样

操作步骤

STEP 1 按 Ctrl + N 组合键新建一个图形文件。

STEP 2 选择 □ 工具，绘制如图 4-129 所示的矩形。

STEP 3 选择 ○ 工具，按住 Shift + Alt + Ctrl 组合键的同时将鼠标指针移动到矩形上边线的中间位置，当鼠标指针显示图 4-130 所示的捕捉标记时按住鼠标左键并拖曳，绘制出图 4-131 所示的圆形。

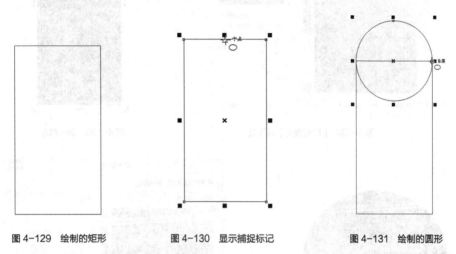

图 4-129　绘制的矩形　　　　图 4-130　显示捕捉标记　　　　图 4-131　绘制的圆形

STEP 4 选择 ▷ 工具，框选绘制的矩形及圆形，状态如图 4-132 所示。

STEP 5 单击属性栏中的 ⬚ 按钮，将两个图形焊接成新的图形，效果如图 4-133 所示。选择所绘制的图形，然后在工具箱中的 ◇ 按钮上按住鼠标左键不放，在弹出的隐藏工具组中选择 ■ 工具。

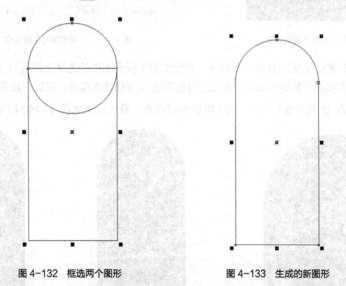

图 4-132　框选两个图形　　　　图 4-133　生成的新图形

STEP 6 在弹出的【均匀填充】对话框中设置颜色参数，如图 4-134 所示，为图形填充颜色后的效果如图 4-135 所示。

STEP 7 利用 ◣ 工具 ◣ 和工具绘制并调整出如图 4-136 所示的不规则图形。

STEP 8 将所绘制的图形选择，然后在工具箱中的 ◇ 按钮上按住鼠标左键不放，在弹出的隐藏工具组中选择 ■ 工具。在弹出的【均匀填充】对话框中设置颜色参数，如图 4-137 所示。

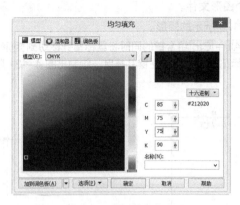

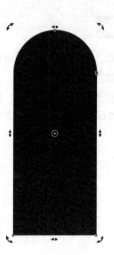

图 4-134 【均匀填充】对话框　　　　　　　　　图 4-135　填充颜色

图 4-136　绘制不规则图形　　　　　　　　　　图 4-137 【均匀填充】对话框

STEP 9 填充效果如图 4-138 所示，在绘制的不规则图形的边缘上用 ⬭ 工具绘制圆形，并且使用 ⬚ 工具选中不规则图案和绘制的圆形，单击属性栏中的 ⬚ 按钮将图案进行群组，效果如图 4-139 所示。

STEP 10 参照步骤（7）~（9）继续绘制图案，最终效果如图 4-140 所示。

图 4-138　填充颜色后的效果　　　　　图 4-139　绘制圆形并群组　　　　　图 4-140　继续绘制图形

STEP 11 利用 ⬚ 工具和 ⬚ 工具绘制并调整出如图 4-141 所示的螺旋线图形。将所绘制的图形选择，然后在工具箱中的 ⬚ 按钮上按住鼠标左键不放，在弹出的隐藏工具组中选择 ⬚ 工具。在弹出的【均匀填充】对话框中设置颜色参数，如图 4-142 所示，填充效果如图 4-143 所示。

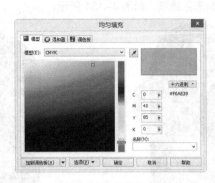

图 4-141　绘制新的图案　　　　　　图 4-142　设置颜色　　　　　　图 4-143　填充颜色后的效果

STEP 12 依次绘制相似图案并对其进行填充，最终效果如图 4-144 所示。单击 按钮将刚绘制并填充的图案进行群组，选择工具箱中的 【透明度】工具，设置图案的透明度。【透明度】工具的属性栏如图 4-145 所示，透明度设置效果如图 4-146 所示。

图 4-144　绘制填充并群组　　　　　图 4-145　【透明度】工具属性栏　　　图 4-146　不透明度设置效果

STEP 13 将步骤（11）、步骤（12）中绘制的图案复制并旋转移动，最终效果如图 4-147 所示。

STEP 14 绘制图 4-148 所示的橙色图案，选择 工具，选中所绘图案。在弹出的对话框中按图 4-149 进行设置。渐变条上的颜色依次为：（C:40,M: 90,Y:95,K:25）、（C:20,M: 95,Y:70,K:15）、（C:10,M: 95,Y:40,K:0）、（C:0,M: 100,Y:20,K:15）、（C: 0,M:75,Y:20,K:0）、（C: 0,M:50,Y:20,K:0）。

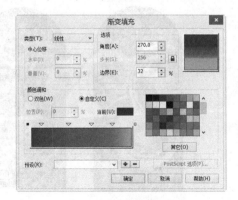

图 4-147　复制并旋转移动后的效果　　图 4-148　绘制图案　　　　图 4-149　【渐变填充】对话框

STEP 15 渐变填充效果如图 4-150 所示。

STEP 16 继续绘制黑色线稿，如图 4-151 所示。

图 4-150　渐变填充效果　　　　　　　　　图 4-151　继续绘制图案

STEP 17 在工具箱中的 按钮上按住鼠标左键不放，在弹出的隐藏工具组中选择 工具。在弹出的【均匀填充】对话框中设置颜色参数，如图 4-152 所示。图案描边为黄色，最终效果如图 4-153 所示。

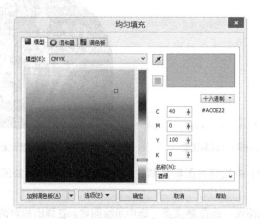

图 4-152　【均匀填充】对话框　　　　　　　　　　图 4-153　填充效果

STEP 18 参照图片继续绘制其他图案，并进行相应的填充，如图 4-154 所示。

图 4-154　依次绘制并填充图案

STEP 19 单击 按钮将步骤（16）~（18）所绘制的图案进行群组，如图 4-155 所示。

STEP 20 选择 工具，按住 Ctrl 键的同时在如图 4-156 所示的位置绘制规则圆形图案，并对其进行均匀填充。在弹出的对话框中按图 4-157 进行设置。

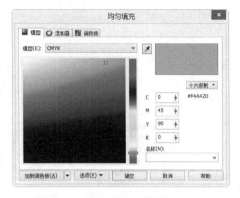

图 4-155 群组效果　　　　图 4-156 绘制圆形图案　　　　图 4-157 参数设置

STEP 21 填充效果如图 4-158 所示。

STEP 22 复制所绘圆形图案，使用 工具选中该圆，按住 Shift 键的同时拖动圆形可进行等比例缩放，缩放并进行均匀填充后的效果如图 4-159 所示。

图 4-158 填充效果　　　　图 4-159 缩放并填充的效果

STEP 23 参照步骤（20）和（22）依次绘制其他圆形图案并对其进行填充，如图 4-160 所示，最终得到如图 4-161 所示的效果。

图 4-160 依次绘制并填充圆形图案　　　　图 4-161 填充之后效果

STEP 24 绘制形态比较复杂的心形图案。绘制之前为了便于清楚地绘图，先将之前绘制的图案隐藏。选择【工具】/【对象管理器】命令，在窗口右侧弹出【对象管理器】泊坞窗，在其中单击鼠标右键，选择【新建图层】，将之前绘制的图案拖入此图层中，然后单击泊坞窗中的 👁 显示或隐藏图标，将该图层隐藏，过程如图 4-162 所示。

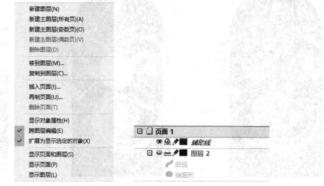

图 4-162　新建并隐藏图层的过程

STEP 25 利用 🖋 和 🖊 工具参照原图绘制并调整出如图 4-163 所示的心形图案。

STEP 26 选中所绘心形图案，选择 🎨 工具，在弹出的对话框中按图 4-164 进行设置。渐变填充效果如图 4-165 所示。渐变条上的颜色依次为：（C:40,M: 90,Y:95,K:25）、（C:20,M: 95,Y:70,K:15）、（C:10,M: 95,Y:40,K:0）、（C:0,M: 100,Y:20,K:15）、（C: 0,M:75,Y:20,K:0）、（C: 0,M:50,Y:20,K:0）。

STEP 27 在心形图案的边缘处使用 ◯ 工具绘制一系列大小不同的圆形图案，并将其填充为红色，群组后调整其位置，效果如图 4-166 所示。

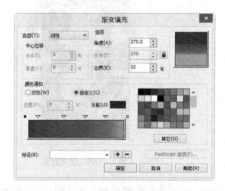

图 4-163　绘制心形图案

图 4-164　【渐变填充】对话框

图 4-165　渐变填充效果

图 4-166　绘制边缘圆形

STEP **28** 复制上一步所绘的圆形,调整其透明度及位置,最终效果如图 4-167 所示。

STEP **29** 在上一步绘制图案的基础上绘制如图 4-168 所示的心形图案,并将其填充为白色。

图 4-167 复制调整后的效果   图 4-168 绘制内部心形图案

STEP **30** 参照步骤(24),单击 ◉ 图标取消隐藏命令,将之前绘制的图案显示,效果如图 4-169 所示。

STEP **31** 在绘制的心形图案中添加文字,使用 [字] 工具在适当区域按住鼠标左键创建一文字区域。在字体下拉列表中设置字体为 [Tr Tiranti Solid LET ⌄],设置字号为 [21 pt ⌄],然后输入"Clipartkorea"。另起一行,调整字体大小为 [9 pt ⌄],输入"Happiness seems far but sometimes it is at your doorstep"。调整后的效果如图 4-170 所示。

STEP **32** 将超出滑板范围的图案进行隐藏处理。将所绘制的滑板底纹的图案进行群组,选择【效果】/【图框精确裁剪】/【置于图文框内部】命令。在黑色滑板区域单击黑色箭头 ➡,效果如图 4-171 所示。

图 4-169 取消隐藏后的效果   图 4-170 添加文字   图 4-171 处理效果

STEP **33** 选择最底部的黑色图形,选择 [▨] 工具,在弹出的【图样填充】对话框中选中【双色】单选项,然后单击图案按钮,在弹出的图案选项面板中选择如图 4-172 所示的图案。

STEP **34** 将【图样填充】对话框中的【前部】和【后部】的颜色分别设置为白色和黑色。

STEP **35** 单击 [创建(A)...] 按钮,弹出【双色图案编辑器】对话框。将【位图尺寸】设置为 ◉ 32 x 32,再将鼠标指针移动到小方格上,单击即可将选中的方格设置为黑色,修改后的状态如图 4-173 所示。

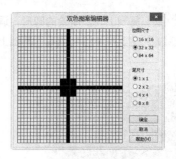

图 4-172 选择图案　　　　　　　图 4-173 【双色图案编辑器】对话框

 要点提示

将鼠标指针移动到黑色的小方格图形上，单击鼠标右键可以去除黑色方格图形。

STEP ◤36◥ 单击 确定 按钮，在【图样填充】对话框中设置其他选项及参数，如图 4-174 所示，然后单击 确定 按钮。完成后的效果如图 4-175 所示。

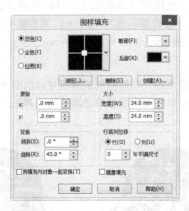

图 4-174 【图样填充】对话框　　　　　图 4-175 最终效果

【例 4-8】：T 恤的绘制。

操作步骤

STEP ◤1◥ 选择【文件】/【新建】命令，新建一个绘图文件，绘制如图 4-176 所示的图形。保持属性栏中的默认设置。

图 4-176 T 恤效果

STEP 02 使用 🖊 和 🖌 工具绘制出 T 恤基本线条，并填充为白色。线条宽度设置为 ◊ .5 mm ⌄，如图 4-177 所示。

STEP 03 绘制衣服上的褶皱和阴影。先使用贝塞尔工具画出一个封闭图形，并填充为灰色，如图 4-178 所示。

图 4-177　绘制 T 恤轮廓

图 4-178　绘制色块

STEP 04 选中该图形，使用 🖌 中的 🖌 工具进行涂抹，再使用 🖌 对其调整。效果如图 4-179 所示。

STEP 05 在菜单栏中选择【效果】/【图框精确剪裁】/【置于图文框内部】命令，在体恤衫内单击 ➡，将该图形置于体恤衫内，如图 4-180 所示。

图 4-179　【涂抹】效果

图 4-180　置于图文框内部

STEP 06 用上述方法画好其余阴影褶皱，并填充颜色。效果如图 4-181 所示。

STEP 07 绘制一个矩形，并填充为蓝色。在矩形上绘制人物图案。使用 🖊 和 🖌 工具绘制基本轮廓并填充，如图 4-182 所示。

图 4-181　画好其余阴影褶皱

图 4-182　绘制基本轮廓

STEP 08 然后开始绘制各部位的暗部和亮部。先用上述方法绘制帽子上的阴影，如图 4-183 所示。

STEP 09 然后开始绘制脸部的耳朵的轮廓，如图 4-184 所示。

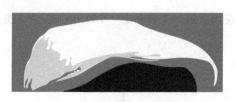

图 4-183　绘制帽子上的阴影

图 4-184　脸部和耳朵的轮廓

STEP 10 继续绘制鼻子和耳朵的暗部，如图 4-185 和图 4-186 所示。

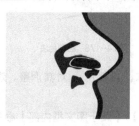

图 4-185　绘制鼻子暗部

图 4-186　绘制耳朵的暗部

STEP 11 绘制颈部轮廓，如图 4-187 所示。

STEP 12 接下来绘制亮部。绘制耳朵出高光，并右键单击选择【顺序】/【置于此对象后】，使用➡单击黑色阴影，调整顺序。效果如图 4-188 所示。

图 4-187　绘制颈部轮廓

图 4-188　绘制耳朵的亮部

STEP 13 绘制面部高光，如图 4-189 所示。

STEP 14 在嘴唇下添加阴影，如图 4-190 所示。

图 4-189　绘制面部高光

图 4-190　嘴唇下绘制阴影

STEP 15 绘制衣领和脖子处的高光，如图 4-191 所示。

STEP 16 在肩膀处绘制一个图形，填充一个深灰色即可，如图 4-192 所示。

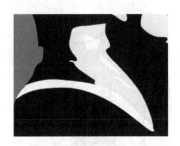

图 4-191　绘制衣领和高光

图 4-192　绘制肩膀处阴影

STEP 17 使用 ▦ 工具，对耳朵进行交互式网状填充处理。选中图形，单击 ▦ 按钮，参照图 4-193 设置网格。

STEP 18 在工具栏中单击 ⬜ ▾ 将颜色修改为灰色（C:0,M:0,Y:0,K:60），选择控制点进行填充，如图 4-194 所示。

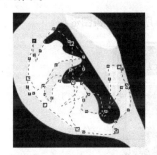

图 4-193　选中图形进行网状填充

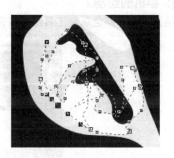

图 4-194　选择控制点进行网状填充

STEP 19 填充完效果如图 4-195 所示。

STEP 20 接下来再使用透明度工具对图案进行调整。在工具栏中单击 ⬚ 工具，选择蓝色矩形进行调整，如图 4-196 所示。

图 4-195　交互式网状填充

图 4-196　使用透明度工具调整效果

STEP 21 选择人物图案单击 ⊞ 将其群组。再使用上述介绍的【置于图文框内部】，将人物图案置于蓝色矩形内。效果如图 4-197 所示。

STEP 22 将人物图案与背景框群组后，移动到先前制作好的 T 恤图案内，并单击 ↻355.0° 修改其旋转角度。再将整个图案群组即可完成。最终效果如图 4-198 所示。

图 4-197　将人物图形置于背景框内　　　　　　　　　图 4-198　最终效果

【例 4-9】: 手机的绘制。

利用基本绘图工具和颜色填充工具绘制填充如图 4-199 所示的手机图形。

图 4-199　手机图形

操作步骤

STEP 1 按下 Ctrl + N 组合键，新建一个文件。设置页面大小为 "130mm×110mm"，【横向】页面。

STEP 2 利用基本绘图工具，绘制如图 4-200 所示的手机外轮廓。

STEP 3 为上部的图形填充黑色，无轮廓，效果如图 4-201 所示。

图 4-200　绘制外轮廓　　　　　　　　　图 4-201　填充黑色

STEP 4 选择下部的图形，单击工具箱中的  按钮，在弹出的隐藏工具中选取 工具，将弹出【渐变填充】对话框。

STEP 5 按图 4-202 设置渐变样式，其中渐变条从左到右的颜色为（C:0,M:0,Y:0,K:70），（C:0,M:0,Y:0,K:70），（C:0,M:0,Y:0,K:0），（C:0,M:0,Y:0,K:20）。

STEP 6 填充后的效果如图 4-203 所示。

图 4-202 【渐变填充】对话框　　　　　图 4-203 填充后的效果

STEP 7 原地复制渐变填充后的图形一份，单击工具箱中的 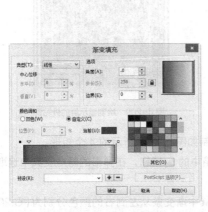 按钮，在弹出的隐藏工具中选取 工具，弹出【渐变填充】对话框。

STEP 8 按图 4-204 设置渐变样式，其中渐变条从左到右的颜色为（C:0,M:0,Y:0,K:63），（C:0,M:0,Y:0,K:48），（C:0,M:0,Y:0,K:10），（C:0,M:0,Y:0,K:40）。填充后的效果如图 4-205 所示。

图 4-204 设置渐变样式　　　　　图 4-205 填充后的效果

STEP 9 确认复制后的渐变填充图形处于被选择状态，单击工具箱中的 按钮，在弹出的隐藏工具中选取 工具。

STEP 10 单击属性栏中的 无 按钮，在弹出的下拉列表中选择【标准】选项，并在 24 中输入数值 "24"。透明处理后的效果如图 4-206 所示。

STEP 11 参照图 4-207，绘制手机的高光与阴影轮廓。

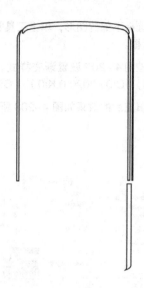

图 4-206　透明处理后的效果　　　　　　图 4-207　绘制高光与阴影

STEP 12 手机图形从左到右分别填充统一颜色，即（C:0,M:0,Y:0,K:20）的灰色，（C:0,M:0,Y:0,K:15）至（C:0,M:0,Y:0,K:0）的渐变色，（C:0,M:0,Y:0,K:0）的白色，（C:0,M:0,Y:0,K:6）的灰色。最下面的图形填充白色，进行群组后参照图 4-208 调整位置。

STEP 13 参照图 4-209 绘制显示屏的外轮廓。轮廓宽度为【细线】，颜色为白色。

图 4-208　调整图形位置　　　　　　图 4-209　绘制显示屏的外轮廓

STEP 14 单击工具箱中的 □ 按钮，绘制如图 4-210 所示的 4 个矩形。

STEP 15 选择第 2 个矩形，单击工具箱中的 ◇ 按钮，在弹出的隐藏工具中选取 ■ 工具，则会弹出【渐变填充】对话框。

STEP 16 按图 4-211 设置渐变样式，其中渐变条从左到右的颜色分别为（C:20,M:100,Y:95,K:0）和（C:0,M:20,Y:20,K:0）。

STEP 17 选择第 3 个矩形，单击工具箱中的 ◇ 按钮，在弹出的隐藏工具中选取 ■ 工具，将会弹出【渐变填充】对话框。

STEP 18 按图 4-212 设置渐变样式，其中渐变条从左到右的颜色分别为（C:80,M:20,Y:25,K:0）和（C:15,M:5,Y:5,K:0）。

STEP 19 填充后的效果如图 4-213 所示。

图 4-210 绘制 4 个矩形

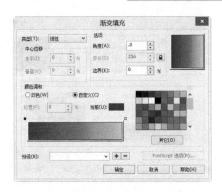

图 4-211 在【渐变填充】对话框中设置渐变样式

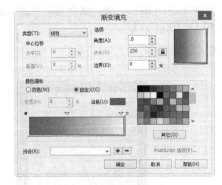

图 4-212 在【渐变填充】对话框中设置渐变样式

图 4-213 填充效果

STEP 20 将第 2 个矩形复制出一个，单击工具箱中的 按钮，在弹出的隐藏工具中选取 工具，将会弹出【渐变填充】对话框。

STEP 21 按图 4-214 设置渐变样式，其中渐变条从左到右的颜色分别为（C:10,M:27, Y:25, K:0），（C:0,M:0,Y:0,K:0），（C:5,M:40,Y:35,K:0），（C:10,M:100,Y:100,K:0），并添加"35"的透明度，效果如图 4-215 所示。

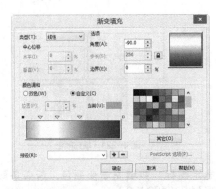

图 4-214 设置渐变颜色

图 4-215 填充效果

STEP 22 选择最下面的矩形，单击工具箱中的 按钮，在弹出的隐藏工具中选取 工具，将会弹出【渐变填充】对话框。

STEP 23 按图 4-216 设置渐变样式，其中渐变条从左到右的颜色分别为（C:35,M:80, Y:85, K:0），（C:30,M:80,Y:80,K:0），（C:0,M:80,Y:80,K:0），（C:60,M:95,Y:95,K:20）。填充后的效果如图 4-217 所示。

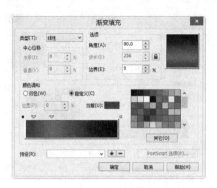

图 4-216　渐变条颜色的设置

图 4-217　填充效果

STEP 24 将最下面的矩形复制出一个,如图 4-218 所示,填充渐变颜色,其中渐变条从左到右的颜色分别为(C:0,M:0,Y: 0,K:0)和(C:25,M:100,Y:100,K:0)。

STEP 25 添加"45"的透明度,效果如图 4-219 所示。

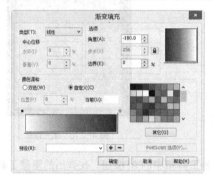

图 4-218　在【渐变填充】对话框中设置渐变颜色

图 4-219　填充效果

STEP 26 绘制如图 4-220 所示的 8 个矩形,分别填充颜色(C:65,M:5,Y:85,K:0)和(C:30,M:0,Y:95,K:0)。进行群组后参照图 4-221 填充颜色。

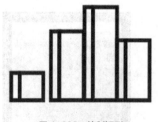

图 4-220　绘制矩形

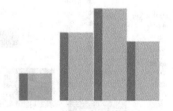

图 4-221　填充颜色

STEP 27 如图 4-222 所示,绘制电量显示图标,并填充渐变颜色,渐变条颜色分别为(C:65,M:5,Y:100,K:0),(C:20,M:0,Y:65,K:0),(C:65,M:5,Y:100,K:0)。

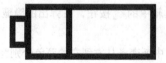

图 4-222　绘制并填充颜色

STEP 28 按图 4-223 和图 4-224 调整电量显示图标的位置与大小。

图 4-223 调整电量显示图标的位置与大小　　图 4-224 调整电量显示图标的位置与大小

STEP 29 利用基本绘图工具，绘制如图 4-225 所示的图形。

STEP 30 为图形填充颜色，填充后的效果如图 4-226 所示。填充颜色的方法与前面介绍的相似，这里就不再赘述。

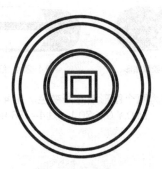 

图 4-225 绘制图形　　　　　　图 4-226 填充颜色后的效果

STEP 31 参照图 4-227 调整图形的位置与大小。

STEP 32 为显示屏添加文字，效果如图 4-228 所示。

图 4-227 调整图形的位置与大小　　　图 4-228 为显示屏添加文字

STEP 33 如图 4-229 所示，绘制两个半胶囊状的图形。

STEP 34 如图 4-230 和图 4-231 所示，分别为两个图形填充渐变色。第一个渐变条颜色分别为（C:0,M:0,Y:0,K:0），（C:0,M:0,Y:0,K:100），（C:0,M:0,Y:0,K:0）。另一个渐变条颜色分别为（C:0,M:0,Y:0,K:0），（C:0,M:0,Y:0,K:100）。

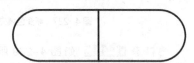

图 4-229 绘制两个半胶囊状图形

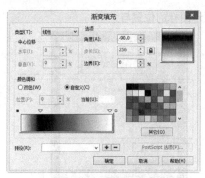

图 4-230　为第 1 个图形设置渐变颜色

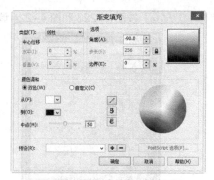

图 4-231　为第 2 个图形设置渐变颜色

STEP 35 填充后的效果如图 4-232 所示。

STEP 36 再绘制一个胶囊图形，其大小稍小于前面绘制的图形，为其填充黑色。效果如图 4-233 所示。

STEP 37 绘制如图 4-234 所示的两个图形。

图 4-232　填充渐变颜色

图 4-233　再绘制一个胶囊图形

图 4-234　绘制两个图形

STEP 38 如图 4-235 和图 4-236 所示，分别为两个图形填充渐变。图 4-235 中渐变条颜色分别为（C:0,M:0,Y:0,K:70）,（C:0,M:0,Y:0,K:0）,（C:0,M:0,Y:0,K:70）。图 4-236 中渐变条颜色分别为（C:0,M:0,Y:0,K:15）和（C:0,M:0,Y:0,K:55）。

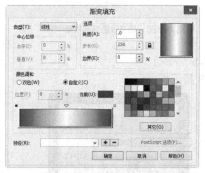

图 4-235　为第 1 个图形设置渐变颜色

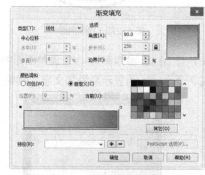

图 4-236　为第 2 个图形设置渐变颜色

STEP 39 填充后的效果如图 4-237 所示。

STEP 40 绘制如图 4-238 所示的一个圆形图形。

图 4-237　渐变色填充效果

图 4-238　绘制一个圆形

STEP 41 如图 4-239 所示，为图 4-238 中的圆形填充渐变色，渐变条颜色分别为（C:0,M:0,Y:0,K:23）,（C:0,M:0,Y:0,K:100）,（C:0,M:0,Y:0,K:18）。

STEP ⬛42⬛ 填充后的效果如图 4-240 所示。

STEP ⬛43⬛ 绘制如图 4-241 所示的另一个圆形。

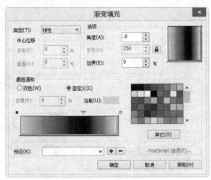

图 4-239 为图形填充渐变色

图 4-240 填充渐变颜色效果

图 4-241 再绘制一个圆形

STEP ⬛44⬛ 如图 4-242 所示，为图 4-241 中的圆形填充渐变色，渐变条颜色分别为（C:0,M:0,Y:0,K:30）和（C:0,M:0,Y:0,K:100）。

STEP ⬛45⬛ 填充后的效果如图 4-243 所示。

STEP ⬛46⬛ 绘制如图 4-244 所示的一个三角状的图形。

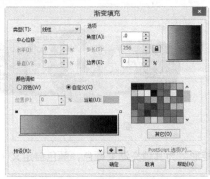

图 4-242 设置渐变条的颜色

图 4-243 填充渐变颜色后的效果

图 4-244 绘制一个三角状的图形

STEP ⬛47⬛ 如图 4-245 所示，为图 4-244 中三角状图形填充渐变色，渐变条颜色分别为（C:0,M:0,Y:0,K:5）和（C:0,M:0,Y:0,K:70）。

STEP ⬛48⬛ 填充后的效果如图 4-246 所示。

STEP ⬛49⬛ 绘制一个圆形，为其填充黑色，效果如图 4-247 所示。

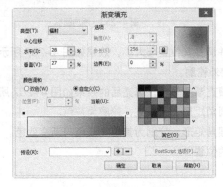

图 4-245 分别为图形填充渐变色

图 4-246 填充渐变颜色后的效果

图 4-247 绘制一个三角状的图形

STEP 50 再绘制一个圆形，为其填充白色，效果如图 4-248 所示。

STEP 51 如图 4-249 所示，为图 4-248 中的白色圆形填充渐变色，渐变条颜色分别为（C:0,M:0,Y:0,K:70）和（C:0,M:0,Y:0,K:5）。

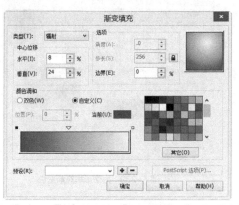

图 4-248　再绘制一个圆形并填充白色　　　　　　　图 4-249　设置渐变色参数值

STEP 52 填充后的效果如图 4-250 所示。

STEP 53 绘制两个矩形，分别为其填充渐变颜色和黑色，效果如图 4-251 所示，渐变条颜色分别为（C:0,M:0,Y:0,K:60）和（C:0,M:0,Y:0,K:5）。

图 4-250　填充渐变颜色　　　　　　　　　　　图 4-251　绘制矩形

STEP 54 在胶囊图形的水平中心绘制一个矩形，为其填充渐变颜色，颜色自定义（注意颜色间的协调感），效果如图 4-252 所示。

STEP 55 绘制键盘上的图标，如图 4-253 所示。

图 4-252　绘制矩形并填充渐变色　　　　　　　图 4-253　添加图标

STEP 56 群组图 4-253 中的所有对象，并调整其位置与大小，效果如图 4-254 所示。

STEP 57 参照图 4-255，绘制手机按键的外轮廓。

STEP 58 如图 4-256 所示，为手机按键填充渐变颜色，填充后的效果如图 4-257 所示。

STEP 59 如图 4-258 所示，再绘制一个圆角矩形，无填充，轮廓为灰色。

STEP 60 如图 4-259 所示，再绘制两个圆角矩形，分别为其填充灰色与渐变颜色。

STEP 61 如图 4-260 所示，调整图形间的位置。

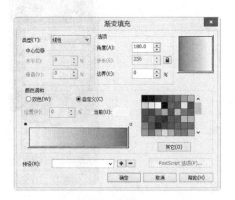

图 4-254 调整位置后的效果 　　图 4-255 绘制手机按键的外轮廓 　　　　　图 4-256 为手机按键填充渐变色

图 4-257 手机按键填充渐变色后的效果 　　　　　图 4-258 绘制一个圆角矩形图形

图 4-259 再绘制两个圆角矩形 　　　　　　图 4-260 调整图形之间的位置

STEP 62 绘制按键上的数值与图标，效果如图 4-261 所示。群组按键，如图 4-262 所示，调整按键的位置。

图 4-261 绘制按键上的数值与图标 　　　　　图 4-262 调整按键的位置

STEP 63 绘制其他按钮，如图 4-263 所示。

STEP 64 绘制听筒及书写文字，效果如图 4-264 所示。

图 4-263 绘制其他按键   图 4-264 手机图形正面最终效果

STEP 65 以相同的方式绘制手机的背面效果，如图 4-265 所示。

STEP 66 绘制圆形，如图 4-266 所示。

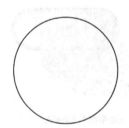

图 4-265 背面效果   图 4-266 绘制一个正圆形

STEP 67 如图 4-267 所示，为圆形填充渐变颜色。渐变条从左到右的颜色分别为（C:95,M:50, Y:95,K:20），（C:45,M:0,Y:95,K:0），（C:5,M:2,Y:10,K:0），（C:45,M:0,Y:95,K:0），（C:95,M:50,Y:95,K:20）。

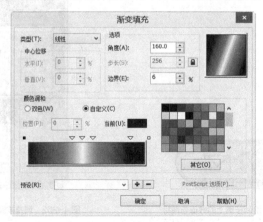

图 4-267 为圆形填充渐变颜色

STEP ⟨68⟩ 填充后的效果如图 4-268 所示。

STEP ⟨69⟩ 绘制图形，如图 4-269 所示。

图 4-268 圆形的填充效果

图 4-269 绘制 3 个图形

STEP ⟨70⟩ 选择图 4-269 中左上角的图形，如图 4-270 所示，为其填充渐变颜色，渐变条从左到右的颜色分别为（C:95,M:50,Y:95,K:20）,（C:90,M:30,Y:95,K:0）,（C:90,M:30,Y:100,K:0）。

STEP ⟨71⟩ 填充后的效果如图 4-271 所示。

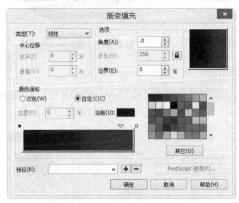

图 4-270 为左上角的图形填充渐变色

图 4-271 左上角图形的填充效果

STEP ⟨72⟩ 选择图 4-272 中左中部的图形，按图 4-272 设置参数，渐变条从左到右的颜色分别为（C:45,M:0,Y:95,K:0）,（C:45,M:0,Y:95,K:0）,（C:75,M:10,Y:90,K:0）,（C:75,M:10,Y:85,K:0）,（C:10,M:0,Y:25,K:0）,（C:5,M:0,Y:10,K:0）,（C:5,M:0,Y:10,K:0）。

STEP ⟨73⟩ 填充后的效果如图 4-273 所示。

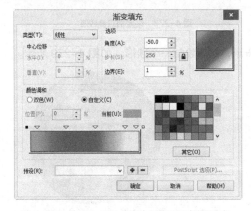

图 4-272 为图 4-271 中左中部的图形填充渐变色

图 4-273 左中部图形的填充效果

STEP 74 选择图 4-272 中右下角的图形，按图 4-274 设置参数，渐变条从左到右的颜色分别为（C:95,M:50,Y:95,K:20），（C:95,M:50,Y:95,K:20），（C:70,M:5,Y:95,K:0），（C:80,M:15,Y:95,K:0），（C:80,M:15,Y:95,K:0），（C:15,M:0,Y:40,K:0），（C:10,M:0,Y:15,K:0），（C:10,M:0,Y:15,K:0）。

STEP 75 填充后的效果如图 4-275 中所示。

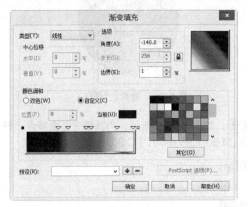

图 4-274　为右下角的图形填充渐变色　　　　图 4-275　填充渐变色效果

STEP 76 参照图 4-276 绘制其左上部图形。

STEP 77 填充渐变颜色，渐变条从左到右的颜色分别为（C:15,M:0,Y:40,K:0），（C:75,M:40,Y:95,K:0），（C:95,M:55,Y:90,K:35），如图 4-277 所示。

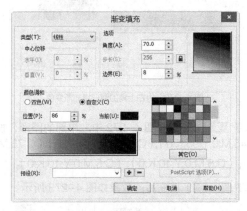

图 4-276　在左上部绘制图形　　　　图 4-277　设置相应参数值

STEP 78 填充后的效果如图 4-278 所示，然后绘制一个圆形，如图 4-279 所示。

图 4-278　填充后的图形效果　　　　图 4-279　绘制圆形

STEP 79 如图 4-280 所示，为图 4-279 中的圆形填充渐变颜色，渐变条从左到右的颜色分别为 (C:90,M:30,Y:95,K:0)、(C:95,M:50,Y:95,K:15)、(C:60,M:5,Y:90,K:0)、(C:25,M:0,Y:65,K:0)、(C:0,M:0,Y:0,K:0)。

STEP 80 填充后的效果如图 4-281 所示。

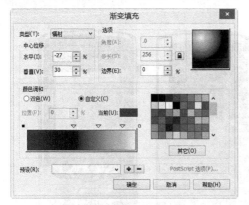

图 4-280 设置相应的渐变色参数

图 4-281 图形的填充效果

STEP 81 如图 4-282 所示，绘制 3 个圆形，并填充白色，无轮廓。

STEP 82 如图 4-283 所示，绘制图形。

图 4-282 绘制 3 个圆形并填色

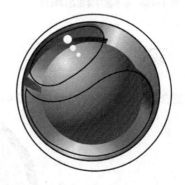

图 4-283 绘制图形

STEP 83 如图 4-284 所示，填充渐变颜色，渐变条从左到右的颜色分别为 (C:0,M:0, Y:0,K:5)、(C:0,M:0,Y:0,K:5)、(C:0,M:0,Y:0,K:50)、(C:0,M:0,Y:0,K:60)。

STEP 84 填充后的效果如图 4-285 所示。

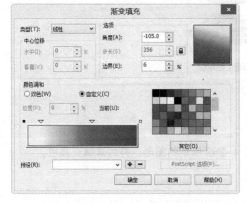

图 4-284 在【渐变填充】对话框中设置相应参数

图 4-285 标志的最终填充效果

STEP 85 选择标志，将其群组为一个对象。

STEP 86 调整标志的位置与大小，最终效果如图 4-286 所示。

STEP 87 选择菜单栏中的【文件】/【保存】命令，将文件命名为"手机 .cdr"，并进行保存，正反两面最终整体效果如图 4-287 所示。

图 4-286　手机图形背面最终效果　　　　　　　　图 4-287　最终整体效果

4.5 实训

本节综合运用本章所学内容绘制如图 4-288 所示的地球仪图案。

图 4-288　地球仪

步骤提示

STEP 1 按 Ctrl + N 组合键新建一个文件。

STEP 2 利用 ○ 工具和 ＼ 工具绘制如图 4-289 所示的图形，并为其填充颜色。

STEP 3 绘制如图 4-290 所示的图形。

图 4-289　绘制地球仪表面

图 4-290　绘制图形

STEP 04 利用工具箱中的 工具为绘制好的图形设置透明度。单击属性栏中的【透明度类型】
下拉列表框，在弹出的下拉列表中选择【标准】选项，然后在 ⊢ ┆ 100 的文本框中输入数值。注
意，图形的透明度均不同，效果如图 4-291 所示。

STEP 05 以相同方式绘制地球仪的其他部分并为其填充颜色，如图 4-292 所示。

图 4-291　透明效果

图 4-292　最终效果

4.6 习题

1. 利用本章所学的各种填充工具绘制如图 4-293 所示的图形。
2. 利用本章所学的各种填充工具绘制如图 4-294 所示的图形。

图 4-293　绘制图形

图 4-294　绘制图形

Chapter

5

第5章
文本工具

　　文字在平面设计中占有重要的地位，利用CorelDRAW X6可以灵活地对文字进行输入、编辑和排版。CorelDRAW X6对【文本】工具字进行了很多重大的改进，从而使用户对文字的处理更加方便、高效。本章主要学习【文本】工具的使用方法，包括文本的创建、编辑，使文本适合路径，使文本适合框架，将文本转换为路径以及为文本添加特殊效果等。

学习要点

- 掌握文本的创建方法。
- 掌握文本的编辑方法。
- 掌握将文本转换为路径的方法。
- 掌握文本适合路径的方法。
- 掌握文本适合框架的方法。
- 掌握为文本添加特殊效果的方法。

5.1　美术文本与段落文本

在 CorelDRAW 中，文本分为美术文本与段落文本。美术文本适用于文字较少或需要对文字制作特殊效果的编排，段落文本适用于大量的文字编排。

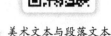

5.1.1　文本的输入

本节讲解美术文本与段落文本的创建和输入方法。

【例 5-1】：美术文本与段落文本的输入。

本案例中将介绍美术文本与段落文本的输入和编辑方法。　　　　　　　　　　　美术文本与段落文本

操作步骤

STEP 1 选择【文件】/【新建】命令，新建一个绘图文件，参数保持默认设置。

STEP 2 单击工具箱中的 字 按钮，移动鼠标指针到工作区域，当鼠标指针变为 字 时，单击确定文本的输入点。

STEP 3 切换文字输入法为中文状态，输入文字"计算机辅助平面设计"，即可创建美术字文本。

STEP 4 单击工具箱中的 字 按钮，移动鼠标指针到工作区域，当鼠标指针变为 字 时，单击并拖曳鼠标，拖曳出一个虚线文本框，输入任意一段文字，即可创建段落文本，如图 5-1 所示。

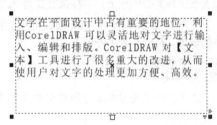

图 5-1　创建段落文本

STEP 5 选择段落文本，在属性栏的 ○ 宋体 下拉列表中选择【黑体】选项，在 24 pt 组合框中输入"14"，即可修改字的大小。

STEP 6 选择【文本】/【文本属性】命令，弹出如图 5-2 所示的【文本属性】泊坞窗，单击行距栏将数值设置为"200.0%"，如图 5-3 所示。

图 5-2　【文本属性段落】泊坞窗

图 5-3　修改行距

STEP 7 调整后的效果如图 5-4 所示，此时文本框下方的 ▯ 图标会变为 ▽，它表示文字溢出文本框，将鼠标指针移动到 ▽ 图标上，当其变为上下箭头时，按住鼠标左键并向下拖曳虚线框，直

到文字显示完全后释放鼠标，如图 5-5 所示。

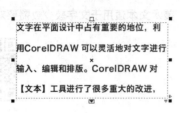

图 5-4 文字溢出文本框

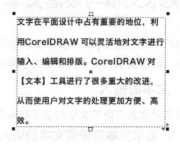

图 5-5 调整文本框

STEP **8** 移动鼠标指针到文本框右下角的 ▪ 图标上，当按住向下的箭头并向上、下方向拖曳时，可调整文本的行距；当按住向右的箭头并向左、右方向拖曳时，可调整文字的间距。当把鼠标指针放置在黑色实心矩形上，鼠标指针变为 ▲ 时，按住鼠标左键并拖曳，即可调整文本框的大小。

STEP **9** 【文本】/【项目符号】 ▤ 只能对段落文本进行设置，在这里可以对项目符号进行字体的设置，符号和大小等设置。

拓展知识

本节介绍了美术文本与段落文本的创建方式及基本的调整方法，下面介绍文本的编辑方法。【文字】工具的属性栏如图 5-6 所示。

图 5-6 【文字】工具的属性栏

- 【水平镜像】 ▥ 和【垂直镜像】 ▤：单击相应的按钮，可以将相应的文本进行水平或垂直镜像。图 5-7 所示为原文字与镜像后的效果。

- 【字体列表】下拉列表框 ▯ 宋体 ▾：用于设置字体的样式，其下拉列表中显示系统所带的字体样式。如果在计算机中的 "C:\Windows\Fonts" 文件夹中安装了其他字体，也会在该下拉列表中显示。

图 5-7 原文字与镜像后的效果

- 【字体大小】组合框 24 pt ▾：用于设置字体的大小。当组合框中没有需要的数值时，也可以在组合框中输入需要的数值。

- 【粗体】 Ⓑ：单击该按钮，文字会以粗体显示，该按钮只能用于英文字体。

- 【斜体】 ⒤：单击该按钮，文字会以倾斜方式显示，该按钮只能用于英文字体。

- 【下画线】 ⒰：单击该按钮，为文字添加下画线。

图 5-8 所示为【粗体】、【斜体】及【下画线】的效果。

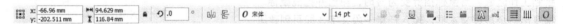

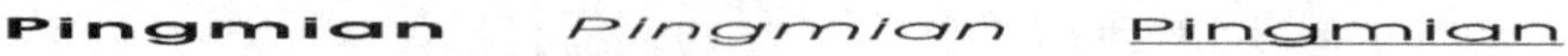

图 5-8 【粗体】、【斜体】及【下画线】的效果

- 【文本对齐】 ▤：用于设置文字的对齐方式。其下拉列表中有 6 种对齐方式，如图 5-9 所示，分别为【无】、【左】、【居中】、【右】、【全部调整】及【强制调整】。图 5-10 所示为 6 种方式的对齐效果。

图 5-9 文字的对齐方式　　　　　　　　　图 5-10 6 种对齐方式

- 【项目符号列表】：单击该按钮（组合键为 Ctrl + M ），可以在段落的前面显示或隐藏默认的项目符号。
- 【首字下沉】：单击该按钮，可以使段落中的第一个字放大并下沉，再次单击该按钮可取消首字下沉效果。图 5-11 所示为首字下沉的效果。选择【文本】/【首字下沉】命令，弹出如图 5-12 所示的【首字下沉】对话框，在该对话框中可以设置文字下沉行数与首字下沉后的空格大小。

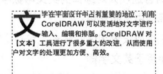

图 5-11 首字下沉的效果　　　　　　　　　图 5-12 【首字下沉】对话框

- 【文本属性】：单击该按钮（组合键为 Ctrl + T ），弹出如图 5-13 所示的【文本属性】中的字符设置泊坞窗。在其中可以对文字的字体、字号、对齐方式、字符效果和字符位移等进行详细的设置。
- 【编辑文本】：单击该按钮，弹出如图 5-14 所示的【编辑文本】对话框，用户可以在该对话框中修改、编辑文本。对话框中各工具的用法与属性栏中的工具用法相似，这里不再介绍。

图 5-13 【字符格式化】泊坞窗　　　　　　　图 5-14 【编辑文本】对话框

- 【将文本更改为水平方向】☰：（组合键为Ctrl + ,）默认的文本排列方式为水平排列文本。当文本切换为垂直排列文本后，单击该按钮可转换为水平排列文本。
- 【将文本更改为垂直方向】⫴：（组合键为Ctrl + .）单击该按钮，将文本的排列方式设置为垂直排列。

图 5-15 所示为水平排列文本与垂直排列文本的效果。

文字在平面设计中占有重要的地位，利用 CorelDRAW 可以灵活地对文字进行输入、编辑和排版。CorelDRAW 对【文本】工具进行了很多重大的改进，从而使用户对文字的处理更加方便、高效。

加方便、高效。户对文字的处理更其进行了很多重大 W 对【文本】工具 辑和排版。Corel DRA 文字进行输入、编 可以灵活地对 CorelDRAW 占有重要的地位，文字在平面设计中

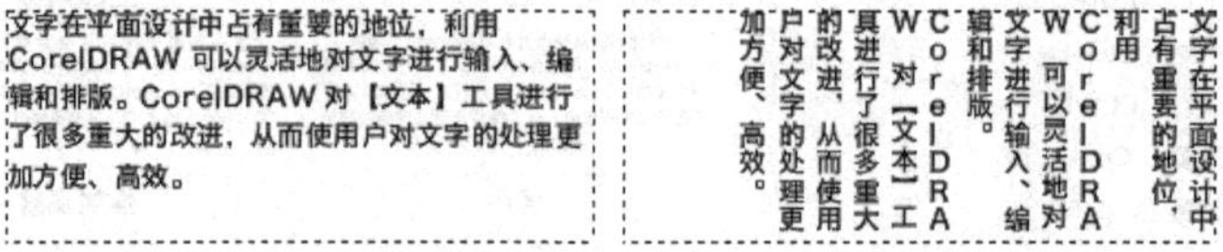

图 5-15　水平排列文本与垂直排列文本的效果

5.1.2　【字符】文本属性

选择菜单栏的【文本】/【文本属性】命令，弹出如图 5-16 所示的【文本属性】泊坞窗，里面包含【字符】格式选项栏、【段落】格式选项栏和【图文框】选项栏。

- 【脚本】：用于设置更改作用于文本中哪种类别的文字。当选择【拉丁文】选项时，【字符格式化】泊坞窗中的各选项只对选择的英文与数字起作用。【段落文本框】命令组 当选择【亚洲】选项时，只对选择的中文起作用。
- 【字体样式】：在弹出的下拉列表中可以设置字体的样式，包括【常规】、【常规斜体】、【粗体】、【粗体 – 斜体】4 种样式，该选项只能用于英文字体。
- 【下画线】：单击右侧的 ⋃ 按钮，在弹出的下拉列表中选择相应的选项，为文字添加单细线、单粗或双细等样式。图 5-17 所示为文字分别添加单线、单粗线和双细线的效果。

图 5-16 【文本属性】/【字符】泊坞窗

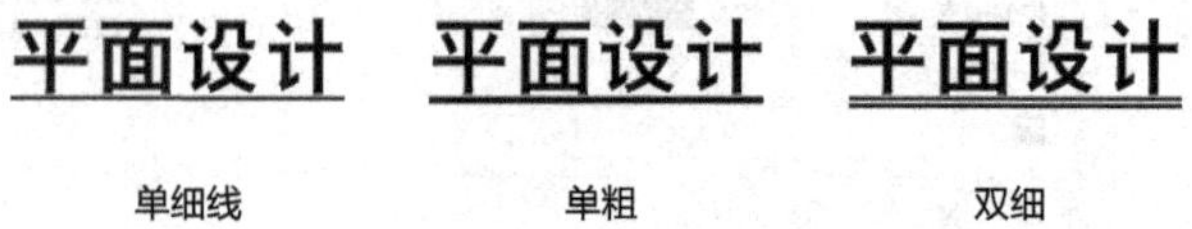

平面设计　　平面设计　　<u>平面设计</u>

　　单细线　　　　　单粗　　　　　双细

图 5-17　单线、单粗线和双细线的效果

- 【填充类型】：主要用来更改文本的填充样式，有均匀填充、渐变填充、双色图样填充和全色图样填充等，如图 5-18 所示。
- 【背景填充类型】：主要用来更改文本的背景填充样式，有均匀填充、渐变填充、双色图样填充和全色图样填充等，如图 5-19 所示。

图 5-18　渐变填充

图 5-19　背景填充类型

【轮廓宽度】 可以给文字加上轮廓效果，如图 5-20 所示。

图 5-20　文字轮廓效果

- 【大写字母】 ：包括 7 个选项，该选项只能用于英文字体。选择【小型大写字母】选项后，可以将选择的英文字母中小写部分变为字号稍小的大写字母。图 5-21 所示为 7 个选项的效果。

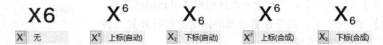

图 5-21　7 个选项的效果

- 【位置】 ：包括 5 个选项，分别是【无】、【上标（自动）】、【下标（自动）】、【上标（合成）】、【下标（合成）】，用户可以将选择的文字设为【上标】、【下标】样式。图 5-22 所示为 5 个选项的效果。

图 5-22　5 个选项的效果

- 【字符删除线】 ：可以为文字加上删除线效果，如图 5-23 所示。

![字符删除线效果示例]

图 5-23　字符删除线效果比较

- 【字符上划线】 ：可以为文字加上删除线效果，如图 5-24 所示。
- 【字符水平偏移】 ：可以为选择的文字设置水平位移量。当参数为正值时，文字向右偏移；当参数为负值时，文字向左偏移。

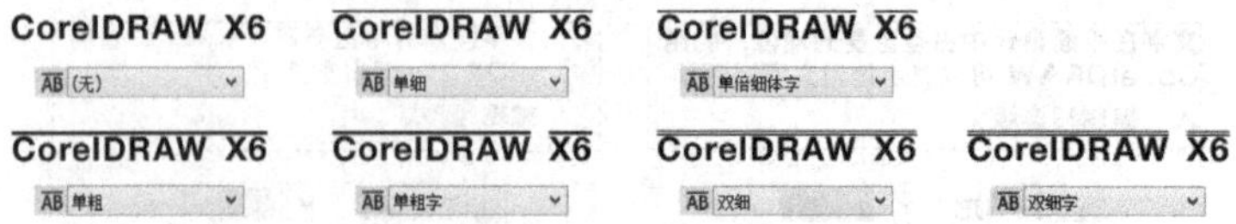

图 5-24　字符上划线效果比较

- 【字符垂直偏移】 $Y^{\mp}$ 0%：可以为选择的文字设置垂直位移量。当参数为正值时，文字向上偏移；当参数为负值时，文字向下偏移。
- 图 5-25 所示为文字设置不同参数的【字符角度】效果。

图 5-25　设置不同参数的【字符垂直偏移】效果

- 【字符角度】 ab .0°：可以为选择的文字设置旋转角度。当参数为正值时，文字按逆时针旋转；当参数为负值时，文字按顺时针旋转。

图 5-26 所示为文字设置不同参数的【字符角度】效果。

图 5-26　设置不同参数的【字符角度】效果

5.1.3 【段落】文本属性

选择菜单栏中的【文本】/【文本属性】命令，【文本属性】泊坞窗的【段落】选项栏如图 5-27 所示。【段落】选项栏中的一些选项的功能与作用简单介绍如下。

- 【对齐】：用于设置选择的文本在水平方向上的对齐方式。
- 【首行缩进】 .0 mm：用于设置选择的段落首行的缩进量。
- 【左缩进】 .0 mm：用于设置选择的段落除首行外其他各行到文本框左侧的缩进量。
- 【右缩进】 .0 mm：用于设置选择的段落除首行外其他各行到文本框右侧的缩进量。
- 【垂直间距单位】 %字符高度：用于设置段落之间或行之间间距使用的单位。
- 【行距】 100.0 %：用于设置选择的文本行距大小。
- 【段前间距】 100.0 %：用于设置当前段落与前一段落之间的距离。

图 5-27　【文本属性】/【段落】泊坞窗

- 【段后间距】 .0 %：用于设置当前段落与后一段落之间的距离。
- 【字符间距】 ab 20.0 %：用于设置选择的文本中各个字符间的距离。
- 【字间距】 100.0 %：用于设置选择的文本中各个单词间的距离。
- 【语言间距】 .0 %：用于设置数字或英文与中文之间的距离。图 5-28 所示为设置不同参数后文字间的间距效果。

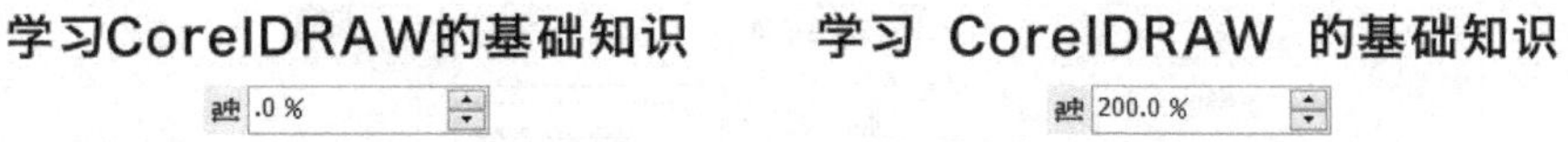

学习CorelDRAW的基础知识　　学习 CorelDRAW 的基础知识

图 5-28　不同参数的文字间距效果

5.1.4　【图文框】文本属性

选择菜单栏中的【文本】/【文本属性】命令,【文本属性】泊坞窗中的【图文框】选项栏如图 5-29 所示。【图文框】选项栏的一些选项的功能与作用简单介绍如下。

图 5-29　【文本属性】/【图文框】泊坞窗

【基线网格对齐】：选择菜单栏【视图】/【网格】/【基线网格】命令,使其勾选状态,然后单击基线网格按钮,文本会与基线网格对齐。

【垂直对齐】：当文本框比文本多出许多空间的时候,我们就可以用垂直对齐来设置文本的位置,如图 5-30 所示。

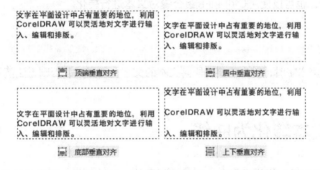

图 5-30　不同选项的【垂直对齐】效果比较

【背景颜色】：单击在弹出的下拉列表中选择颜色可以更改文本框的背景颜色。效果如图 5-31 所示。

图 5-31　【背景颜色】效果比较

【栏数】：可以对文本进行分栏设置。分栏效果如图 5-32 所示。

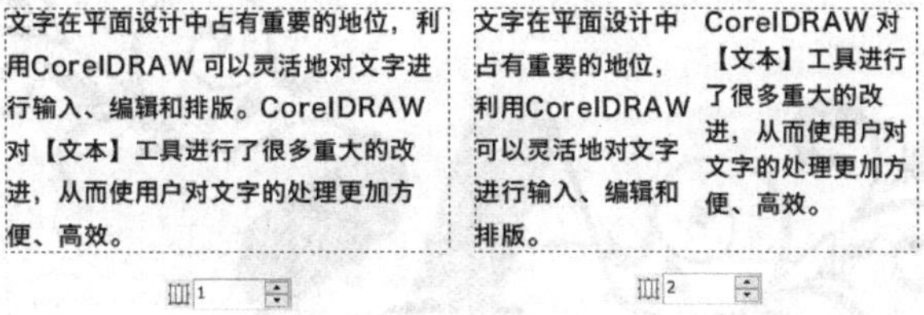

文字在平面设计中占有重要的地位,利用CorelDRAW 可以灵活地对文字进行输入、编辑和排版。CorelDRAW 对【文本】工具进行了很多重大的改进,从而使用户对文字的处理更加方便、高效。

文字在平面设计中占有重要的地位,利用CorelDRAW 可以灵活地对文字进行输入、编辑和排版。

CorelDRAW 对【文本】工具进行了很多重大的改进,从而使用户对文字的处理更加方便、高效。

图 5-32　分栏效果

单击【栏】选项栏右上角的按钮,会弹出如图 5-33 所示的【栏设置】对话框,在这里可以设置【栏间宽度】等细节。

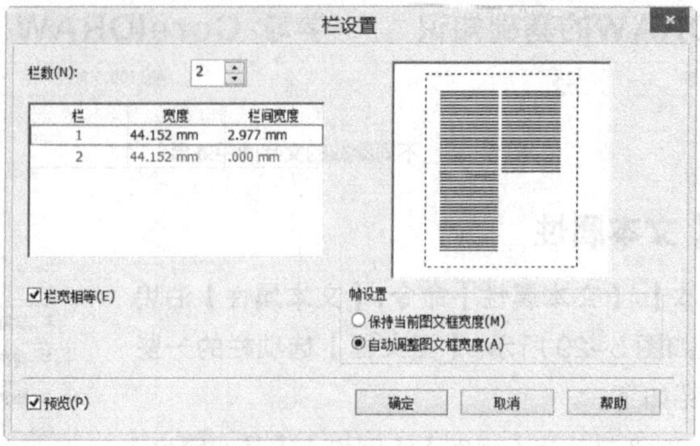

图 5-33 【栏设置】对话框

5.1.5 美术文本与段落文本的转换

首先利用【选择】工具选择要转换的文本，然后选择菜单栏中【文本】/【转换为段落文本】命令或【转换为美术字】命令，也可以使用 Ctrl + F8 组合键对文本进行转化。

 要点提示

在将段落文本转化为美术字时，首先需要将段落文本的文字全部显示，否则无法使用此命令。

5.2 美术文本转化为曲线

在完成平面设计工作后，将作品保存。然后转到另外一台计算机上打开该作品时，如果该作品中使用了不是计算机系统自带的字体，而另外的计算机中又没有安装相应字体，就会弹出【替换字体】对话框，要求寻找另外或类似的字体进行替换。为了避免更改文字与版面的效果，用户可以使用将文本转换为曲线的方法把文字转换为矢量图形。

另外，用户在保存文件时，可将文件中使用到的字体也复制一份，然后在另外的计算机中将字体复制到系统的"C:\Windows\Fonts"目录下即可。

将文本转化为曲线后，用户可以对转化后的文字路径进行编辑，从而创造出更为丰富的效果。

【例 5-2】：【排列】/【转换为曲线】命令的使用。

利用菜单栏【排列】/【转换为曲线】命令绘制如图 5-34 所示的图案。

图 5-34 绘制好的图案

操作步骤

STEP 1　选择【文件】/【新建】命令，新建一个绘图文件。

STEP 2　单击工具箱中的 字 按钮，在其属性栏中设置字体为 _O Bodoni MT Black_ ，字体大小为 "24"。然后切换输入法为英文状态，在工作区域中输入大写字母 "AS"，效果如图 5-35 所示。

STEP 3　按 Ctrl + K 组合键将文字拆分为单个文字。选择菜单栏利用菜单栏【排列】/【转换为曲线】命令，或按 Ctrl + Q 组合键将文字转换为曲线。

STEP 4　单击工具箱中的 按钮，参照图 5-36 选取节点。

图 5-35　输入文字

图 5-36　选取节点

STEP 5　按 Delete 键删除选取的节点，效果如图 5-37 所示。

STEP 6　参照图 5-38，利用 工具调整节点及其控制柄。

图 5-37　删除节点后的效果

图 5-38　调整节点与控制柄

STEP 7　选择如图 5-39 所示的节点，单击属性栏中的 按钮，将其转化为对称节点。

STEP 8　利用 工具，参照图 5-40 调整节点的位置及其控制柄的角度与长度。

图 5-39　选取节点

图 5-40　调整节点后的效果（1）

STEP 9　调整字母 "A" 节点后的结果如图 5-41 所示。

STEP 10　参照步骤（4）~（8）的方法调整字母 "S" 的形态，最终效果如图 5-42 所示。

图 5-41　调整节点后的效果（2）

图 5-42　调整节点后的效果（3）

STEP 11 单击工具箱中的 按钮，参照图 5-43 绘制图案。

STEP 12 复制绘制好的图形，并参照图 5-44 调整图形的位置与角度。

STEP 13 选择所有图形，选择【排列】/【造形】/【合并】命令，将所有图形合并为一体，再使用 工具调整合并后的对象，最终效果如图 5-45 所示。

图 5-43　绘制图形　　　　图 5-44　调整图形的位置与角度　　　　图 5-45　最终效果

案例小结

本节介绍了将文本转化为曲线的方法，利用该方法可以为文字添加更多变化，创造出更为丰富的效果，并且转化为曲线后的文字将不再受计算机系统字体的限制。

5.3 使文字适合路径

选择【文本】/【使文本适合路径】命令可以将文本对象适配到选定的路径上，产生文字沿着路径排列的效果，在平面设计中是非常常用的方式。

【例 5-3】: 利用【文本】/【使文本适合路径】命令制作啤酒瓶盖花纹图样效果。

灵活运用对象的修剪及移动、复制操作来制作如图 5-46 所示的啤酒瓶盖花纹图样效果。

图 5-46　制作的啤酒瓶盖花纹图样效果

操作步骤

STEP 1 按 Ctrl + N 组合键新建一个图形文件。

STEP 2 按 Ctrl + I 组合键导入"资料 / 瓶盖 .jpg"图片，如图 5-47 所示。

STEP 3 利用 工具绘制如图 5-48 所示的深红色（C:2,M:97,Y:26,K:0）的图形。

STEP 4 利用 工具，绘制如图 5-49 所示的圆形。

图 5-47　导入瓶盖

图 5-48　绘制深红色的圆形

图 5-49　绘制的圆形

STEP 5 将步骤（3）中绘制的圆复制一份，选择步骤（3）、（4）中绘制的圆，然后选择【排列】/【造形】/【移除前面对象】命令，得到如图 5-50 所示的图形。

STEP 6 重复步骤（4）和步骤（5），绘制如图 5-51 所示的图形。

STEP 7 利用【均匀填充】工具 ■，由上到下颜色依次填充为红棕色（C:2,M:84,Y:65,K:0），粉红色（C:2,M:41,Y:28,K:0），棕黄色（C:8,M:99,Y:94,K:0），效果如图 5-52 所示。

图 5-50　移除前面对象的效果

图 5-51　绘制的图形

图 5-52　填充颜色后的效果

STEP 8 绘制如图 5-53 所示的土黄色（C:2,M:75,Y:55,K:0）的三角形。

STEP 9 利用标尺命令将圆心定位在原点。选择三角形，再选择【排列】/【变换】/【旋转】命令，在弹出的【变换】泊坞窗中设置图形旋转的参数，如图 5-54 所示。然后单击应用按钮，效果如图 5-55 所示。

图 5-53　绘制的土黄色三角形

图 5-54　【变换】泊坞窗

图 5-55　复制后的效果

STEP 10 选择 工具，按住 Ctrl 键绘制正五角星，然后调整其位置和大小，如图 5-56 所示。

STEP 11 选择步骤（3）和步骤（10）中绘制的图形，选择【排列】/【造形】/【相交】命令，得到如图 5-57 所示的图形。

STEP 🔽12 删除步骤（10）中绘制的五角星，并为上一步绘制的图形填充粉红色（C:3,M:84, Y:29,K:0）。

STEP 🔽13 重复步骤（10）的操作，绘制多个五角星，然后调整其位置和大小，如图 5-58 所示。

图 5-56　绘制的五角星

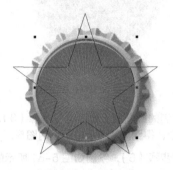

图 5-57　相交后的效果

图 5-58　绘制的五角星

STEP 🔽14 分别单击上一步所绘制的路径的属性，由内到外颜色依次填充为土黄色（C:0,M:74, Y:96,K:0）、红色（C:20,M:95,Y:30,K:0）、红色（C:0,M:100,Y:0,K:0）、土黄色（C:0,M:60,Y:100,K:0），并选择【排列】/【顺序】命令调整顺序，效果如图 5-59 所示。

STEP 🔽15 利用 字 工具输入文字，然后执行【文本】/【使文本适合路径】命令，将光标放在第 3 步绘制的圆形路径上，文字会吸附到路上，在移动光标可以调整文字与路径之间的偏移距离，参考图 5-60 所示的位置放置文本。

STEP 🔽16 选择菜单栏利用菜单栏【排列】/【转换为曲线】命令，或按 Ctrl + Q 组合键将字母转化为曲线。

STEP 🔽17 将字母镜像复制一份，并调整其位置，如图 5-61 所示。

图 5-59　绘制的五角星

图 5-60　输入文字

图 5-61　镜像后的效果

STEP 🔽18 按 Ctrl + S 组合键将此文件命名为"啤酒瓶盖花纹图样设计 .cdr"并进行保存。

【例 5-4】：利用【使文本适合路径】命令绘制如图 5-62 所示的图案。

图 5-62　绘制好的图案

操作步骤

STEP 1 选择【文件】/【新建】命令，新建一个绘图文件。在其属性栏中设置单位为"毫米"，页面大小为"200mm×200mm"，其他参数保持默认设置。

STEP 2 单击工具箱中的 ○ 按钮，在工作区域中绘制一个高度和宽度均为"100mm"的圆。

STEP 3 选择【窗口】/【泊坞窗】/【变换】/【位置】命令，弹出【变换】泊坞窗，如图 5-63 所示。

STEP 4 选取圆，在【变换】泊坞窗【位置】选项组中的【水平】数值框中输入"50"，设置副本为1，再单击应用按钮，移动并复制一个圆形，效果如图 5-64 所示。

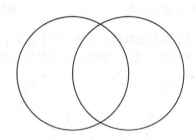

图 5-63 【变换】泊坞窗　　　　　　　图 5-64 复制后的圆形效果

STEP 5 选择【窗口】/【泊坞窗】/【造形】命令，弹出【造形】泊坞窗，如图 5-65 所示。

STEP 6 选取两个圆形，在【造形】泊坞窗中的下拉列表中选择【相交】选项，取消勾选【保留原始源对象】与【保留原目标对象】复选项，单击 相交对象 按钮。移动鼠标指针到工作区域，然后在任意一个圆形上单击，即可求得两物体的相交部分，效果如图 5-66 所示。

STEP 7 从标尺位置拖曳鼠标，拖出一条辅助线，参照图 5-67 移动辅助线的位置。

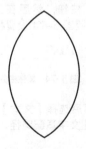
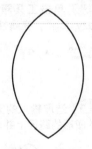

图 5-65 【造形】泊坞窗　　　图 5-66 圆形相交后的效果　　　图 5-67 辅助线的位置

STEP 8 单击工具箱中的 按钮，选择相交后的图形，在辅助线与图形相交处双击，添加两个节点，效果如图 5-68 所示。

STEP 9 选取顶部的节点，按 Delete 键将其删除，效果如图 5-69 所示。

STEP 10 在工具箱中的 按钮上按住鼠标左键，在弹出的隐藏工具组中选择 工具，然后在属性栏中单击【剪切时自动闭合】按钮 将该功能关闭，在如图 5-70 所示的位置单击，将路径在该点处打断。

STEP 11 选择 工具，然后选择打断处的节点，将其删除，效果如图 5-71 所示。

STEP 12 选择切割后的图形，在【变换】泊坞窗中单击【旋转】按钮 ，在【角度】数值框中输入"180"，再单击 应用 按钮，旋转并复制一个对象。选择复制后的对象，并垂直向下移动一定的距离，效果如图 5-72 所示。

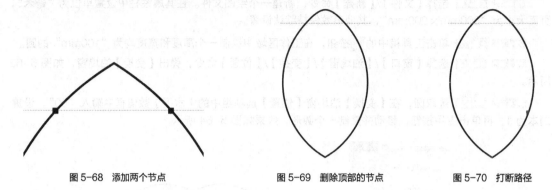

图 5-68 添加两个节点　　　　图 5-69 删除顶部的节点　　　　图 5-70 打断路径

STEP 13 同时选择两个对象，在【变换】泊坞窗中单击【旋转】按钮 ，在【角度】数值框中输入"90"，再单击 应用 按钮，效果如图 5-73 所示。

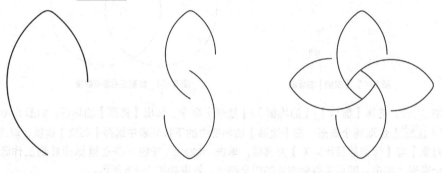

图 5-71 删除部分路径　　　图 5-72 旋转并复制对象　　　图 5-73 再次旋转并复制对象

STEP 14 单击工具箱中的 字 按钮，然后在工作区域中输入文字"The quick brown fox jumps over the lazy dog"，在属性栏中参照图 5-74 设置相应的选项。

图 5-74 属性栏参数

STEP 15 选取输入的文字，然后选择【文本】/【使文本适合路径】命令，移动鼠标指针到如图 5-75 所示的图形的路径上并单击，让文字适配路径，效果如图 5-76 所示。

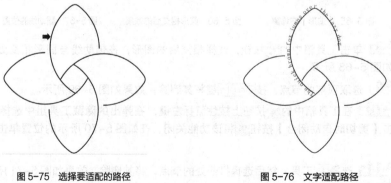

图 5-75 选择要适配的路径　　　　　　图 5-76 文字适配路径

STEP 16 以相同的方法使文字适配其他的路径，效果如图 5-77 所示。

STEP 17 图 5-78 所示为其他字体的效果。

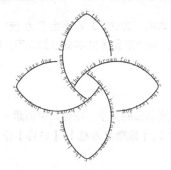

图 5-77　适配其他路径

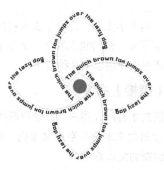

图 5-78　其他字体的效果

案例小结

本节介绍了使文本适合路径的方法。在适合路径后，用户还可以对文本适合的方式进行编辑。图 5-79 所示为使文字适合路径后属性栏的状态。

图 5-79　文字适合路径后的属性栏状态

- 【文本方向】 ：设置文字相对路径的方向，在下拉列表中提供了 5 种方式。这 5 种方式的效果如图 5-80 所示。

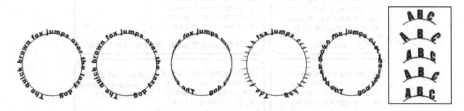

图 5-80　文字相对路径的方向

- 【与路径的距离】 ：设置文字与路径间的距离，图 5-81 所示为两个不同数值的效果。
- 【偏移】 ：设置文字与路径起点的偏移距离，图 5-82 所示为两个不同数值的效果。
- 贴齐标记：单击该按钮，在弹出的下拉列表中选中【打开贴齐记号】单选项，如图 5-83 所示，设置【记号间距】后，即可按照设置的数值自动捕捉文本与路径之间的距离。

图 5-81　文字与路径间的距离　　　图 5-82　文字与路径起点的偏移距离　　　图 5-83　贴齐标记下拉列表

5.4 【段落文本框】命令组

当文本框中的文字太多，超出了文本框的边界时，文本框下方的 口 符号会变为 ▼ ，超出文本框的文字将不会被显示，这种情况称为"文字溢出文本框"。要全部显示文本框中的文字，除了调整文本框的大小外，还可以使用以下几种方法。

5.4.1 【链接】命令

当文字溢出文本框时，用户可以使用新的文本框来承接溢出的文字。在窗口中创建一个空白的文本框，同时选择溢出的文本框与空白文本框，再选择【文本】/【段落文本框】/【链接】命令，即可将溢出的文字转接到新的文本框中。

文本框链接后，原来溢出文字的文本框下方的 ▼ 符号会变为 圓 ，两个文本框之间显示蓝色的链接线，如图 5-84 所示。

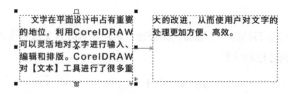

图 5-84　文本框的链接状态

用户还可以使用鼠标直接转接文字。其操作过程如图 5-85 所示。

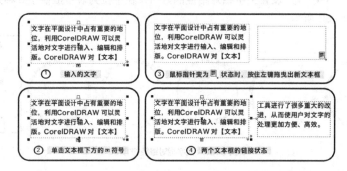

图 5-85　操作过程示意

当调整有 圓 符号的文本框大小时，文字会自动进行调整，以填充满该文本框，剩余的文字在另一个文本框中显示。

选择【文本】/【段落文本框】/【断开链接】命令，将断开文本框之间的链接关系。这时再调整其中任何一个文本框的大小，文字都不会再在两个文本框之间进行调整。

如果对链接后的文本框进行复制，则复制后的文本框会自动断开链接关系。

5.4.2 【使文本适合框架】命令

选择【文本】/【段落文本框】/【使文本适合框架】命令，可以按照文本框的大小来重新设置文本框中文字的大小，从而使文本充满文本框。

　**要点提示**

使用【使文本适合框架】命令来全部显示文字时，文本框的大小不会改变，变化的是文字的大小。

【例 5-5】：图文编排。

利用【链接】命令和【使文本适合框架】命令制作如图 5-86 所示的杂志内页。

图 5-86　制作杂志内页

操作步骤

STEP ⏹1 按 Ctrl + N 组合键，新建一个绘图文件。然后在属性栏中设置单位为"毫米"，页面大小为"210mm×285mm"，其他参数保持默认设置。

STEP ⏹2 双击工具箱中的 □ 按钮，绘制一个与页面大小相同的矩形。填充颜色为"无"，轮廓颜色为黑色。

STEP ⏹3 在工具箱中的 按钮上按住鼠标左键，在弹出的隐藏工具组中选择 工具，绘制如图 5-87 所示的图形。

STEP ⏹4 为绘制的图形填充蓝色（C:20,M:0,Y:0,K:0），无轮廓，如图 5-88 所示。

STEP ⏹5 选择【文件】/【导入】命令，导入本书素材文件"资料"目录下名为"帆船 01""帆船 02""帆船 03"的图片。

STEP ⏹6 选择导入的 3 幅图片，单击属性栏中的 按钮，弹出【对齐与分布】对话框，如图 5-89 所示。

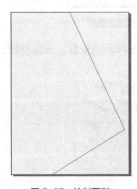　　　　　　

图 5-87　绘制图形　　　　　图 5-88　填充图形　　　　　图 5-89　【对齐】选项卡中的设置

STEP ⏹7 在【对齐】栏点击左对齐复选项，然后在【分布】栏，单击【垂直分散排列间距】 。

STEP ⏹8 单击【指定点】按钮，再点击【指定点】小按钮选取参考点，效果如图 5-90 所示。

STEP 9 单击工具箱中的 字 按钮，输入如图 5-91 所示的文字，设置 "OLYMPICS" 字体为 "幼圆"，字符大小为 "90"，颜色为蓝色（C:70,M:20,Y:0,K:0）；设置 "帆船运动知识" 字体为 "黑体"，字符大小为 "66"，颜色为深蓝色（C:40,M:40,Y:0,K:60）。

STEP 10 参照图 5-92 分别调整文字的位置与角度。

OLYMPICS
帆船运动知识

图 5-90　对齐与分布后的效果　　　　　图 5-91　输入文字　　　　　图 5-92　调整文字的位置与角度

STEP 11 选择 "OLYMPICS" 文字，依次按 Ctrl + C 组合键和 Ctrl + V 组合键将文字复制，然后稍微移动复制后的文字，修改填充颜色为灰色（C:0,M:0,Y:0,K:20）。按 Ctrl + Page Down 组合键，调整顺序向下一层，效果如图 5-93 所示

STEP 12 单击工具箱中的 按钮，绘制如图 5-94 所示的两个图形

图 5-93　为文字添加阴影　　　　　　　　　图 5-94　绘制闭合图形

STEP 13 单击工具箱中的 字 按钮，移动鼠标指针到如图 5-95 所示的位置，当鼠标指针变为 I 时单击鼠标左键。此时图形变为如图 5-96 所示的状态。

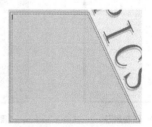

图 5-95　移动鼠标指针到图中的位置　　　　　图 5-96　图形转换为文本框

STEP 14 单击属性栏中的 按钮，弹出如图 5-97 所示的【编辑文本】对话框，在

![TT 宋体] 下拉列表中选择"幼圆"字体样式。

STEP 15 单击 导入(I)... 按钮，在弹出的【导入】对话框中选择名为"帆船"的文档，单击 导入(I)... 按钮，弹出如图 5-98 所示的【导入/粘贴文本】对话框，保持默认设置，单击【导入/粘贴文本】对话框中的 确定 按钮，将文字导入【编辑文本】对话框中，并单击 确定 按钮，导入后的文字效果如图 5-99 所示。

图 5-97 【编辑文本】对话框　　　　图 5-98 【导入/粘贴文本】对话框　　　　图 5-99 导入后的文字效果

STEP 16 选择文本后，再选择【文本】/【段落文本框】/【使文本适合框架】命令，使文字全部显示在文本框中，效果如图 5-100 所示。

STEP 17 调整其他细节部分，杂志内页的最终效果如图 5-101 所示。

图 5-100 使文本适合框架　　　　　　图 5-101 杂志内页最终效果

STEP 18 选择【文件】/【保存】命令，将文件命名为"图文排版 .cdr"并进行保存。

【例 5-6】：综合案例。

本例主要利用【文本】工具，并结合【导入】命令、【对齐和分布】命令来编排如图 5-102 所示的菜谱。

图 5-102 菜谱效果

为了在设计过程中便于文字的编排，本例先来设置文件大小并添加辅助线。

操作步骤

STEP 1 按Ctrl + N组合键，新建一个图形文件，将页面设置为横向，再将【页面度量】选项的参数分别设置为"500.0mm""380.0mm"。

STEP 2 双击□按钮创建一个与页面相同大小的矩形。

STEP 3 选择【视图】/【设置】/【辅助线设置】命令，在弹出的【选项】对话框左侧的窗格中选择【垂直】选项，然后在右侧【垂直】下方的文本框中输入"116"，如图 5-103 所示。

STEP 4 单击右侧的 添加(A) 按钮，然后依次添加"193""336""443"位置的辅助线，结果如图 5-104 所示。

图 5-103　设置的垂直辅助线位置参数

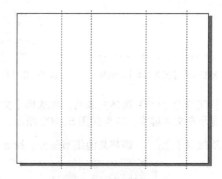

图 5-104　添加的辅助线

STEP 5 按Ctrl + S组合键，将此文件命名为"设计菜谱 .cdr"并进行保存。
下面来绘制菜谱的背景。

STEP 6 按Ctrl + I组合键弹出【导入】对话框，选择"资料 / 背景 .jpg"文件，然后单击 导入 ▼按钮，当鼠标指针显示为带有文件名称和说明的导入符号时单击，将文件导入。

STEP 7 确保属性栏中的🔒按钮处于未激活状态，然后将【对象大小】的宽度设置为"500mm"，使导入图像的宽度与页面宽度相同。

STEP 8 按住Shift键的同时单击矩形，将矩形与导入的图像同时选择，然后单击属性栏中的 🗗 按钮，在弹出的【对齐与分布】对话框中按图 5-105 设置选项。

STEP 9 图像与矩形对齐后的形态如图 5-106 所示。

图 5-105　设置的对齐选项

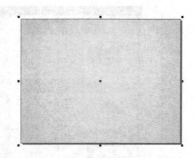

图 5-106　对齐后的形态

STEP 10 选择□工具，捕捉中点，绘制如图 5-107 所示的矩形，填充颜色为黑色（ C:0,M:0,Y:0,K:100 ）。

STEP 11 选择 工具，将属性栏中【透明度类型】设置为【线性】，调整操纵杆，为图形添加透明效果，如图 5-108 所示，并去除轮廓线。

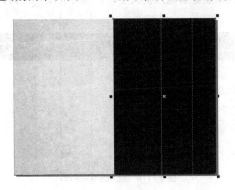

图 5-107　绘制矩形

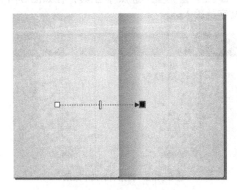

图 5-108　添加交互式透明效果

STEP 12 选择 工具，绘制与背景图顶部对齐的矩形，填充颜色为咖啡色（C:80,M:100,Y:100,K:0），如图 5-109 所示。

STEP 13 复制上述矩形并移至下方，使其与背景图下部对齐，如图 5-110 所示。

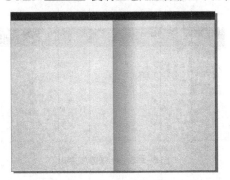

图 5-109　绘制矩形

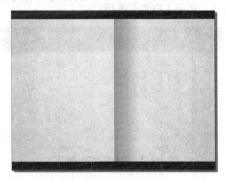

图 5-110　复制并移动

STEP 14 下面绘制标贴，选择**字**工具，将鼠标指针移动到背景左上方并单击，设置文字的输入点，然后依次输入如图 5-111 所示的英文字母。

STEP 15 选择 工具，确认文字的输入，然后在属性栏中的 Arial ▼ 下拉列表中选择"黑体"，修改字体后的字母效果如图 5-112 所示。

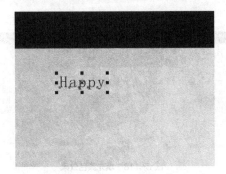

图 5-111　输入英文字母

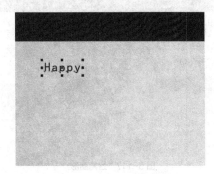

图 5-112　修改字体后的效果

STEP 16 选择上述文本，设置字体大小为"40pt"，颜色填充为褐色（C:80,M:100,Y:100,K:0）。

STEP 17 调整后的文本效果如图 5-113 所示。

STEP 18 选择**字**工具，在如图 5-114 所示的位置继续输入英文字母，然后选择工具，确认文字的输入。

图 5-113　调整后的文本效果　　　　　　　　　　　图 5-114　输入的英文字母

STEP 19 文字参数的设置与上面的字母相同，移动文本，效果如图 5-115 所示。

STEP 20 用相同的方法依次输入下面的文字，大小依次为"8pt"和"16pt"，字体为"黑体"，颜色与上面的字母相同。

STEP 21 调整文字，文本排列如图 5-116 所示，按住Shift键选择以上输入的所有文字，右键单击，选择【群组】选项。

图 5-115　调整后的文本效果　　　　　　　　　　　图 5-116　输入的英文字母

STEP 22 这里用户可选择一种自己喜欢的字体，也可将输入的文字选中，然后选择【排列】/【转换为曲线】命令，将文字转换为曲线，此时文字就具有与图形相同的属性了，利用工具可对其进行随意调整，直至出现自己想要的文字效果。需要注意的是，文字转换成曲线后，就不再具有文本的属性了。

STEP 23 利用和工具绘制如图 5-117 所示的图形。

STEP 24 将该图形填充为褐色（C:90,M:40,Y:80,K:0），并去除轮廓线，效果如图 5-118 所示。

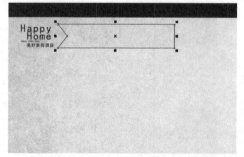

图 5-117　绘制图形　　　　　　　　　　　图 5-118　填充颜色效果

STEP 25 继续利用和工具绘制与上述图形等长的矩形，填充相同的颜色，并去除轮廓线，效果如图 5-119 所示。

STEP 26 确保菜单栏中的【视图】/【贴齐】/【贴齐辅助线】命令处于勾选状态，利用 □ 工具贴齐辅助线，绘制如图 5-120 所示的矩形，并将其填充为白色，去除轮廓线。

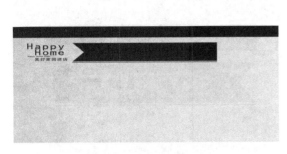

图 5-119　绘制图形

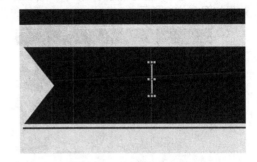

图 5-120　绘制矩形

STEP 27 利用 ◊ 和 ♦ 工具靠近上述矩形绘制三角形，并复制一份，然后将三角形镜像，填充为白色，去除轮廓线，如图 5-121 所示。

STEP 28 按住 Shift 键选择步骤（26）~（27）绘制的图形，然后单击鼠标右键选择群组。

STEP 29 选择上述群组的图形，复制一份，将图形镜像，并移至如图 5-122 所示的位置，将两者群组。

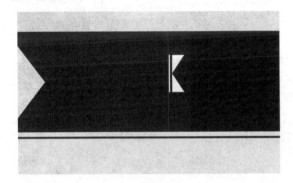

图 5-121　绘制三角形

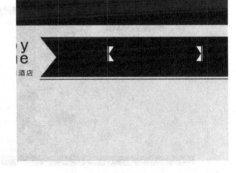

图 5-122　最终括号图形

STEP 30 选择 字 工具，在如图 5-123 所示的位置输入网址文本，字体设置为"15pt"。

STEP 31 继续选择 字 工具，在背景右下角输入如图 5-124 所示的文字，字体设置为"15pt"。

图 5-123　在左上角输入网址文本

图 5-124　在右下角输入文字

下面编排左侧文本。

STEP 32 首先在标题栏中输入如图 5-125 所示的标题文字，选择 ◊ 工具确认文字的输入。

STEP 33 将字号分别设置为"30pt"和"15pt"，字体为黑体，颜色默认为白色。

STEP 34 参照步骤（8）~（9），按住 Shift 键的同时依次选择两行文字，设置为左对齐，效果如图 5-126 所示。

图 5-125　编辑标题

图 5-126　设置文字左对齐

STEP 35 按 Ctrl + I 组合键，弹出【导入】对话框，选择素材文件"资料"目录下名为"食品 2.jpg"的图片文件，将文件导入，然后将文件移至如图 5-127 所示的位置。

STEP 36 选择 字 工具，在图片下面输入中文菜名，字体设置为"黑体"，颜色设置为"黑色"，字号设置为"20pt"，如图 5-128 所示。

图 5-127　导入图片

图 5-128　输入并设置中文菜名

STEP 37 继续选择 字 工具，在中文菜名下面输入英文菜名，字体设置为"Arial"，颜色设置为"黑色"，字号设置为"8pt"，如图 5-129 所示。

STEP 38 参照步骤（8）~（9），按住 Shift 键的同时依次选择图片和菜名，将其设置为左对齐，效果如图 5-130 所示。

图 5-129　输入并设置英文菜名

图 5-130　图片与文字左对齐

STEP 39 选择 字 工具，贴近辅助线创建如图 5-131 所示的文本框。

STEP 40 在文本框中输入如图 5-132 所示的菜名，字体设置为"黑体"，字号设置为"16pt"。

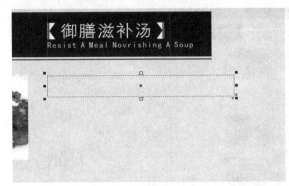

图 5-131 创建文本框   图 5-132 输入中文菜名

STEP 41 按【Space】键使鼠标指针移动到第 2 条辅助线附近，然后输入菜价，如图 5-133 所示。

STEP 42 依次选择图片和右侧的菜名，设置为顶对齐。

STEP 43 用相同的方法在下面输入英文菜名，字体设置为"Arial"，字号设置为"11pt"，如图 5-134 所示。

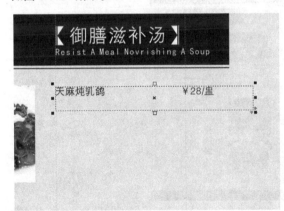

图 5-133 输入菜价   图 5-134 输入英文菜名

STEP 44 利用 工具，按住 Shift 键贴近辅助线绘制一条直线，如图 5-135 所示。

STEP 45 参照步骤（39）~（41），依次编排下面的文字，效果如图 5-136 所示。

图 5-135 绘制一条直线   图 5-136 文字效果

STEP 46 下面依次导入各种菜的图片，然后将标贴与标题栏进行复制，运用对齐命令按照图 5-137 进行排列。

图 5-137 版面排列

STEP 47 参照步骤（32）~（41），依次编排以下文字，最终效果如图 5-138 所示。

图 5-138 菜谱的最终效果

5.5 综合案例

本章讲述了文本编辑的主要工具，下面结合其他编辑以及文本创建与编辑命令，绘制如图 5-139 所示的标志。

图 5-139 设计制作的标志

操作步骤

STEP 1 按下键盘中的 Ctrl + N 组合键，新建一个绘图文件。在属性栏中设置单位为"毫米"，页面大小为"200mm×200mm"，其他参数保持为默认状态。

STEP 2 单击工具箱中的 ○ 按钮，在工作区域绘制如图 5-140 所示的 3 个同心正圆。

STEP 3 单击工具箱中的 字 按钮，切换文字输入方式为中文，在工作区域中输入"桔子俱乐部"5 个字，文字大小如图 5-141 所示。

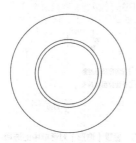

图 5-140 绘制 3 个同心正圆

图 5-141 输入文字"桔子俱乐部"

STEP 4 选定文字后，再选择菜单栏中的【文字】/【使文本适合路径】命令，将鼠标指针移动到图 5-142 所示的位置，单击鼠标左键，使文字适合路径。完成的效果如图 5-143 所示。

图 5-142 选取路径

图 5-143 文本适合路径的效果

STEP 5 选择适配的文字后，再选择菜单栏中的【排列】/【拆分在一路径上的文本】命令，将文字与路径拆分，删除路径圆，效果如图 5-144 所示。

STEP 6 选择两个圆形后，再选择菜单栏中的【排列】/【合并】命令，设置合并后的对象的填充颜色为（C:20,M:80,Y:0,K:20），轮廓颜色为（C:60,M:60,Y:0,K:60），轮廓宽度为"5.644mm"。效果如图 5-145 所示。

STEP 7 单击工具箱中的 □ 按钮，绘制矩形，大小与位置如图 5-146 所示。

图 5-144 拆分文字与路径

图 5-145 填充结合后的对象

图 5-146 在圆环对象上绘制矩形

STEP ☑8 选择菜单栏中的【窗口】/【泊坞窗】/【造形】命令，在界面右侧弹出如图 5-147 所示的【造形】对话框。

STEP ☑9 单击【造形】对话框中的 [焊接 ▾] 文本框，在弹出的下拉列表中选择【修剪】选项（若此时已选择【修剪】选项，则不需要操作此步），取消勾选【保留原始源对象】和【保留原目标对象】，如图 5-148 所示。

图 5-147 【造形】对话框　　　　　图 5-148 设置【造形】对话框中的选项

STEP ☑10 选择矩形，然后单击【造形】对话框中的 [修剪] 按钮。

STEP ☑11 移动鼠标指针到工作区域，在圆环对象上侧单击鼠标左键，利用矩形修剪圆环对象。修整后的图形如图 5-149 所示。

STEP ☑12 设置文字的填充与轮廓颜色均为白色，效果如图 5-150 所示。

图 5-149 修剪后的圆环对象　　　　　图 5-150 更改文字的填充与轮廓颜色

STEP ☑13 参照图 5-151 绘制矩形，并输入文字"ORANGE"。

STEP ☑14 按下键盘上的 [Ctrl] + [G] 组合键，将文字与矩形群组。

STEP ☑15 单击工具箱中的 ☐ 按钮，在弹出的隐藏工具中选取 ☐【封套】工具，图形四周将出现封套变形控制框，如图 5-152 所示。

ORANGE

ORANGE

图 5-151 输入文字"ORANGE"　　　　　图 5-152 封套变形控制框

STEP ☑16 单击属性栏的中 ☐【双弧模式】按钮，并将鼠标指针放置在上方中间的节点上。

STEP ☑17 按住键盘中的 [Shift] 键，并按住鼠标左键向上拖曳，如图 5-153 所示。

STEP ☑18 在适当的位置松开鼠标，使图形产生封套变形效果，如图 5-154 所示。

图 5-153 编辑封套变形控制框

STEP 19 按下键盘上的 Ctrl + U 组合键，将文字与矩形取消群组。

STEP 20 单击工具箱中的 □ 按钮，绘制如图 5-155 所示的矩形，可以使用捕捉功能精确确定矩形的高度。

图 5-154 封套变形效果   图 5-155 在文字上绘制矩形

STEP 21 选择如图 5-156 所示的图形，单击【造形】对话框中的 修剪 ，在弹出的下拉列表中选择【焊接】选项，取消勾选【保留原始源对象】和【保留原目标对象】，如图 5-157 所示。

图 5-156 选择封套变形后的图形   图 5-157 选择【焊接】选项

STEP 22 单击【造形】对话框中的 焊接到 按钮。在最后绘制的矩形的路径上单击鼠标左键，将两者焊接为一个图形，如图 5-158 所示。

STEP 23 选择焊接后的图形，填充颜色为黄色（C:0,M:0,Y:100,K:0），轮廓颜色为（C:20,M:80,Y:0,K:20），轮廓宽度为"5.644mm"，效果如图 5-159 所示。

图 5-158 焊接后的效果   图 5-159 填充焊接后的图形

STEP 24 单击工具箱中的 按钮，在弹出的隐藏工具中选取 轮廓图工具，参照图 5-160 设置属性栏中的选项。

图 5-160 属性栏的状态

STEP 25 单击属性栏中的 按钮，在弹出的颜色列表中选择品红色（C:0,M:100, Y:0, K:0），效果如图 5-161 所示。

STEP 26 选择图 5-161 中的所有对象，按下键盘上的 Ctrl + G 组合键，群组对象。

STEP 27 调整对象间的位置，如图 5-162 所示。

图 5-161 轮廓图效果　　　　　　　　　　　　图 5-162 调整对象间的位置

STEP 28 选择菜单栏中的【文件】/【保存】命令，将文件命名为"文字路径 .cdr"并进行保存。

5.6 实训

下面来制作图 5-163 所示的企业画册效果。

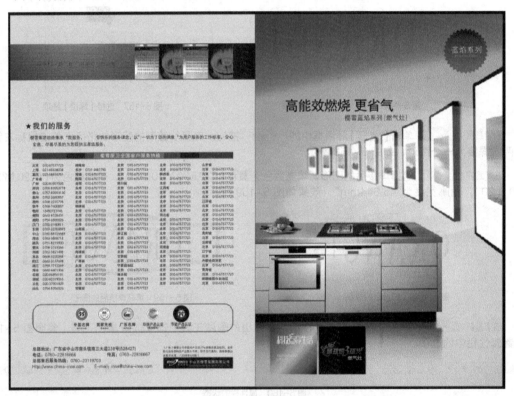

图 5-163 企业画册设计

步骤提示

STEP 1 新建图形文件后，首先导入右侧的背景图，然后运用 工具制作如图 5-164 所示的透明效果。

STEP 2 下面依次导入其他背景图，利用 和 工具绘制背景底图，效果如图 5-165 所示。

图 5-164　导入右侧的背景图

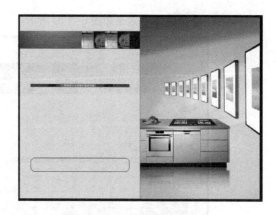

图 5-165　导入并绘制其他背景

STEP 3　运用美术文本的输入及设置属性方法，再配合□、■和工具来制作画册中的标贴，效果如图 5-166 和图 5-167 所示。

图 5-166　绘制标贴

图 5-167　绘制标贴

STEP 4　导入左侧的商标，运用对齐命令将其调整至如图 5-168 所示的效果。

STEP 5　依次在画册上绘制图形并输入文字，运用段落文本编辑方法以及对齐命令，完成文字部分的编辑，效果如图 5-169 所示。

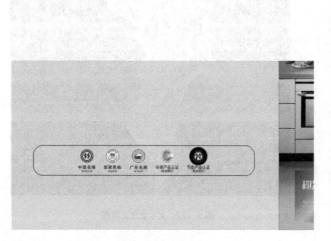

图 5-168　调整商标

图 5-169　编辑文字

STEP 6 最终效果如图 5-170 所示。

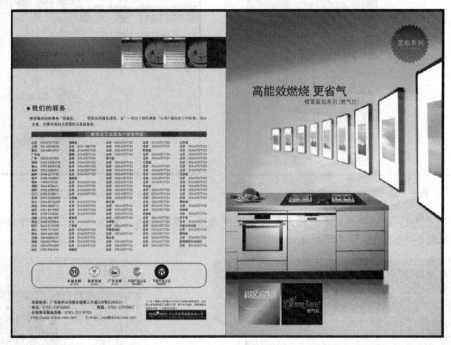

图 5-170 企业画册最终效果

5.7 习题

1. 利用所学的【文本】工具，绘制如图 5-171 所示的图案。
2. 利用所学的【文本】工具与【填充】工具，绘制如图 5-172 所示的图案。

图 5-171 文字适合路径

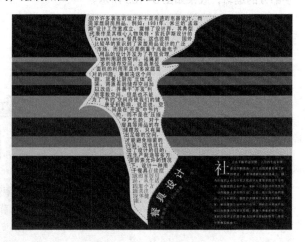

图 5-172 文字适合文本框

Chapter

6

第6章
对象的其他操作

前面介绍了CorelDRAW X6中的图形绘制与编辑工具、图形填充与轮廓工具、文本创建与编辑工具等。在平面设计中还必须利用其他一些命令来辅助设计工作，使设计工作更高效、更快捷，如复制与删除、对齐与分布、群组、合并和拆分等。用户熟练掌握这些操作可以对平面设计工作有很大的帮助。

学习要点

- 掌握对象的复制与删除方法。
- 掌握【变换】命令的使用方法。
- 掌握调整对象顺序的方法。
- 掌握【造形】命令的使用方法。
- 掌握多个对象的【对齐和分布】命令的使用方法。

6.1 复制、重复与删除

当设计中有相同的图形时，可以先绘制一个图形，然后再对其进行复制。复制对象的方法有很多。

- 选取对象后，选择菜单栏中的【编辑】/【复制】命令，再选择菜单栏中的【编辑】/【粘贴】命令，即可复制一个对象。

- 选取对象后，按 Ctrl + C 组合键，然后再按 Ctrl + V 组合键，即可复制一个对象。

- 选取对象后，按小键盘中的 + 键，即可复制一个对象。

- 利用 CorelDRAW X6 菜单栏中的【编辑】/【再制】【克隆】【步长和重复】命令来复制对象。

复制、重复与删除

6.1.1 【再制】与【克隆】命令

【再制】与【克隆】命令都可以将选取的对象以副本的形式用指定的距离进行复制。使用【再制】命令（组合键为 Ctrl + D）复制出的图形与原图形相互独立，对原图形进行编辑时不会影响复制后的对象；使用【克隆】命令复制出的图形与原图形存在主次关系，当修改原图形属性时，复制出的图形也会相应变化。

 要点提示

使用【克隆】命令时，一旦修改复制出的图形，将会自动断开复制出的图形与原图形之间的主次关系，再修改原图形时，将不会影响复制出的图形。

第一次选择【编辑】/【再制】命令时，会弹出如图 6-1 所示的【再制偏移】对话框，用户可以在此设置复制图形相对于原图形偏移的距离。

此后，如果需要再调整再制图形的偏移距离，则需要在【选项】对话框中修改参数。选择菜单栏中的【工具】/【选项】命令，在弹出的【选项】对话框左侧选择【文档】/【常规】选项，在右侧的参数区即可设置再制偏移的距离，如图 6-2 所示。

图 6-1 【再制偏移】对话框

图 6-2 【选项】对话框

6.1.2 【步长和重复】命令

使用【步长和重复】命令可以设置副本对象的个数，选择菜单栏中的【编辑】/【步长和重复】命令，弹出如图 6-3 所示的泊坞窗。

- 【水平设置】与【垂直设置】：分别设置水平与垂直方向副本偏移的距离。在其下拉列表中有如下

3 个选项。

【偏移】：在其下的选项中设置偏移的距离。

【无偏移】：不产生偏移。

【对象之间的间隔】：在其下的选项中设置偏移的距离和方向。

• 【份数】：设置副本的个数。

【偏移】与【对象之间的间隔】选项相似，当选择【偏移】选项时，设置的【距离】是指两对象中心之间的距离；当选择【对象之间的间隔】选项时，设置的【距离】是指两对象相邻边缘的距离。

图 6-3 【步长和重复】泊坞窗

6.1.3 【重复】命令

使用【编辑】/【重复】命令（组合键为 Ctrl + R）可以依照上一次的变换方式，再次对选择的对象进行变化处理。利用该命令可以制作出有规律和有韵律感的图案。

6.1.4 【删除】命令

当工作区域中有不需要的对象时，将其选择后，可以选择菜单栏中的【编辑】/【删除】命令删除对象，也可以按 Delete 键将其删除。

选择菜单栏中的【编辑】/【剪切】命令，即可将对象剪切到剪贴板中，也可以按 Ctrl + X 组合键剪切对象到剪贴板中。

【例 6-1】：绘制图案。

利用【重复】命令绘制如图 6-4 所示的图案。

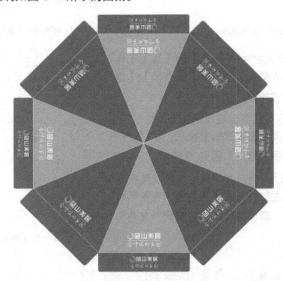

图 6-4 绘制的图案

操作步骤

STEP 1 选择菜单栏中的【文件】/【新建】命令，新建一个文件。将页面设置为 "300mm×300mm"。

STEP 2 选择菜单栏中的【视图】/【设置】/【辅助线设置】命令，在弹出的【选项】对话框左侧选择【文档】/【辅助线】/【水平】选项，在右侧的文本框中输入数值 "150"，单击 添加(A) 按钮。然后选择左侧的【垂直】选项，在右侧的文本框中输入数值"150"，单击 添加(A) 按钮。再单击 确定 按钮，完成辅助线的设置。工作区域中添加的辅助线状态如图6-5所示。

STEP 3 单击工具箱中的 按钮，参照图6-6绘制图形。选择绘制好的两个图形，按 Ctrl + L 组合键将两个图形结合为一个对象，填充颜色设置为蓝色（C:100, M:30,Y:0,K:0），轮廓为无。

STEP 4 确保菜单栏中的【视图】/【贴齐】/【贴齐辅助线】命令处于选择状态，参照图6-7将图形中心对齐到垂直的辅助线上。

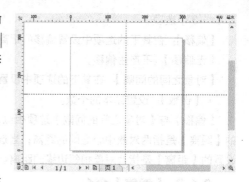

图6-5 辅助线状态

图6-6 绘制图形

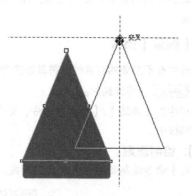

图6-7 将图形对齐到辅助线

STEP 5 选择菜单栏中的【工具】/【选项】命令，在弹出的【选项】对话框的左侧选择【工作区】/【编辑】选项，右侧的参数设置如图6-8所示。

STEP 6 选择所有图形，在选取图形的状态下再次单击图形一次，图形周围出现旋转变换框，将旋转中心移动到辅助线的交点位置，效果如图6-9所示。

STEP 7 按住 Ctrl 键，并将鼠标指针放置在旋转框的右上角，按住鼠标左键并向右下角拖曳，在图形跳跃一次时，单击鼠标右键，释放鼠标后即可旋转并复制图形，如图6-10所示。

图6-8 【选项】对话框中的参数设置

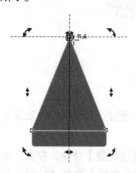

图6-9 将旋转中心移动到辅助线的交点位置

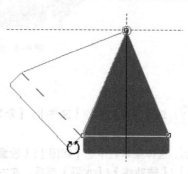

图6-10 旋转并复制图形

STEP 8 连续按 6 次 Ctrl + R 组合键，将图形复制 6 次，最终效果如图 6-11 所示。

STEP 9 在窗口右侧的对象管理器中选择其中间隔的 4 个三角形，将其填充为天蓝色（C:100, M:0,Y:0,K:0），效果如图 6-12 所示。

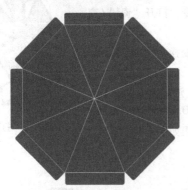

图 6-11　复制图形　　　　　　　　　　图 6-12　填充颜色

STEP 10 导入名为 "资料 / 标志 .cdr" 的文件。

STEP 11 选择导入的标志，调整其位置，再参照步骤（7）~（8），旋转并复制，最终效果如图 6-13 所示。

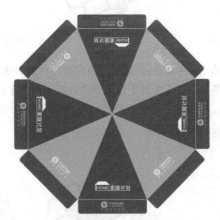

图 6-13　最终效果

 **要点提示**

【复制】、【重复】、【剪切】及【删除】等命令在设计中运用得非常多，希望读者能熟练掌握这些命令。

6.2 【变换】命令

CorelDRAW X6 中的【变换】命令可以对选取的对象进行旋转、镜像、缩放和倾斜等变换。变换可以使用【自由变换】工具，也可以使用【变换】泊坞窗。

命令简介

【变换】命令：对所选取的对象进行旋转、镜像、缩放和倾斜等变换。

【例 6-2】：【变换】命令的使用。

操作步骤

STEP 1 选择菜单栏中的【文件】/【打开】命令，打开"资料 / 变换工具 .cdr"文件，如图 6-14 所示。

STEP 2 选择菜单栏中的【窗口】/【泊坞窗】/【变换】/【位置】命令，弹出【变换】泊坞窗，如图 6-15 所示。

STEP 3 选择工作区域中的图形，设置【变换】泊坞窗【位置】选项组中的【x】和【y】参数的值分别为"100.0mm"和"0.0mm"，副本设置为"1"，然后单击 应用 按钮，移动并复制图形，效果如图 6-16 所示。

图 6-14　打开的文件

图 6-15　【变换】泊坞窗

图 6-16　移动并复制图形

STEP 4 在【变换】泊坞窗中单击 ↻ 按钮，泊坞窗的界面切换为如图 6-17 所示的状态。

STEP 5 选择复制的图形，在【旋转】选项组中设置【角度】的数值为"90.0"，勾选【相对中心】复选项。然后单击 应用 按钮。旋转复制的对象，如图 6-18 所示。

图 6-17　【变换】泊坞窗

图 6-18　旋转复制的对象

STEP 6 在【变换】泊坞窗中单击 ◁ 按钮，泊坞窗的界面切换为如图 6-19 所示的状态。

STEP 7 选择旋转后的对象，单击【变换】泊坞窗中的 ㅂㅂ 按钮，然后单击 应用 按钮。将对象在水平方向上进行镜像，效果如图 6-20 所示。

STEP 8 在【变换】泊坞窗中单击 ⊡ 按钮，泊坞窗的界面切换为如图 6-21 所示的状态。

STEP 9 选择镜像后的图形，在【变换】泊坞窗中的【大小】选项组中设置【x】的数值为"100.0mm"，取消勾选【按比例】复选项，然后单击 应用 按钮，将按比例放大选择的对象，效果如图 6-22 所示。

图 6-19　【变换】泊坞窗

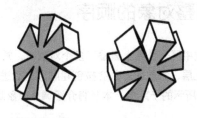

图 6-20　镜像对象

图 6-21　【变换】泊坞窗

图 6-22　放大对象

STEP 10　在【变换】泊坞窗中单击 🔲 按钮，泊坞窗的界面切换为如图 6-23 所示的状态。

STEP 11　选择镜像后的图形，在泊坞窗中的【倾斜】选项组中设置【x】的数值为 "–20.0"，然后单击 应用 按钮。对象产生倾斜变形，效果如图 6-24 所示。

图 6-23　【变换】泊坞窗

图 6-24　倾斜变形

案例小结

本节中介绍了【变换】泊坞窗的使用方法，除了利用【变换】泊坞窗变换对象外，用户还可以利用工具箱中的【自由变换】工具 🔧 变换对象。

拓展知识

在工具箱中的 🔧 按钮上按住鼠标左键，在弹出的隐藏工具组中单击 🔧 按钮，其属性栏如图 6-25 所示。

图 6-25　【自由变换】工具属性栏

该工具属性栏选项的用法与【变换】泊坞窗的用法相似，这里就不再介绍。

6.3 调整对象的顺序

当工作区域中同一位置上重叠了多个对象时，常常需要调整对象间的排列顺序，一般最后创建的对象会放置在最上层，之前的对象会按创建顺序先后进行排列。在菜单栏中选择【排列】/【顺序】命令，弹出如图 6-26 所示的子菜单，本节将介绍调整对象顺序的方法。

到页面前面(F)	Ctrl+主页
到页面后面(B)	Ctrl+结束
到图层前面(L)	位移+PgUp
到图层后面(A)	位移+PgDn
向前一层(O)	Ctrl+PgUp
向后一层(N)	Ctrl+PgDn
置于此对象前(I)...	
置于此对象后(E)...	
逆序(R)	

对象管理器

图 6-26 【顺序】命令的子菜单

【例 6-3】：调整对象顺序的方法。

操作步骤

STEP 1 选择菜单栏中的【文件】/【打开】命令，打开"资料 / 调整对象顺序 .cdr"文件，如图 6-27 所示。

STEP 2 选择菜单栏中的【窗口】/【泊坞窗】/【对象管理器】命令，弹出如图 6-28 所示的【对象管理器】泊坞窗。

图 6-27 打开的文件

图 6-28 【对象管理器】泊坞窗

STEP 3 选择如图 6-29 左图所示的手图形，然后选择菜单栏中的【排列】/【顺序】/【到图层前面】命令，该对象将被调整到该图层的最上面。如图 6-30 所示，【对象管理器】泊坞窗中显示图形所在的图层，手图形与水滴图形位于"图层 1"中，执行该命令后，手图形将调整到"图层 1"所有对象的最上面。

图 6-29　将对象调整到图层前面　　　　　　　　　　图 6-30　【对象管理器】泊坞窗

STEP 〔4〕保持对象的选择状态，选择菜单栏中的【排列】/【顺序】/【到页面前面】命令，弹出提示框，单击　确定　按钮，将该对象调整到所有对象的上面，效果如图 6-31 所示，此时【对象管理器】泊坞窗的状态如图 6-32 所示。用户还可以按 Ctrl + Home 组合键快速地将对象调整到页面的前面。

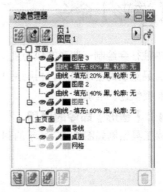

图 6-31　调整结果　　　　　　　　　　　　　　　图 6-32　【对象管理器】泊坞窗

STEP 〔5〕选择图 6-33 所示的水滴图形，选择菜单栏中的【排列】/【顺序】/【置于此对象前】命令，鼠标指针变为 ➡ 状态，将鼠标指针移到箭头图形上，如图 6-34 所示。

图 6-33　选择对象　　　　　　　　　　　　　　　图 6-34　鼠标指针的位置

STEP 〔6〕将所选图形调整到箭头图形的上面，如图 6-35 所示，此时【对象管理器】泊坞窗的状态如图 6-36 所示。

图 6-35　调整结果　　　　　　　　图 6-36　【对象管理器】泊坞窗

案例小结

本节中介绍了调整对象顺序的方法，其他的调整方法与上面所讲的相同，就不再重复。在以后的设计工作中会经常用到这些方法，希望读者能熟练掌握。

6.4 【造形】命令

在设计中往往会绘制一些形态较为复杂的图形，在绘制前要先对图形进行分析，如果该图形可以拆分为几个较容易绘制的基本形状，再利用【造形】命令将基本形状焊接、相交及修剪为需要的图形，这样比直接绘制要快速、准确。

【例 6-4】：【造形】命令的使用。

利用变换工具绘制如图 6-37 所示的图形。

图 6-37　Logo

操作步骤

STEP ⬇1 按 Ctrl + N 组合键新建一个文件。

STEP ⬇2 在工具箱中的 ⊙ 按钮单击鼠标左键，绘制一个直径为 80mm 的正圆。

STEP ⬇3 选择绘制好的正圆，然后单击【排列】/【变换】/【位置】弹出【变换】泊坞窗，如图 6-38 所示，选择【大小】工具窗 □，将大小设置为 60mm，然后将基点设置为"左中"，副本数设置为"1"，然后单击 应用 按钮，如图 6-39 所示。

STEP ⬇4 选中绘制好的两个图形，然后单击【移除前面对象】按钮 □，然后将得到图形进行填充，单击 【填充】工具，选择颜色为（C:0;M:0;Y:0;K:60），然后用鼠标右击调色板区域的⊠，去掉轮廓线，效果如图 6-40 所示。

图 6-38 【变换】泊坞窗

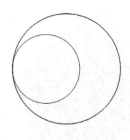

图 6-39 绘制的图形

图 6-40 绘制的图形

STEP 05 绘制一个大小为 40mm 的正圆，调整它的位置，然后将其与刚刚绘制好的图形进行垂直居中对齐，如图 6-41 所示，然后对其进行填充颜色（C:0,M:100,Y:0,K:0），去掉轮廓线，如图 6-42 所示。

STEP 06 绘制一个大小为 30mm 的正方形，然后将其旋转 45°，然后对其填充颜色（C:0,M:100,Y:0,K:0），调整其位置，然后进行与其他图形垂直居中对齐，如图 6-43 所示。

图 6-41 【对齐与分布】泊坞窗

图 6-42 绘制的图形

图 6-43 绘制好的图形

STEP 07 将绘制好的图形进行群组，然后单击【排列】【变换】弹出【变换】泊坞窗，如图 6-44 所示，选择 〇【旋转】工具窗，将角度设置为 "90.0°"，然后勾选相对中心，将 x 设置为 "60.0mm"，副本数设置为 "3"，然后单击 应用 按钮，效果如图 6-45 所示。

图 6-44 【变换】泊坞窗

图 6-45 最终效果

STEP **8** 选择菜单栏中的【文件】/【保存】命令，将文件命名为"LOGO.cdr"并进行保存。

【例 6-5】：绘制标志图形。

利用【造形】命令绘制如图 6-46 所示的标志。

造形命令组

图 6-46 绘制标志

操作步骤

STEP **1** 按 Ctrl + N 组合键新建一个文件。

STEP **2** 在工具箱中的 按钮上按住鼠标左键，在弹出的隐藏工具组中选择 工具，绘制图 6-47 所示的两个图形。

STEP **3** 选择菜单栏中的【窗口】/【泊坞窗】/【造形】命令，弹出如图 6-48 所示的【造形】泊坞窗。

STEP **4** 单击【造形】泊坞窗中的 焊接 下拉列表框，在弹出的下拉列表中选择【修剪】选项（若此时已选择【修剪】选项，则不需要操作此步），取消勾选【保留原始源对象】和【保留原目标对象】复选项，如图 6-49 所示。

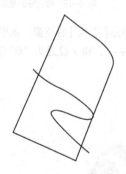

图 6-47 绘制两个图形

图 6-48 【造形】泊坞窗

图 6-49 设置【造形】泊坞窗中的选项

STEP **5** 选择开放的曲线线条，然后单击【造形】泊坞窗中的 修剪 按钮。

STEP **6** 在闭合曲线的路径上单击，修剪后的效果如图 6-50 所示。

STEP **7** 选择修剪后的图形，再选择菜单栏中的【排列】/【拆分曲线】命令，将对象拆分。

STEP **8** 单击工具箱中的 按钮，绘制如图 6-51 所示的两个矩形，并使矩形左对齐。

STEP **9** 选择绘制后的矩形，移动并复制多份，效果如图 6-52 所示。

图 6-50　修剪后的图形效果

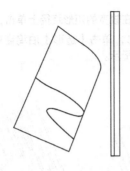
图 6-51　绘制两个矩形

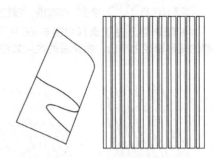
图 6-52　移动并复制多份矩形

STEP 10 选择所有较窄的矩形，按 Ctrl + G 组合键进行群组，再选择所有较宽的矩形，同样群组为一体。

STEP 11 选择菜单栏中的【窗口】【泊坞窗】【变换】【倾斜】命令，弹出如图 6-53 所示的【变换】泊坞窗。

STEP 12 在【倾斜】选项组中的【x】数值框中输入数值"-20.0"，如图 6-54 所示。

STEP 13 选择所有矩形，单击【变换】对话框中的 应用 按钮，效果如图 6-55 所示。

图 6-53　【变换】泊坞窗

图 6-54　设置选项

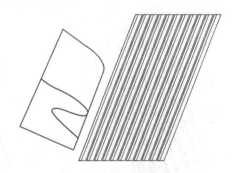
图 6-55　倾斜后的效果

STEP 14 调整图形到如图 6-56 所示的位置，为了方便后面的操作，设置最初绘制的图形的轮廓颜色为橙色（C:0,M:60,Y:100,K:0），宽度为"2.822mm"。

STEP 15 选择图 6-57 所示的图形，单击【造形】泊坞窗中的 修剪 下拉列表框，在弹出的下拉列表中选择【相交】选项，取消勾选【保留原始源对象】和【保留原目标对象】复选项，如图 6-58 所示。

图 6-56　调整图形间的位置

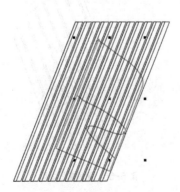
图 6-57　选择图中的对象

图 6-58　选择【相交】选项

STEP 16 单击 相交对象 按钮，然后在较宽的矩形路径上单击，相交后的效果如图6-59所示。

STEP 17 选择如图6-60所示的图形，单击【造形】泊坞窗中的 相交对象 按钮，然后在较窄的矩形路径上单击，相交后的效果如图6-61所示。

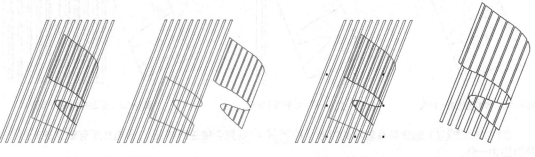

图 6-59　相交后的效果　　　　　　　图 6-60　选择对象　　　　图 6-61　图形相交后的效果

STEP 18 选择所有的对象，按 Ctrl + U 组合键取消所有对象的群组。

STEP 19 删除如图6-62所示的对象，删除后的效果如图6-63所示。

STEP 20 选择如图6-64所示的图形，选择菜单栏中的【排列】/【拆分曲线】命令。

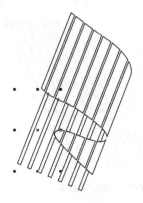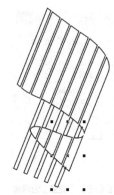

图 6-62　删除图中选择的对象　　　　图 6-63　删除后的效果　　　　图 6-64　选择图中右下角的对象

STEP 21 删除如图6-65所示的对象，删除后的效果如图6-66所示。

STEP 22 以相同的方法编辑其他几个图形，效果如图6-67所示。

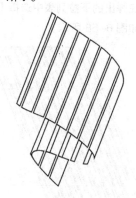

图 6-65　删除选择的对象　　　　　　图 6-66　删除后的效果　　　　图 6-67　编辑其他几个图形后的效果

STEP 23 为对象填充颜色，用户可自定义颜色，最终的效果如图6-68所示。

图 6-68　标志的最终效果

STEP 🔲24🔲 选择菜单栏中的【文件】/【保存】命令，将文件命名为"标志003"并进行保存。

案例小结

本节介绍了【造形】命令中【修剪】和【相交】选项的使用方法，下面讲解【造形】命令中各选项的功能和用法。

拓展知识

【造形】命令提供了7种修改方式，分别为【焊接】、【修剪】、【相交】、【简化】、【移除后面对象】、【移除前面对象】及【边界】。【造形】命令作用于两个或两个以上有相交部分的图形，常用于将简单图形修改为复杂的图形。在两个或两个以上的图形被选择的状态下，有3种使用【造形】命令的方法，分别介绍如下。

（1）使用下拉菜单中的【排列】/【造形】命令，如图6-69所示。

（2）使用属性栏中的 🔲 🔲 🔲 🔲 🔲 🔲 🔲 按钮。

（3）使用【造形】泊坞窗，如图6-70所示。

图 6-69　【造形】菜单命令　　　　　　图 6-70　【造形】泊坞窗

- 【焊接】命令：将所选择的两个或两个以上的图形，通过合并修改为一个图形，【焊接】前后的效果如图6-71所示。
- 【修剪】命令：选择两个或两个以上的图形，位于下层的图形减去与其他图形相交的部分。【修剪】前后的效果如图6-72所示。
- 【相交】命令：将选择的两个或两个以上的图形进行相交运算，得到一个相交后的图形，【相交】前后的效果如图6-73所示。
- 【简化】命令：此命令相当于修剪功能，修剪掉被选择的多个重合的图形中被遮盖的不可见的部分，使图形更加精简。【简化】前后的图形效果如图6-74所示。

图 6-71 【焊接】前后的效果

图 6-72 【修剪】前后的效果比较

图 6-73 【相交】前后的效果比较

图 6-74 【简化】前后的图形效果比较

- 【移除后面对象】命令：选择两个或两个以上的图形并执行此命令，处于下层的图形对最上层的图形进行修剪，并保留修剪后的最上层图形。使用【移除后面对象】命令前后的效果如图 6-75 所示。
- 【移除前面对象】命令：与【移除后面对象】命令正好相反，被修剪的是位于最下层的图形。使用【移除前面对象】命令前后的效果如图 6-76 所示。

图 6-75 使用【移除后面对象】命令前后的效果

图 6-76 使用【移除前面对象】命令前后的效果

- 【边界】命令：此按钮和【焊接】命令的作用相似，但是该按钮不会破坏原来的对象。工作原理是，将选择的对象复制，然后焊接复制后的对象，利用焊接后的对象生成新的图形轮廓。图 6-77 所示为原图形与创建新边界的效果。

在【造形】泊坞窗中执行【焊接】、【修剪】和【相交】操作时，还有两个选项，如图 6-78 所示，设置这两个选项，可以在执行运算时保留【保留原始源对象】或【保留原目标对象】。

图 6-77 原图形与创建新边界的效果

图 6-78 【造形】泊坞窗

"原始源对象"是指在绘图窗口中先选择的图形。"原目标对象"是指执行命令后在绘图窗口中后选择的图形。

- 【保留原始源对象】：勾选此复选项，在执行【焊接】、【修剪】和【相交】命令时，除了得到修整后的图形外，同时保留一份【原始源对象】。
- 【保留原目标对象】：勾选此复选项，在执行【焊接】、【修剪】和【相交】命令时，除了得到修整后的图形外，同时保留一份【原目标对象】。

6.5 【对齐和分布】命令

　　【对齐和分布】命令是非常重要的命令，尤其在版面设计中使用得非常多。利用这两个命令可以使版面布局更有次序。

　　当选择了多个对象后，单击属性栏中的 按钮，将弹出【对齐与分布】泊坞窗。

【例 6-6】：【对齐和分布】命令的使用。

　　利用图形绘制与编辑工具，结合【对齐和分布】命令，绘制如图 6-79 所示的图案。

对齐与分布

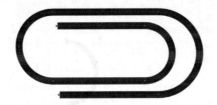

图 6-79　绘制的图案

操作步骤

STEP 1 选择菜单栏中的【文件】/【新建】命令，新建一个文件。将页面设置为"300mm×300mm"。

STEP 2 选择菜单栏中的【视图】/【设置】/【辅助线设置】命令，在弹出的【选项】对话框左侧选择【文档】/【辅助线】/【水平】选项，在右侧的文本框中输入数值"150"，单击 添加(A) 按钮。然后选择左侧的【垂直】选项，在右侧的文本框中输入数值"150"，单击 添加(A) 按钮。再单击 确定 按钮，完成辅助线的设置。工作区域中添加的辅助线状态如图 6-80 所示。

STEP 3 单击工具箱中的 【椭圆形】工具，绘制一个半径为 50mm 正圆，将圆的轮廓宽度设置为 4mm，如图 6-81 所示。

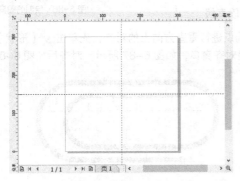

图 6-80　辅助线状态

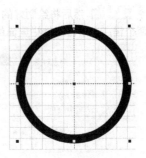

图 6-81　绘制的图案

STEP 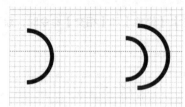 将绘制好的圆复制两次，然后分别将半径改为 40mm、60mm，然后利用 ⬚ 【形状】工具，将 3 个绘制好的圆变为半圆，如图 6-82 所示。

STEP 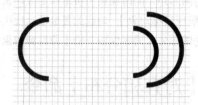 利用 ⬚ 【水平镜像】工具将半径为 50mm 的半圆反转，如图 6-83 所示。

图 6-82　绘制的图案　　　　　　　　　　　　　图 6-83　镜像绘制的图案

STEP 选取半径为 50mm 和 40mm 的半圆，然后单击 ⬚ 按钮，在弹出的【对齐与分布】泊坞窗中，单击底端对齐按钮，如图 6-84 所示，同样选取 50mm 和 60mm 半圆，单击顶端对齐按钮，如图 6-85 所示。

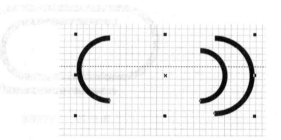

图 6-84　对齐与分布对话框　　　　　　　　　　图 6-85　对齐后的效果

STEP 将绘制好的图形变成曲线，组合键为 Ctrl + Q。然后执行菜单栏的【排列】/【合并】命令，合并为一个对象，组合键为 Ctrl + L。

STEP 单击 ⬚ 【形状】工具，框选水平方向上的两个半圆的端点，然后单击属性栏里的 ⬚ 【延长曲线使之闭合】工具，效果如图 6-86 所示。

STEP 利用 ⬚ 【钢笔】工具，将光标移动到路径的开放端点（右上角处的端点），变为 ⬚ 状态时，单击左键，然后按住 shift 键，将光标向左移动一端距离，然后再双击左键，绘制一端直线。以此办法也将下面的端点延长绘制一段直线。

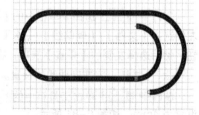

图 6-86　绘制的图案

STEP 然后将绘制好的曲线两个端点进行垂直方向上的对齐，先单击 ⬚ 【形状】工具，然后选择两个锚点，单击属性栏里面的 ⬚，弹出对齐窗口，如图 6-87 所示，对齐后如图 6-88 所示。

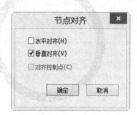

图 6-87　节点对齐设置

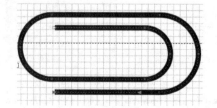

图 6-88　对齐后的效果

STEP 〔11〕 按 Ctrl + S 组合键保存文件，回形针的绘制就完成了。

【**例 6-7**】：**制作日历。**

利用【对齐和分布】命令绘制如图 6–89 所示的日历。

图 6-89 日历效果图

操作步骤

STEP 〔1〕 选择菜单栏中的【文件】/【新建】命令，新建一个文件。

STEP 〔2〕 单击工具箱中的 □ 按钮，绘制一个大小为 "160mm × 160mm" 的矩形，轮廓为 "细线"，填充颜色为无。

STEP 〔3〕 导入背景图片，将其调整至合适的位置及大小，如图 6–90 所示。

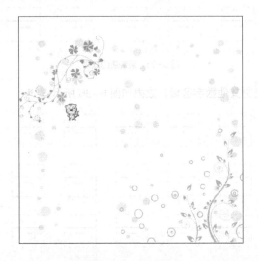

图 6-90 导入背景图

STEP 〔4〕 单击工具箱中的 □ 按钮，绘制一个大小为 "10mm × 10mm" 的矩形，填充颜色为灰色，然后选中此矩形，使用【阴影】工具 □ 形成如图 6–91 所示的单元形。

STEP 〔5〕 单击工具箱中的 � 按钮，框选单元形，按住 Ctrl 键，然后按住鼠标左键并向右拖曳一定的距离，并在释放鼠标前单击鼠标右键，移动并复制出一个单元形，效果如图 6–92 所示。

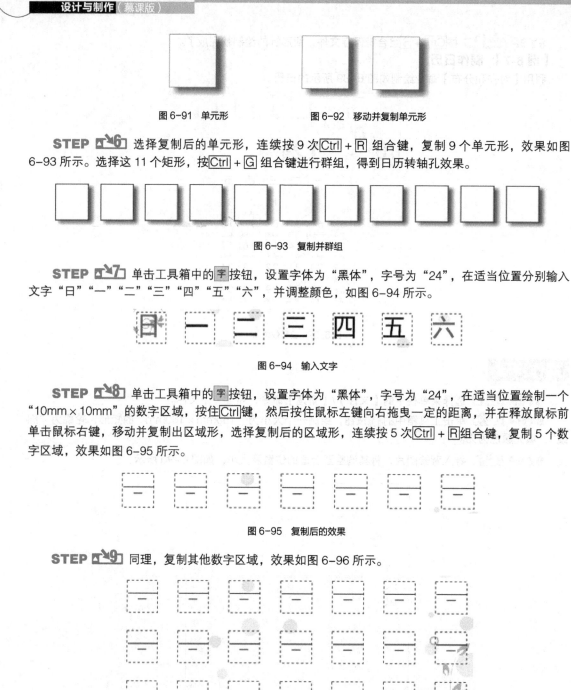

图 6-91 单元形　　　　　　图 6-92 移动并复制单元形

STEP 6 选择复制后的单元形，连续按 9 次 Ctrl + R 组合键，复制 9 个单元形，效果如图 6-93 所示。选择这 11 个矩形，按 Ctrl + G 组合键进行群组，得到日历转轴孔效果。

图 6-93 复制并群组

STEP 7 单击工具箱中的 字 按钮，设置字体为"黑体"，字号为"24"，在适当位置分别输入文字"日""一""二""三""四""五""六"，并调整颜色，如图 6-94 所示。

图 6-94 输入文字

STEP 8 单击工具箱中的 字 按钮，设置字体为"黑体"，字号为"24"，在适当位置绘制一个"10mm×10mm"的数字区域，按住 Ctrl 键，然后按住鼠标左键向右拖曳一定的距离，并在释放鼠标前单击鼠标右键，移动并复制出区域形，选择复制后的区域形，连续按 5 次 Ctrl + R 组合键，复制 5 个数字区域，效果如图 6-95 所示。

图 6-95 复制后的效果

STEP 9 同理，复制其他数字区域，效果如图 6-96 所示。

图 6-96 复制后的效果

STEP 10 单击工具箱中的 字 按钮，在各个数字区域中分别输入 1 ~ 31 的数字，字体为"黑体"，字号为"24"，并调整周末对应的日期颜色为红色。

STEP 11 依次选择数字"1"与中文"三"，注意顺序不能反。

STEP 12 单击属性栏中的 按钮，在弹出的【对齐与分布】泊坞窗中选择如图 6-97 所示的选项。日期"1"与星期"三"对齐，效果如图 6-98 所示。

图 6-97 【对齐与分布】对话框　　　　　　图 6-98 对齐效果

STEP 13 同理，选中数字"4"与中文"六"，单击属性栏中的 按钮。在弹出的【对齐与分布】泊坞窗中选择如图 6-99 所示的选项，日期"4"与星期"六"对齐，效果如图 6-100 所示。

图 6-99 【对齐与分布】对话框　　　　　　图 6-100 对齐效果

STEP 14 同理，选中数字"1 ~ 4"，在【对齐与分布】泊坞窗中选择如图 6-101 所示的选项，使数字 1 ~ 4 等间距分布，如图 6-102 所示。

图 6-101 【对齐与分布】对话框　　　　　　图 6-102 分布效果

STEP 15 分别使数字"5""12""19""26"左对齐，"4""11""18""25"右对齐，各行

数字分别等间距分布。最后使行之间也等间距分布，效果如图 6-103 所示。

图 6-103　对齐与分布后的效果

STEP 16 同理，输入农历日期并进行排列，效果如图 6-104 所示。

STEP 17 输入年、月等其他信息并进行调整，得到最终效果，如图 6-105 所示。

图 6-104　输入农历日期并进行排列　　　　　　　　图 6-105　最终效果

拓展知识

本节介绍了【对齐与分布】泊坞窗的使用方法，下面介绍该对话框中各选项的功能和用法，【对齐】与【分布】选项卡如图 6-106 所示。

（1）【对齐】选项卡

① 上排选项组

- 【左对齐】：使所有选择的对象向左对齐。

- 【水平居中对齐】：使所有选择的对象在水平方向上居中对齐。

- 【右对齐】：使所有选择对象向右对齐。

② 下排选项组

- 【顶端对齐】：使所有选择的对象上对齐。

- 【垂直居中对齐】：使所有选择的对象在垂直方向上居中对齐。

- 【底端对齐】：使所有选择的对象下对齐。

- 【对齐对象到】：对齐对象的基准点，即所有对象改变位置向该点对齐，5 种对齐方式，分别是
  【活动对象】、【页面边缘】、【页面中心】、【网格】和【指定点】。

图 6-106　【对齐与分布】泊坞窗

- 【文本】：提供了 4 种对齐方式，分别是【第一条线的基线】、【最后一条线的基线】、【边框】和【轮廓】。

（2）【分布】选项卡

① 上排选项组

- 【左分散排列】：使所有选择的对象左侧之间的间距相等。
- 【水平分散排列中心】：使所有选择的对象水平方向上的中心之间的间距相等。
- 【水平分散排列间距】：使所有选择的对象水平方向的间距相等。
- 【右分散排列】：使所有选择的对象右侧之间的间距相等。

② 下排选项组

- 【顶部分散排列】：使所有选择的对象上侧之间的间距相等。
- 【垂直分散排列中心】：使所有选择的对象垂直方向上的中心之间的间距相等。
- 【垂直分散排列间距】：使所有选择的对象垂直方向的间距相等。
- 【底部分散排列】：使所有选择的对象下侧之间的间距相等。
- 【将对象分布到】：该选项组有两个选项，分别是【选定的范围】与【页面范围】。【选定的范围】为默认选项，依照所有对象的最大边界进行分布；【页面范围】依照页面的边界进行分布。

6.6 综合案例

下面通过几个综合案例来巩固以下学习的内容。

6.6.1 绘制电影票插画

本节将通过对象的其他操作，综合运用各功能绘制图 6-107 所示的电影票插画。

图 6-107　电影票的插画

操作步骤

STEP 1　按 Ctrl + N 组合键，新建一个图形文件。

STEP 2　单击工具箱中的 ▫ 按钮，绘制一个矩形，设置其大小为"110mm×60mm"，颜色填充为"黑色"，无边框色，如图 6-108 所示。

STEP 3　单击工具箱中的 ▱ 按钮，绘制一个三角形，大小为"5mm×3mm"，并变换形状，设置的参数如图 6-109 所示，得到一个尖端水平向右的三角形，如图 6-110 所示。

STEP 4　选中三角形，选取 ✎【轮廓笔】工具，设置边框颜色为"白色"，填充颜色为"白色"。确保菜单栏中的【视图】/【贴齐】/【贴齐对象】命令处于勾选状态，将三角形对齐到矩形边缘线上，如图 6-111 所示。

图 6-108 绘制矩形

图 6-109 变换参数

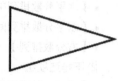

图 6-110 三角形

STEP 📥**5** 选择菜单栏中的【窗口】/【泊坞窗】/【变换】/【位置】命令,弹出【变换】泊坞窗。选中上一步中绘制好的三角形,将【Y】数值框中的数值修改为"−6",副本数设置为8,单击 应用 。然后将所有的三角形进行群组,效果如图 6-112 所示。

STEP 📥**6** 选择所有对象,单击属性栏中的 按钮。然后在弹出的【对齐与分布】对话框的【对齐】选项卡中单击 ,如图 6-113 所示,将所有对象左对齐。

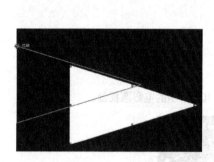

图 6-111 对齐到边缘

图 6-112 复制并群组三角形

图 6-113 【对齐与分布】对话框

STEP 📥**7** 保持对象的选取状态,单击属性栏中的【移除前面对象】按钮 ,修剪后的效果如图 6-114 所示。

STEP 📥**8** 同理,绘制"3mm×3mm"大小的圆形,复制并群组图形,调整位置之后选择所有对象,再次单击属性栏中的【移除前面对象】按钮 ,修剪后的效果如图 6-115 所示。

图 6-114 修剪效果

图 6-115 再次修剪效果

STEP 📥**9** 单击工具箱中的 字 按钮,设置字体为"Jokerman",字号为"55pt",输入如图 6-116 所示的文字。

STEP 10 输入其他文字，并通过变换调整其大小、位置及方向。选择【复杂星形】工具，绘制星形并与"美丽约会 2"进行对齐，如图 6-117 所示。

图 6-116　输入文字

图 6-117　输入其他文字并进行设置

STEP 11 绘制两个横向长条矩形，将其填充为"白色"，无轮廓颜色。然后再绘制 6 个白色纵向长条矩形，对齐排列。

STEP 12 选取矩形对象，单击属性栏中的【合并】按钮，合并后的效果如图 6-118 所示。

图 6-118　合并效果

STEP 13 绘制黑色矩形并对其进行排列组合，选中上两步中绘制的所有矩形，单击属性栏中的【修剪】按钮，修剪后的效果如图 6-119 所示。

图 6-119　修剪效果

STEP 14 添加其他文字及效果，得到的最终效果如图 6-120 所示。

图 6-120　最终效果

STEP 15 选择菜单栏中的【文件】/【保存】命令，将文件命名为"插画 .cdr"并进行保存。

6.6.2　粉色女郎插画

通过对象的其他操作综合运用绘制如图 6-121 所示的粉色女郎插画。

图 6-121　粉色女郎插画效果

操作步骤

STEP 1 按 Ctrl + N 组合键新建一个文件，设置页面大小为 "265mm×175mm"，页面为【横向】。

STEP 2 双击工具箱中的 ▫ 按钮，绘制一个与页面大小相同的矩形。填充颜色为（C:0,M:40, Y:20,K:0），效果如图 6-122 所示。

STEP 3 单击工具箱中的 ↘ 按钮，在弹出的隐藏工具中选取 ↘ 工具，绘制如图 6-123 所示的线条。

图 6-122　绘制一个与页面大小相同的矩形

图 6-123　绘制线条

STEP 4 选择菜单栏中的【窗口】/【泊坞窗】/【艺术笔】命令，在界面右侧弹出如图 6-124 所示的【艺术笔】泊坞窗。

STEP 5 选择线条，在【艺术笔】对话框样式列表中单击 ▷◁ ▬▬▬ 笔刷样式。在属性栏中设置【笔触宽度】选项的数值为 "1.5mm"，即设置笔刷宽度为 "1.5mm"，填充笔刷化的线条的颜色为洋红色（C:0,M:100,Y:0,K:0），无轮廓。效果如图 6-125 所示。

图 6-124　【艺术笔】泊坞窗

图 6-125　笔刷化的线条

STEP 6 复制笔刷后的线条，单击工具箱中的 按钮，调整复制后的线条的形态，并变换笔刷的笔触为其他样式。

STEP 7 以相同方式复制、调整，制作出多个线条，效果如图 6-126 所示。

STEP 8 选择所有的线条对象，再选择菜单栏中的【排列】/【拆分选定对象】命令。

STEP 9 选择所有拆分后的线条对象，按下键盘上的 Ctrl + G 组合键，进行群组。

STEP 10 单击工具箱中的 按钮，在弹出的隐藏工具中选取 工具。参照图 6-127 从右下角向左上角拖曳鼠标。

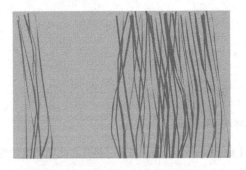

图 6-126　复制、调整，制作出多个线条

图 6-127　交互式透明效果

STEP 11 单击工具箱中的 按钮，参照图 6-128 绘制人物。

STEP 12 调整人物的位置到如图 6-129 所示的位置。

图 6-128　绘制人物

图 6-129　调整人物图形的位置

STEP 13 分别为图形填充颜色，如图 6-130 所示。

STEP 14 单击工具箱中的 按钮，绘制如图 6-131 所示的一个椭圆形和一个正圆形。

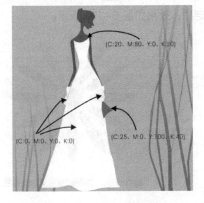

图 6-130　分别为图形填充颜色

图 6-131　绘制椭圆形和正圆形

STEP 15 选择菜单栏中的【工具】/【选项】命令，在弹出的【选项】对话框左侧的选项栏中选取【工作区】/【编辑】选项，右侧的参数设置如图 6-132 所示。

图 6-132　在【选项】对话框中设置参数值

STEP 16 选择菜单栏中的【视图】/【贴齐】/【贴齐对象】命令，如果已经开启此项捕捉功能，就不需要操作这一步。

STEP 17 选取椭圆形对象，再次单击椭圆形对象一次，则图形周围出现旋转变形框，将旋转中心移动到正圆的圆心位置，效果如图 6-133 所示。

STEP 18 按住键盘的 Ctrl 键，将鼠标指针放置在旋转变形框的右上角，按住鼠标左键向右下角拖动，在图形跳跃一次时，单击鼠标右键一次后松开鼠标，旋转并复制一份。效果如图 6-134 所示。

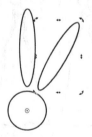

图 6-133　移动旋转中心到正圆的圆心　　　　　图 6-134　旋转并复制一个椭圆

STEP 19 连续按下键盘上的 Ctrl + R 组合键，将图形进行重复复制，直到围绕正圆形正好复制一周，效果如图 6-135 所示。

STEP 20 为对象填充颜色，颜色自定义，效果如图 6-136 所示。

图 6-135　反复复制多个椭圆图形　　　　　图 6-136　为图形自定义填充颜色

STEP 21 选择所有椭圆图形，按 Ctrl + G 组合键进行群组。

STEP 22 复制多份群组后的对象，并调整其位置、大小、颜色等，效果如图 6-137 所示。

图 6-137　插画最终效果

STEP 23 选择菜单栏中的【文件】/【保存】命令，将文件命名为"粉色女郎插画 .cdr"并进行保存。

案例总结

- 在使用【透明度】工具时，只能针对曲线对象进行透明变化，所以需要将艺术笔触后的对象拆分为独立的曲线，再群组后，方可使用【透明度】工具。
- 对使用了艺术笔触的路径，可以使用【拆分】命令拆分笔触为独立的对象，然后进行其他更多的处理。
- 在选择不同的对象时，菜单栏中【排列】/【拆分】命令的"拆分"后面显示的文字会不尽相同。
- 在对对象进行旋转复制时，可以开启【对齐对象】的捕捉功能来对旋转中心进行精确定位，可以在【选项】对话框中设置旋转时的跨度，限制旋转时的角度增量。

6.6.3　风景日历

利用【对齐和分布】命令绘制如图 6-138 所示的日历。

图 6-138　设计制作的日历

操作步骤

STEP 1 按 Ctrl + N 组合键，新建一个文件，并设置页面大小为"165mm×200mm"。

STEP 2 双击工具箱中的 □ 按钮，绘制一个与与页面相同大小的矩形。

STEP 3 单击工具箱中的 ▷ 按钮，选择矩形，按下键盘中的 Ctrl + C 组合键和 Ctrl + V 组合键，复制一份矩形，垂直向下缩小复制后的矩形对象。效果如图 6-139 所示。填充复制后的对象为灰色（C:0,M:0,Y:0,K:30）。

STEP 4 再复制一份与页面相同大小的矩形，缩小后填充颜色（C:20,M:80,Y:0,K:20）。效果如图 6-140 所示。

图 6-139　复制并填充图形

图 6-140　为复制的图形填充颜色

STEP 5 选择菜单栏中的【文件】/【导入】命令，导入"资料/国画.jpg"图片。

STEP 6 选择导入后的图片，按住 Shift 键，再选择最后复制的矩形，单击属性栏中的 ꜛ 按钮，则会弹出如图 6-141 所示的【对齐与分布】泊坞窗。

STEP 7 单击如图 6-142 所示的选项。

图 6-141　【对齐与分布】泊坞窗

图 6-142　单击对话框中相应的选项

STEP 8 对齐图片到矩形的中心，效果如图 6-143 所示。

STEP 9 单击工具箱中的 □ 按钮，绘制一个大小为"5mm×5mm"的矩形，填充颜色为灰色（C:0,M:0,Y:0,K:30）。

STEP 10 单击工具箱中的 ▷ 按钮，选择矩形，按住键盘上的 Ctrl 键，再按住鼠标左键向下拖曳到一定的距离，在松开鼠标前单击一次鼠标右键，移动并复制一份矩形。效果如图 6-144 所示。

图 6-143 对齐图片到矩形的中心　　　　图 6-144 移动并复制一份矩形

STEP 11 选择复制后的矩形，连续按下 3 次键盘上的 Ctrl + R 组合键，再复制 3 个矩形，效果如图 6-145 所示。

STEP 12 选择这 5 个矩形，按下键盘上的 Ctrl + G 组合键，进行群组。

STEP 13 按住键盘上的 Ctrl 键，同时按住鼠标左键向右拖曳一定的距离，再松开鼠标前单击一次鼠标右键，移动并复制一份。

STEP 14 连续按下 5 次键盘上的 Ctrl + R 组合键，再复制 5 个矩形组，效果如图 6-146 所示。

图 6-145 再复制 3 个矩形　　　　图 6-146 再复制矩形并群组对象

STEP 15 选择所有矩形，按 Ctrl + U 组合键取消群组。

STEP 16 选择最上排的 7 个矩形，复制一份后，垂直向上移动，缩小高度。填充颜色为（C:20,M:80,Y:0,K:20）。效果如图 6-147 所示。

STEP 17 单击工具箱中的 字 按钮，在工作区域分别输入 1 ～ 31 的数字。设置字体为默认状态，大小为 "10"。

STEP 18 依次选择数字 "1" 与如图 6-148 所示的矩形，注意顺序不能颠倒。

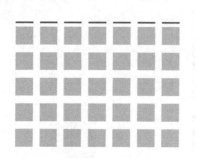

图 6-147　填充缩小后的矩形

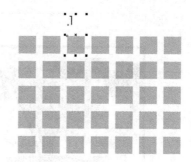

图 6-148　依次选择数字"1"与矩形

STEP 19　单击属性栏中的 按钮。弹出如图 6-149 所示的【对齐与分布】泊坞窗。

STEP 20　单击如图 6-150 所示的选项。

图 6-149　【对齐与分布】泊坞窗的状态

图 6-150　设置【对齐与分布】泊坞窗中的选项

STEP 21　对齐数字到矩形的中心，效果如图 6-151 所示。

STEP 22　以相同的方式分别对齐其他对象，效果如图 6-152 所示。

图 6-151　对齐数字到矩形的中心

图 6-152　所有数字对齐后的效果

STEP 23　分别输入如图 6-153 所示的英文字母，并参照图 6-152 进行对齐。

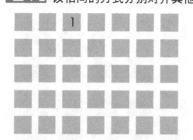

图 6-153　输入英文字母

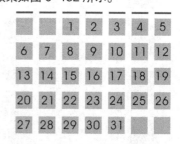

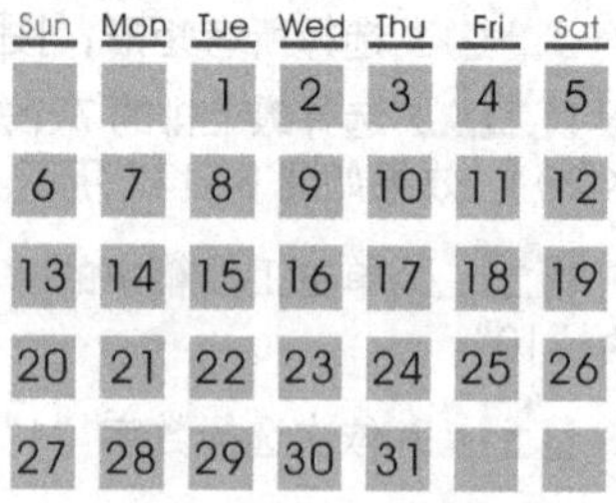

图 6-154　对齐字母

STEP **24** 选择图 6-154 中所有的对象，按下键盘中的 Ctrl + G 组合键，进行群组，并参照图 6-155 调整群组后的对象的位置。

STEP **25** 添加日历的其他元素，最终效果如图 6-156 所示。

图 6-155　调整群组后的对象的位置

图 6-156　日历最终效果

STEP **26** 选择菜单栏中的【文件】/【保存】命令，将文件命名为"日历 .cdr"并进行保存。

案例总结

在对齐和分布多个对象时，注意选取对象的先后顺序影响着最后的分布效果，所有对象以最后被选择的对象的位置为基准。即最后选取的对象不改变位置，其他先前选择的对象要改变位置并与之对齐。

6.7　实训

下面综合运用前面所学内容制作如图 6-157 所示的装饰图案。

图 6-157　装饰图案

步骤提示

STEP 1 按 Ctrl + N 组合键新建一个文件。

STEP 2 导入各种水果的图片，并使其位置不要重叠。

STEP 3 选择最上方的图形，然后单击属性栏中的 按钮，在弹出的【对齐与分布】泊坞窗中设置对齐选项为上对齐，如图 6-158 所示。同理，设置最左侧图片为左对齐，最右侧图片为右对齐，最下边图片为下对齐。

STEP 4 选择最左侧图片，设置【对齐与分布】泊坞窗中如图 6-159 所示的分布选项，将其进行调整。用相同的方法，将其他两列图片选择后设置【对齐及分布】泊坞窗中的分布选项，调整分布。

图 6-158 【对齐与分布】泊坞窗 1   图 6-159 【对齐与分布】泊坞窗 2

STEP 5 利用 字 工具及【对齐与分布】命令，在图片的下方依次输入相应的文字。

STEP 6 绘制其他小装饰图形并填充颜色，得到最终效果，如图 6-160 所示。

图 6-160 最终效果

6.8 习题

一、填空题

1. 按_____键，可以按上次的操作再次对对象进行变换处理。

2. 按_____键，可以快速调整对象到最下层。

3.【造形】命令包括 6 种修改方式，分别是_____。

二、操作题

1. 利用所学的重复对象的方式，绘制如图 6-161 所示的图案。

2. 利用所学的【重复】命令与【造形】命令，绘制如图 6-162 所示的图案。

图 6-161　绘制好的图案

图 6-162　绘制好的图案

7

第7章
特殊效果工具及命令

CorelDRAW X6有一些特殊的效果工具及命令（如
交互式工具、【图框精确剪裁】命令和【添加透视】命令
等），能熟练掌握这些特殊效果工具及命令对平面设计将
会有很大的帮助。

学习要点

- 掌握效果工具的使用。

- 掌握【图框精确剪裁】命令
  的使用方法。

- 掌握【添加透视】命令的使
  用方法。

7.1 交互式工具

交互式工具是功能非常强大的一组工具,包括【调和】 工具、【轮廓图】工具、【变形】工具、【阴影】工具、【封套】工具、【立体化】工具及【透明度】工具。图 7-1 所示为【交互式展开式工具】。利用这些工具可以制作出灵活、丰富的特殊效果。

图 7-1 【交互式展开式工具】

7.1.1 【调和】工具

利用【调和】工具可以在两个图形间生成渐变的形状和颜色的中间图形。【调和】工具的属性栏如图 7-2 所示。

图 7-2 【调和】工具的属性栏

- 【预设列表】 预设... ∨ :CorelDRAW X6 中自带了一些渐变调和效果,单击后在弹出的下拉列表中选取任意一种样式,可以为选择的两个图形产生渐变调和效果。

【调和】工具

- 【添加预设】 ✚ :单击该按钮,在弹出的【另存为】对话框中可将当前制作的调和效果进行保存。
- 【删除预设】 ━ :单击该按钮,可将预设下拉列表中选取的样式删除。
- 【调和对象】 :在此选项中设置调和图形中间图形的个数与偏移量,步数越高,调和效果越细腻。图 7-3 所示为两个不同调和步数的效果。

图 7-3 两个不同调和步数的效果

- 【调和方向】 :可以对调和后的中间图形进行旋转。当输入正值时,图形将以逆时针方向旋转;当输入负值时,图形将以顺时针方向旋转。图 7-4 所示为设置不同调和方向时的图形对比效果。

| 30 | −30 | 0 |

图 7-4 不同调和方向

- 【环绕调和】 :当【调和方向】的数值不为"0"时,该按钮才可用。该按钮会让中间的调和图形围绕调和中心进行旋转,图 7-5 所示为【调和方向】为"−30",激活 按钮时的效果。
- 【直接调和】 :在调和时,中间调和颜色变化范围在色盘上两种颜色直线间的色彩。图 7-6 所示为色盘的颜色范围与

图 7-5 激活【环绕调和】的效果

调和效果。

- 【逆时针调和】 ：在调和时，中间调和颜色变化范围在色盘上两种颜色逆时针旋转间的色彩。图 7-7 所示为色盘的颜色范围与调和效果。

图 7-6　色盘的颜色范围与调和效果 1　　　　　　图 7-7　色盘的颜色范围与调和效果 2

- 【顺时针调和】 ：在调和时，中间调和颜色变化范围在色盘上两种颜色顺时针旋转间的色彩。图 7-8 所示为色盘的颜色范围与调和效果。

- 【对象和颜色加速】 ：单击该按钮，弹出图 7-9 所示的【对象和颜色加速】控制器，通过拖动滑块可以调整渐变路径上的图形和色彩分布。在【对象和颜色加速】控制器中，调整不同的数值所产生的图形调和对比效果如图 7-10 所示。

图 7-8　色盘的颜色范围与调和效果 3　　　　图 7-9　【对象和颜色加速】控制器

图 7-10　不同数值所产生的图形调和效果

- 【调整加速大小】 ：此选项用于在控制使用调和加速时，影响中间调和图形的程度。图 7-11 所示为使用此按钮前后的图形调和对比效果。

图 7-11　使用加速调和前后的图形调和效果

- 【更多调和选项】 ：单击该按钮，在弹出的下拉面板中可以设置其他的调和选项。
- 【起始和结束属性】 ：单击该按钮，在弹出的下拉菜单中选择相应的命令，可以重新选择调和的起点或终点。
- 【路径属性】 ：单击该按钮，在弹出的下拉菜单中选择【新路径】命令，并可以在工作区域中选择新的线条作为渐变的路径。

- 【清除调和】 ：单击该按钮，可将选择的调和对象上的调和效果
  清除，恢复到调和前的状态。

7.1.2 【轮廓图】工具

　　【轮廓图】工具与【调和】工具相似，【调和】工具可在两个或两个以
上的图形间产生调和效果，而【轮廓图】工具只用于一个图形。图 7-12　【轮廓图】与【变形】工具
所示为【轮廓图】工具的属性栏，下面介绍属性栏中的选项。

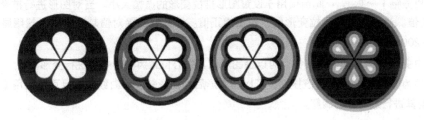

图 7-12　【轮廓图】工具的属性栏

- 【到中心】 ：使图形的轮廓线由图形的外轮廓向图形的中心产生调和效果。
- 【内部轮廓】 ：使图形的轮廓线由图形的外轮廓向内延伸，产生调和效果。
- 【外部轮廓】 ：使图形的轮廓线由图形的外轮廓向外延伸，产生调和效果。

图 7-13 所示为同一图形的 3 种不同轮廓图样式。

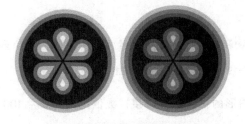

图 7-13　同一图形的 3 种不同轮廓图样式

- 【轮廓图步长】 ：用于设置轮廓扩展的个数，数值越大，产生的轮廓层次越多。在使用
  【到中心】 的扩展样式时，该选项不可用。图 7-14 所示为两种不同【轮廓图步长】值的效果。
- 【轮廓图偏移】 ：该选项用于设置轮廓线之间的距离。数值越大，轮廓线之间的距离
  越大；数值越小，轮廓线之间的距离越小。图 7-15 所示为两种不同【轮廓图偏移】值的效果。

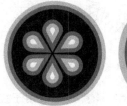

图 7-14　两种不同数值的轮廓图步长　　　　　　　图 7-15　两种不同数值的轮廓图偏移

- 【轮廓色】 ：该选项用于设置轮廓图中最后延展的轮廓颜色。
- 【填充色】 ：该选项用于设置图形的填充颜色。
- 【对象和颜色加速】 ：单击该按钮，弹出【对象和颜色加速】控制器，通过拖动滑块可以调整
  物体与颜色的加速速度。

7.1.3 【变形】工具

　　【变形】工具可以为对象添加各种变形效果。它提供了 3 种变形方式，分别是【推拉变形】 、【拉
链变形】 及【扭曲变形】 。下面分别对其进行介绍。

1.【推拉变形】

【推拉变形】通过向图形的中心或外部推拉产生变形效果。推拉的方向和位置不同，产生的效果也不一样，图 7-16 所示为推拉前的图形与两种推拉方式效果的比较。

图 7-17 所示为【推拉变形】方式的属性栏，下面介绍其中的选项。

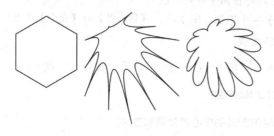

图 7-16　推拉变形效果　　　　　　　　　　图 7-17　【推拉变形】方式的属性栏

- 【添加新的变形】：单击该按钮，可以让已产生变形效果的图形再次进行变形。
- 【推拉振幅】：此选项用于设置图形推拉变形的振幅大小。当对图形进行推变形时，数值为负值。当对图形进行拉变形时，数值为正值。此数值的绝对值越大，变形越明显，数值范围为 –200 ~ 200。
- 【居中变形】：单击该按钮，可以使图形以其中心位置为变形中心进行变形。
- 【转换为曲线】：单击该按钮，可以将变形后的图形转换为曲线，并且可以使用【形状】工具对其进行进一步的调整。

2.【拉链变形】

【拉链变形】可以产生带有尖锐锯齿状的变形效果，图 7-18 所示为【拉链变形】的效果。

图 7-19 所示为【拉链变形】方式的属性栏，下面介绍其中的选项。

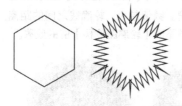

图 7-18　拉链变形效果　　　　　　　　　　图 7-19　【拉链变形】方式的属性栏

- 【拉链振幅】：该选项用于控制变形图形的拉链变形幅度，数值范围为 0 ~ 100。图 7-20 所示为不同数值的变形效果。
- 【拉链频率】：该选项用于控制变形图形的变形频率，数值范围为 0 ~ 100。数值越大，变形失真效果越明显。图 7-21 所示为不同数值的失真效果。

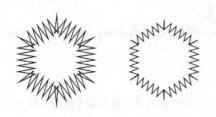

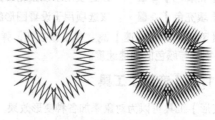

图 7-20　不同数值的变形效果　　　　　　　图 7-21　不同数值的失真效果

- 【随机变形】 ：单击该按钮，可使变形效果产生随机效果。
- 【平滑变形】 ：单击该按钮，可使变形效果在尖锐处平滑。
- 【局部变形】 ：单击该按钮，可使图形产生局部变形的效果。

这 3 个按钮可以交叠使用，图 7-22 所示为分别单击 3 个按钮后的效果。

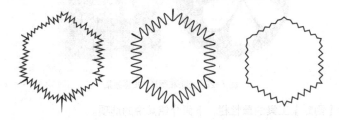

图 7-22 分别单击 3 个按钮后的效果

3.【扭曲变形】

【扭曲变形】可以使图形产生旋转扭曲的效果，图 7-23 所示为【扭曲变形】的效果。

图 7-24 所示为【扭曲变形】方式的属性栏，下面介绍其中的选项。

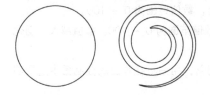

图 7-23 扭曲变形效果　　　　　　　　　　　　图 7-24 【扭曲变形】方式的属性栏

- 【顺时针旋转】 ：单击该按钮，可使图形的扭曲变形为顺时针方向旋转。
- 【逆时针旋转】 ：单击该按钮，可使图形的扭曲变形为逆时针方向旋转。

图 7-25 所示为两种变形旋转方向的效果。

- 【完整旋转】 ：该选项用于控制图形绕旋中心旋转的圈数，数值越大，旋转的圈数越多。
  图 7-26 所示为不同旋转圈数的效果。
- 【附加度数】 ：该选项用于控制图形扭曲变形旋转的角度，数值范围为 0 ~ 359。
  图 7-27 所示为不同旋转角度的效果。

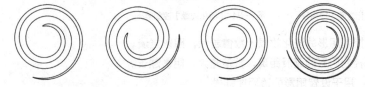

图 7-25 两种变形旋转方向的效果　　　图 7-26 不同旋转圈数的效果　　　图 7-27 不同旋转角度的效果

7.1.4 【阴影】工具

【阴影】工具可以为对象添加投影效果。产生投影的对象可以为矢量图形、文字及位图图像等，用户还可以编辑阴影的颜色、位置及方向等。图 7-28 所示为对图形和图片添加的投影效果。

图 7-28　图形和图片的投影效果

图 7-29 所示为【阴影】工具的属性栏，下面介绍其中的选项。

图 7-29　【阴影】工具的属性栏

- 【阴影偏移】：该选项用于设置阴影与原图形在水平与垂直方向上的偏移距离。
- 【阴影角度】：该选项用于设置阴影的角度，数值范围为 –360 ~ 360。
- 【阴影的不透明】：该选项用于设置阴影的不透明度，数值范围为 0 ~ 100。
- 【阴影羽化】：该选项用于设置阴影的羽化程度，数值范围为 0 ~ 100。数值越大，羽化效果越明显，阴影越模糊。
- 【羽化方向】：单击该按钮，弹出如图 7-30 所示的控制器，用户可在弹出的控制器中选择羽化的方向。
- 【羽化边缘】：在【羽化方向】控制器中选择了除【平均】方式外的羽化方向，该按钮才可用。单击该按钮，弹出如图 7-31 所示的控制器，用户可选择羽化边缘的样式。

图 7-30　【羽化方向】控制器　　　图 7-31　【羽化边缘】控制器

- 【阴影淡出】：该选项控制阴影的淡化效果，数值越大，阴影越淡。
- 【阴影延展】：该选项控制阴影的延展距离，数值越大，阴影越长。
- 【透明度操作】：用于设置阴影的透明度样式。
- 【阴影颜色】：单击该下拉列表框后，在弹出的下拉列表中设置阴影的颜色。

7.1.5　【封套】工具

【阴影】与【封套】工具

　　【封套】工具可以对图形和文字产生封套变形效果。在使用该工具后，图形或文字的周围会添加蓝色虚线变形控制框，拖曳控制框上的节点或控制柄，可以改变对象的形状。图 7-32 所示为交互式封套的变形效果。

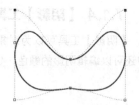

图 7-32　封套的变形效果

图 7-33 所示为【封套】工具的属性栏,下面介绍其中的选项。

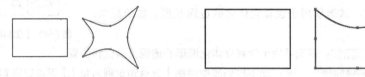

图 7-33 【封套】工具的属性栏

【封套】工具共有 4 种封套模式,分别是【直线模式】□、【单弧模式】□、【双弧模式】□及【非强制模式】✐。其中【非强制模式】✐为默认的封套模式。下面逐一对其进行介绍。

- 【直线模式】□:这种模式的封套,在调整的时候,节点间以直线连接。图 7-34 所示为添加□产生的变形效果。

- 【单弧模式】□:这种模式的封套,在调整的时候,节点间以单弧形式连接。图 7-35 所示为添加□产生的变形效果。

图 7-34 【直线模式】的变形效果　　　　　　图 7-35 【单弧模式】的变形效果

- 【双弧模式】□:这种模式的封套,在调整的时候,节点间以双弧形式连接。图 7-36 所示为添加□产生的变形效果。

- 【非强制模式】✐:前面的 3 种封套模式在调整的时候,节点处都没有控制柄,只有这种模式有控制柄,可使调整的灵活性更大。图 7-37 所示为添加✐产生的变形效果。

图 7-36 【双弧模式】的变形效果　　　　　　图 7-37 【非强制模式】的变形效果

 要点提示

当使用前 3 种封套模式时,在调节一个节点时,按住 Ctrl 键,可使相对的节点也向相同方向调整;按住 Shift 键,可使相对的节点向相反方向调整。

- 【添加新封套】▨:在添加封套变形后,用户可以单击该按钮,为对象再次添加新的封套以进行变形处理。

- 【映射模式】自由变形 ∨:在其下拉列表中有 4 种模式,分别是【水平】、【原始】、【自由变形】及【垂直】。

- 【保留线条】▨:该按钮在激活状态下,可保持图形中直线路径不变形为曲线。

- 【创建封套自】✐:单击该按钮,可以将工作区域中已有的封套效果复制到当前选取的图形上。

【立体化】与【透明度】工具

7.1.6 【立体化】工具

利用【立体化】工具可以使二维的图形产生三维的效果,并可以编辑立体化的方向、立体化的深度及光照的方向等效果。图 7-38 所示为图形

图 7-38 立体效果

转化为立体的效果，图 7-39 所示为【立体化】工具的属性栏。

图 7-39 【立体化】工具的属性栏

下面介绍其中的选项。

- 【预设列表】 预设... ∨ ：CorelDRAW X6 中自带了一些立体化方式，单击该下拉列表框后，在弹出的下拉列表中选取任意一种样式，可以为选择的两个图形产生相应的立体化效果。

- 【立体化类型】 ☐▼ ：单击该下拉列表框后，弹出如图 7-40 所示的列表，在 CorelDRAW X6 中提供了 6 种立体化类型，分别是【小后端】【小前端】【大后端】【大前端】【后部平行】及【前部平行】。

- 【深度】 🖉20 ◆ ：该选项用于设置立体化的进深长度。数值越大，深度越深。

图 7-40 【立体化类型】列表

- 【灭点坐标】 📐55.873 mm 📐-42.162 mm ：该选项用于设置立体化图形的透视灭点坐标位置。

- 【灭点属性】 灭点锁定到对象 ∨ ：此下拉列表中包括【灭点锁定到对象】、【灭点锁定到页面】、【复制灭点，自】和【共享灭点】4 个选项。

【灭点锁定到对象】选项：在 CorelDRAW X6 的默认状态下灭点锁定到图形上。当移动图形时，灭点和立体效果将会随图形的移动而移动。

【灭点锁定到页面】选项：选择此选项，图形的灭点将会被锁定到页面上。当移动图形的位置时，灭点将会保持不变。

【复制灭点，自】选项：选择此选项，鼠标指针将会变为圆形，此时可以将一个矢量立体化图形的灭点复制给另一个矢量立体化图形。

【共享灭点】选项：选择此选项，可以使多个图形共同使用一个灭点。

- 【页面或对象灭点】 🖉 ：当不激活此按钮时，【灭点坐标】中的数值是相对于图形中心的距离。单击此按钮后，该按钮会变为 🔲 ，灭点坐标将以页面为参考，此时【灭点坐标】选项中的数值是相对于页面的坐标原点距离。

- 【立体化旋转】 🖉 ：单击该按钮，会弹出如图 7-41 所示的【立体化旋转】控制器。

将鼠标指针移动到此控制器中，当鼠标指针变为手形符号时，按住鼠标左键并拖曳，旋转此控制器中的数字"3"按钮，可以调节绘图窗口中立体化图形的视图角度。单击 🔧 按钮，该控制器将切换为图 7-42 所示的状态。用户可以通过输入数值的方式控制旋转的角度。

- 【立体化颜色】 🖉 ：单击该按钮，会弹出如图 7-43 所示的【颜色】控制器。在该控制器中可以设置立体化对象颜色填充的方式及填充颜色。

图 7-41 【立体化旋转】控制器

图 7-42 【立体化旋转】控制器

图 7-43 【颜色】控制器

- 【立体化倾斜】 🖉 ：单击该按钮，会弹出如图 7-44 所示的【立体化倾斜】控制器。利用该控制器可以对立体化图形的边缘进行斜角修饰效果，如图 7-45 所示。

- 【立体化照明】 ：单击该按钮，会弹出如图 7-46 所示的【立体化照明】控制器。利用该控制器可以对立体化的图形使用光照效果。

图 7-44 【立体化倾斜】控制器　　　　图 7-45　斜角修饰效果　　　　图 7-46 【立体化照明】控制器

7.1.7 【透明度】工具

图 7-47 所示为【透明度】工具的属性栏，下面介绍其中的选项。

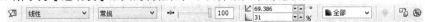

图 7-47 【透明度】工具的属性栏

- 【编辑透明度】 ：单击该按钮，会弹出如图 7-48 所示的【渐变透明度】对话框，在该对话框中可以调整相应的参数改变透明效果。CroelDRAW X6 使用颜色的亮度代表透明度，其中黑色表示完全透明，白色表示完全不透明，灰色按照颜色的明度值转换为相应的透明度。

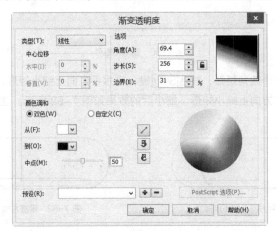

图 7-48 【渐变透明度】对话框

- 【透明度类型】 线性 ：单击该下拉列表框后，将弹出【透明度类型】下拉列表，可以选择任意透明选项，对绘图窗口中的图形添加透明渐变效果。
- 【透明度操作】 常规 ：单击该下拉列表框后，将弹出【透明度操作】下拉列表，可以选择任意选项，改变图形的透明度渐变类型。
- 【透明中心点】 100 ：用于控制透明的强度大小。数值越大，透明度越高；数值越小，透明度越低。
- 【角度和边界】 ：用于设置透明渐变方向的角度值以及透明变化点与图形中点的距离，其中边界的数值范围为 0 ~ 49。
- 【透明度目标】 全部 ：在此选项中包括【填充】、【轮廓】和【全部】3 个选项，通过选择不同的选项，可以将图形的透明效果应用于图形中不同的部位。

- 【冻结透明度】按钮 ※：激活该按钮，可冻结图形的透明效果，这样在移动图形时，图形间的叠加效果不产生改变。再次单击该按钮，可取消图形的冻结效果。

7.1.8 交互式效果工具综合应用——绘制按钮

本节综合利用【调和】工具、【透明度】工具和【阴影】工具绘制如图 7-49 所示的按钮图形。

图 7-49 按钮图形

交互式工具案例

操作步骤

STEP 1 选择菜单栏中的【文件】/【新建】命令，新建一个文件。

STEP 2 单击工具箱中的 □ 按钮，在工作区域中绘制一个矩形。

STEP 3 单击工具箱中的 ⬚ 按钮，拖曳其中任意一个角点，将矩形圆角化，效果如图 7-50 所示。

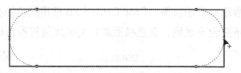

图 7-50 圆角化矩形

STEP 4 复制一个圆角矩形，按住 Shift 键，在水平方向上缩小矩形，效果如图 7-51 所示。

STEP 5 在垂直方向上缩小矩形，缩小后的效果如图 7-52 所示。注意，两个矩形水平中心应贴齐。

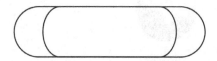

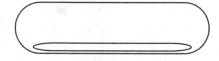

图 7-51 水平方向上缩小矩形   图 7-52 垂直方向上缩小矩形

STEP 6 为大的圆角矩形填充颜色（C:100,M:80,Y:0,K:0），为小的圆角矩形填充颜色（C:60,M:60,Y:10,K:0），两个矩形均无轮廓。效果如图 7-53 所示。

STEP 7 单击工具箱中的 ⬚ 按钮，移动鼠标指针到小矩形上，如图 7-54 所示，然后按住鼠标左键并拖曳到大矩形的中心位置，释放鼠标，如图 7-55 所示，使两个图形产生调和效果，如图 7-56 所示。

图 7-53 填充颜色   图 7-54 选择矩形

图 7-55 拖曳到大矩形的中心位置

图 7-56 调和效果

STEP 8 选择菜单栏中的【视图】/【简单线框】命令，切换视图查看模式。

 要点提示

为了让读者看清楚下面的绘制效果，先暂时使用【简单线框】视图查看模式。

STEP 9 单击工具箱中的 □ 按钮，在工作区域中绘制一个圆角矩形，大小及位置如图 7-57 所示。

STEP 10 选择最后绘制的圆角矩形，选择菜单栏中的【效果】/【添加透视】命令，出现如图 7-58 所示的透视变形控制框。

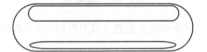

图 7-57 再绘制一个圆角矩形

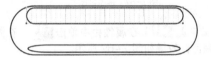

图 7-58 透视变形控制框

STEP 11 按住 Shift + Ctrl 组合键，向左拖曳右上角的控制点，如图 7-59 所示。

STEP 12 在适当的位置释放鼠标，透视变形的效果如图 7-60 所示。

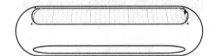

图 7-59 调整控制点

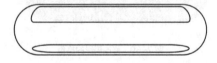

图 7-60 透视变形

STEP 13 稍微调整变形后矩形的大小和位置，效果如图 7-61 所示。

STEP 14 选择菜单栏中的【视图】/【增强】命令，切换视图查看模式。为最后绘制的矩形填充白色，图形设置为无轮廓，效果如图 7-62 所示。

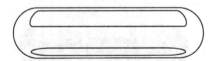

图 7-61 调整矩形的大小和位置

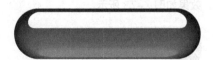

图 7-62 填充颜色

STEP 15 在工具箱中的 按钮上按住鼠标左键，在弹出的隐藏工具组中选择 工具，移动鼠标指针到白色矩形上，然后按住 Ctrl 键，从白色矩形中心位置向下拖曳，如图 7-63 所示。

STEP 16 在适当的位置释放鼠标，透明效果如图 7-64 所示。

图 7-63 交互式透明效果

图 7-64 透明效果 1

STEP 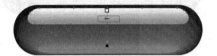 稍稍向上移动如图 7-65 所示的长方形图标，调整透明的变化点。调整后的效果如图 7-66 所示。

图 7-65　调整透明的变化点

图 7-66　透明效果 2

STEP 18 选择最初绘制的矩形，注意不要选择中间的调和图形，在工具箱中的 按钮上按住鼠标左键，在弹出的隐藏工具组中选择 工具，在如图 7-67 所示的位置从左上向右下拖曳鼠标，为图形添加阴影效果。阴影效果如图 7-68 所示。

图 7-67　拖曳鼠标

图 7-68　阴影效果

STEP 19 在属性栏中单击 ，在弹出的颜色列表中选择蓝色（C:100,M:0,Y:0,K:0），修改阴影的颜色，效果如图 7-69 所示。

STEP 20 单击工具箱中的 字 按钮，在工作区域中输入文字"Apple"，调整文字的位置和大小，如图 7-70 所示。

图 7-69　修改阴影的颜色

图 7-70　输入文字

STEP 21 为文字填充颜色（C:100,M:30,Y:0,K:30），效果如图 7-71 所示。

STEP 22 选择文字，单击工具箱中的 按钮，从文字的中心向右下方向稍微拖曳，如图 7-72 所示，为文字添加阴影效果，效果如图 7-73 所示。

图 7-71　修改文字的颜色

图 7-72　拖曳鼠标

图 7-73　为文字添加阴影效果

STEP 23 选择文字，按 Ctrl + Page Down 组合键将文字顺序向下调整一层，最终的效果如图 7-74 所示。其他字体的效果如图 7-75 所示。

图 7-74　最终效果

图 7-75　其他字体的效果

7.2 【图框精确剪裁】命令

使用【图框精确剪裁】命令可以将一个对象放置在封闭的路径中，位于路径内部区域的对象将显示，位于路径外部的对象将被隐藏。

【例 7-1】:【图框精确剪裁】命令的使用。

利用【效果】/【图框精确剪裁】命令创建如图 7-76 所示的光盘效果。

图 7-76　光盘效果

操作步骤

STEP 1 选择菜单栏中的【文件】/【新建】命令，新建一个文件，并设置页面为"横向"。

STEP 2 单击工具箱中的 ◎ 按钮，绘制如图 7-77 所示的 4 个圆形。

STEP 3 选择最外与最内部的两个圆形，按 Ctrl + L 组合键将两个圆形结合为一个对象，填充颜色为黑色，无轮廓。设置另外两个圆形为无填充，轮廓为白色，宽度为"1.0mm"，效果如图 7-78 所示。

图 7-77　绘制大小不同的 4 个圆形

图 7-78　填充图形对象

STEP 4 选择菜单栏中的【文件】/【打开】命令，打开名为"笔刷 04.cdr"的文件，如图 7-79 所示，选择全部图形，按 Ctrl + C 组合键。

STEP 5 切换窗口到绘制"光盘"的文档，按 Ctrl + V 组合键将图形粘贴到当前文档中。

STEP 6 选择粘贴的图形，再选择菜单栏中的【效果】/【图框精确剪裁】/【置于图文框内部】命令。

STEP 7 移动鼠标指针到黑色填充的圆形路径上并单击，将图形放置到容器中，效果如图 7-80 所示。

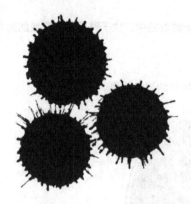

图 7-79 打开的文件

图 7-80 将图形放置到容器中

STEP 8 保持对象的选取状态，再选择菜单栏中的【效果】/【图框精确剪裁】/【编辑 PowerClip】命令。工作区域将切换到如图 7-81 所示的编辑内容状态。

STEP 9 调整图形的位置与大小，如图 7-82 所示。

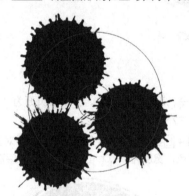

图 7-81 编辑内容状态

图 7-82 调整图形

STEP 10 选择菜单栏中的【效果】/【图框精确剪裁】/【结束编辑】命令，退出内容编辑状态，编辑后的效果如图 7-83 所示。

STEP 11 输入文字，并调整文字的大小和位置。最终效果如图 7-84 所示。

图 7-83 结束编辑

图 7-84 最终效果

要点提示

【图框精确剪裁】命令在设计中经常用到，希望读者能熟练掌握该工具的使用与调整方法。

7.3 【添加透视】命令

CorelDRAW X6 提供的【添加透视】命令能将二维图形通过透视变形产生三维效果。

【添加透视】命令可以为对象创建两种透视效果，分别是单点透视与双点透视。

- 单点透视：对象的相邻两边消失于一个灭点。
- 双点透视：对象的相邻两边消失于两个灭点。

【例 7-2】：绘制手提袋。

绘制手提袋的图案，并利用【添加透视点】命令设计制作如图 7-85 所示的手提袋。

图 7-85　设计制作的手提袋效果

操作步骤

STEP 1　按 Ctrl + N 组合键，新建一个文件。

STEP 2　单击工具箱中的 ☐ 按钮，绘制如图 7-86 所示的两个矩形。

图 7-86　绘制两个大小不同的矩形

STEP 3　选择较大的矩形，按下键盘中的 Ctrl + Q 组合键，将矩形转换为曲线。

STEP 4 单击工具箱中的 按钮，在弹出的隐藏工具中选取 工具，在属性栏中单击 按钮，然后再单击 按钮，在【拉链幅度】 选项中输入数值 "11"，如图 7-87 所示。

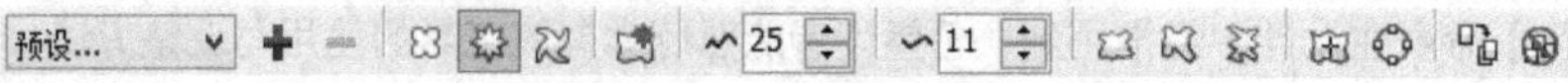

图 7-87 属性栏状态

STEP 5 如图 7-88 所示，从左向右拖曳鼠标，矩形图形产生拉链变形效果。

STEP 6 完成的效果如图 7-89 所示。

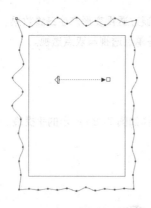

图 7-88 从左向右拖曳鼠标

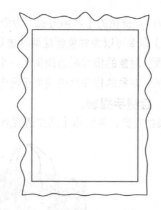

图 7-89 推拉变形效果

STEP 7 选择变形后的矩形，按下键盘上的 Ctrl + Q 组合键，将图形转换为曲线，单击工具箱中的 按钮，调整图形局部的形状，效果如图 7-90 所示。

STEP 8 选择两个图形，按下键盘上的 Ctrl + L 组合键，将两个对象结合为一个对象，填充结合后的对象颜色为红色（C: 0,M:100,Y:100,K:0）。效果如图 7-91 所示。

图 7-90 调整图形局部的形状

图 7-91 结合两个图形并填充颜色

STEP 9 单击工具箱中的 按钮，在弹出的隐藏工具中选取 工具，绘制图 7-92 所示的图形。

STEP 10 选择菜单栏中的【窗口】/【泊坞窗】/【造形】命令，在界面右侧弹出如图 7-93 所示的【造形】泊坞窗。

STEP 11 单击【造形】对话框中的 相交 ，在弹出的下拉列表中选择【修剪】选项，勾选【保留原目标对象】选项，如图 7-94 所示。

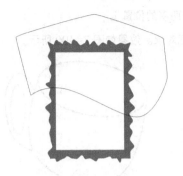

图 7-92　绘制一个闭合路径　　　　　　　　　图 7-93　勾选【保留原目标对象】选项

STEP 12 选择最后绘制的图形，然后单击 修剪 按钮。

STEP 13 移动鼠标指针到工作区域，在选区外的结合后的对象上单击鼠标左键。修剪后的图形如图 7-94 所示（为了让读者看清效果，将其中一个图形移动了位置，读者则不必改变两者的位置）。

STEP 14 将修剪后的对象的颜色设置为深蓝色（C:40,M:40,Y:0,K:60），效果如图 7-95 所示。

STEP 15 单击工具箱中的 按钮，绘制如图 7-96 所示的图形，并为其填充深蓝色（C:40,M:40,Y:0,K:60）。

图 7-94　修剪后的图形效果　　　　图 7-95　设置修剪后的对象的颜色　　　　图 7-96　绘制图形并填充颜色

STEP 16 参照图 7-97 绘制咖啡杯的造型。

STEP 17 选择椭圆形，在【造形】对话框中勾选【保留原始源对象】选项，取消勾选【保留原目标对象】选项，如图 7-98 所示，然后单击【造形】对话框中的 修剪 按钮。

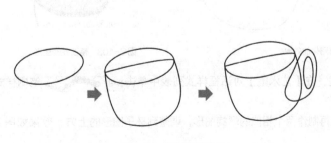

图 7-97　绘制咖啡杯　　　　　　　　　　　　图 7-98　对选项进行设置

STEP 18 在杯身图形路径上单击鼠标左键，修剪后的图形如图 7-99 所示（为了让读者看清效果，将其中一个图形移动了位置，读者则不必改变两者的位置）。

STEP 19 以相同的方式，修剪杯身与杯把对象。效果如图 7-100 所示。

图 7-99 修剪后的椭圆形效果

图 7-100 修剪杯身与杯把对象

STEP 20 选择咖啡壶杯口的椭圆图形，按下键盘上的 Ctrl + C 组合键和 Ctrl + V 组合键，原地复制一份。

STEP 21 将其中的一个椭圆图形填充褐色（C:0,M:20,Y:20,K:60），无轮廓。

STEP 22 选择菜单栏中的【窗口】/【泊坞窗】/【艺术笔】命令，在界面右侧弹出如图 7-101 所示的【艺术笔】泊坞窗。

STEP 23 选择另外一个椭圆图形，在【艺术笔】对话框样式列表中单击 ▷◁ ～～～ 笔刷样式。

STEP 24 填充笔刷化的椭圆轮廓为黑色，无填充。效果如图 7-102 所示。

STEP 25 以相同的方式修改其他图形，艺术笔笔刷的样式可以不同，粗细参考图形实际比例，最终效果如图 7-103 所示。

STEP 26 单击工具箱中的 ◯ 按钮，在弹出的隐藏工具中选取 ✍ 工具，绘制如图 7-104 所示的图形。

STEP 27 单击工具箱中的 ▶ 按钮，调整图形为如图 7-105 所示的形态。

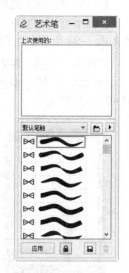

图 7-101 【艺术笔】泊坞窗

图 7-102 笔刷化的效果

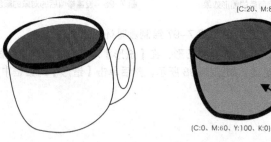

(C:20、M:80、Y:0、K:20)

(C:0、M:60、Y:100、K:0)

图 7-103 修改其他图形

STEP 28 选择螺旋曲线，在【艺术笔】对话框样式列表中单击 ▷◁ ～～～ 笔刷样式。效果如图 7-106 所示。

STEP 29 以相同的方式再制作两个相似的螺旋图形，调整到杯子图形的上方，效果如图 7-107 所示。

STEP 30 选择如图 7-107 中的所有对象，按下键盘上的 Ctrl + G 组合键，将所有对象群组为一体。移动群组后的对象到如图 7-108 所示的位置。

图 7-104　绘制螺旋线　　图 7-105　调整螺旋线的形态　　图 7-106　笔刷化螺旋线

图 7-107　再绘制两个螺旋形　　　　　　图 7-108　调整对象间的位置

STEP 31　单击工具箱中的 ▢ 按钮，绘制如图 7-109 所示的矩形，为其填充红色（C:0,M:100,Y:100,K:0），并将原来的红色对象修改为橙色（C:0,M:30,Y:100,K:0）。

STEP 32　单击工具箱中的 字 按钮，在如图 7-110 所示的位置输入英文"COFFEE"，设置字体为"幼圆"，填充颜色为黑色，无轮廓。

图 7-109　绘制矩形并填充颜色　　　　　图 7-110　输入英文"COFFEE"

STEP 33　单击工具箱中的 按钮，在弹出的隐藏工具中选取 工具，单击属性栏中的 ▢ 按钮，将鼠标指针放置在上方中间的节点上。

STEP 34　按住 Ctrl 键，同时按住鼠标左键向上拖曳，如图 7-111 所示。

STEP 35　封套效果如图 7-112 所示。

图 7-111　调整封套效果　　　　　　图 7-112　封套效果

STEP 36 图 7-113 所示为其他字体的效果与另外一种版式的效果。

图 7-113　其他字体的效果与另外一种版式的效果

STEP 37 按如图 7-114 所示的步骤,绘制手提袋的造型,为了后面填充颜色,除了绳子以外,所有的图形都要绘制成闭合图形。

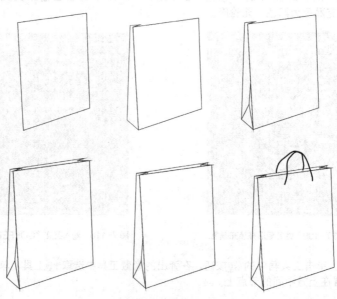

图 7-114　绘制手提袋的步骤

STEP 38 图 7-115 所示为手提袋的部件分解图。在绘制过程中可以打开对齐对象功能,进行精确捕捉。

STEP 39 为对象填充颜色，填充时基本上使用的都是红色调，但需注意红色的深浅不同，如图 7-116 所示。

图 7-115　手提袋的部件分解图　　　　　　　图 7-116　为对象填充颜色

STEP 40 选择如图 7-117 所示的图形，按下键盘中的 Ctrl + C 组合键和 Ctrl + V 组合键，原地复制一份，选择复制后的对象，填充颜色为白色。效果如图 7-118 所示。

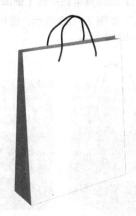

图 7-117　选择图中所示的对象　　　　　　　图 7-118　填充颜色为白色

STEP 41 单击工具箱中的 按钮，在弹出的隐藏工具中选取 工具，在属性栏中的 无 中选择【线性】选项，使对象产生【透明度】效果，如图 7-119 所示。

STEP 42 如图 7-120 所示，调整【透明度】效果。

图 7-119　【透明度】效果　　　　　　　图 7-120　调整【透明度】效果

STEP 43 完成的效果如图 7-121 所示。

STEP 44 调整前面绘制的咖啡图案与手提袋之间的位置，效果如图 7-122 所示。

图 7-121　调整后的效果　　　　　　　　　　图 7-122　调整咖啡图案与手提袋之间的位置

STEP 45 选择菜单栏中的【视图】/【贴齐】/【贴齐对象】命令，开启贴齐对象的捕捉模式。

STEP 46 如图 7-123 所示，通过捕捉，将咖啡杯图形精确对齐到手提袋的左下角位置。移动后的效果如图 7-124 所示。

图 7-123　通过捕捉移动对象　　　　　　　　图 7-124　移动后的效果

STEP 47 选择咖啡图形，再选择菜单栏中的【效果】/【添加透视】命令，如图 7-125 所示，出现透视变形调整框。

STEP 48 调整对象的透视效果，如图 7-126、图 7-127 和图 7-128 所示。

图 7-125　透视变形调整框　　　　　　　　　图 7-126　调整对象的透视变形

图 7-127 调整对象的透视变形　　　　　图 7-128 调整对象的透视变形

STEP 49 完成的透视变形效果，如图 7-129 所示。

STEP 50 选择手提袋图形中的透明对象，按 Shift + Page UP 组合键，调整交互式透明对象的顺序到最上层。效果如图 7-130 所示。

图 7-129 完成的透视变形效果　　　　　图 7-130 调整图形中对象间的顺序

STEP 51 以相同的方法绘制另外形态的手提袋，效果如图 7-131 所示。

图 7-131 最终效果

STEP 52 选择菜单栏中的【文件】/【保存】命令，将文件命名为"咖啡 .cdr"并进行保存。

案例小结

在本节中利用【添加透视】命令与辅助线的捕捉功能绘制手提袋的效果，在制作产品包装盒的立体效果中经常用到这种方式，希望读者能够熟练掌握。

7.4 综合案例

下面通过几个综合实例来巩固练习一下前面学过的知识。

7.4.1 绘制 POP 画

本任务主要利用【矩形】工具、【折线】工具、【贝塞尔】工具、【形状】工具、【渐变填充】工具、【椭圆形】工具和【透明度】工具来绘制如图 7-132 所示的 POP 画。

图 7-132 绘制的 POP 画

操作步骤

首先来绘制 POP 画背景。

STEP ⬇1 按 Ctrl + N 组合键新建一个图形文件，单击工具箱中的 ⭕ 按钮，同时按住 Ctrl 键绘制如图 7-133 所示的圆。

STEP ⬇2 单击工具箱中的 ◼ 按钮，弹出【渐变填充】对话框，设置各选项及参数如图 7-134 所示。

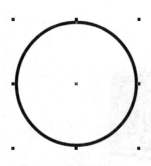

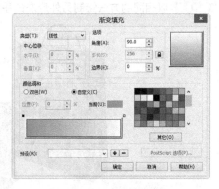

图 7-133 绘制的圆形   图 7-134 【渐变填充】对话框

STEP ⬇3 单击 确定 按钮，为图形填充渐变色，然后将图形的外轮廓线去除。

STEP ⬇4 运用相同的方法绘制第 2 个小圆，单击工具箱中的 ◼ 按钮，弹出【渐变填充】对话框，设置各选项及参数如图 7-135 所示。

STEP ⬇5 单击 确定 按钮，为图形填充渐变色，并将图形的外轮廓线去除，效果如图 7-136 所示。

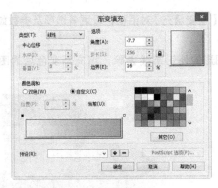

图 7-135　【渐变填充】对话框

图 7-136　渐变填充效果

STEP  按 Ctrl + [] 组合键弹出【导入】对话框，选择"资料 / 风景 .jpg"文件，然后单击
导入 按钮，当鼠标指针显示为带有文件名称和说明的导入符号时单击，将文件导入，调整其大小，
并放于适当位置，效果如图 7-137 所示。

STEP 单击工具箱中的 按钮，同时按住 Ctrl 键，绘制如图 7-138 所示的圆，并填充为白
色，去除轮廓线。

图 7-137　导入背景图

图 7-138　绘制圆形

STEP 单击工具箱中的 按钮，将【透明度类型】设置为【线性】，如图 7-139 所示，调
整操纵杆，为图形添加透明效果。

STEP 继续利用 和 工具，绘制并调整出如图 7-140 所示的树叶图形。

图 7-139　添加交互式透明效果

图 7-140　绘制的树叶图形

STEP 10 单击工具箱中的■按钮，弹出【渐变填充】对话框，设置各选项及参数如图 7–141 所示。

STEP 11 单击 确定 按钮，然后将图形的外轮廓线去除，填充渐变色后的图形效果如图 7–142 所示。

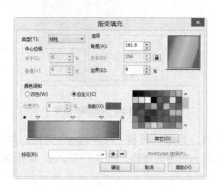

图 7–141 【渐变填充】对话框   图 7–142 填充渐变色后的图形效果

STEP 12 用与步骤（9）～（11）相同的方法，依次绘制并调整出如图 7–143 所示的树叶细节部分图形。

STEP 13 单击工具箱中的■按钮，弹出【均匀填充】对话框，设置各选项及参数如图 7–144 所示，最后去除轮廓线。

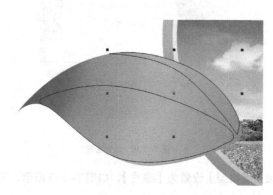

图 7–143 绘制细节部分图形   图 7–144 【均匀填充】对话框

STEP 14 单击工具箱中的■按钮，将【透明度类型】设置为【线性】，参照图 7–145 调整操纵杆，分别为图形添加透明效果。

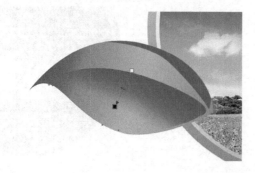

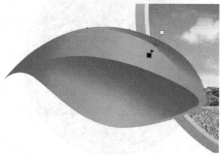

图 7–145 添加透明效果

STEP 15 复制图 7-146 所示的树叶图形轮廓，并利用 工具将其调整至图 7-146 所示的样式，为图形填充淡绿色（C:20,M:0,Y:57,K:0），并去除轮廓。效果如图 7-147 所示。

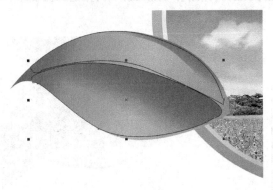

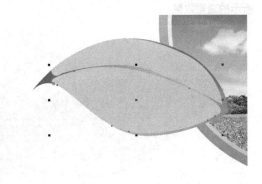

图 7-146　绘制细节部分

图 7-147　填充颜色

STEP 16 单击工具箱中的 按钮，将【透明度类型】设置为【线性】，参照图 7-148 调整操纵杆，为图形添加交互式透明效果。

STEP 17 继续运用 工具，将【透明度类型】设置为【射线】，参照图 7-149 调整操纵杆，为另外一个图形添加透明效果。

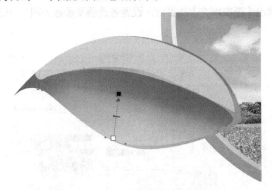

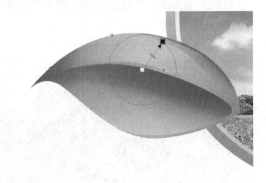

图 7-148　添加透明效果

图 7-149　添加透明效果

STEP 18 利用 和 工具，绘制并调整出如图 7-150 所示的叶脉图形。

STEP 19 选择 工具，弹出【渐变填充】对话框，设置各选项及参数如图 7-151 所示。

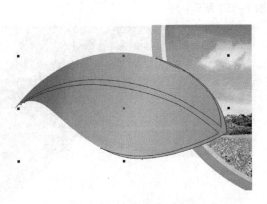

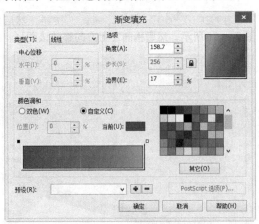

图 7-150　调整出的叶脉图形

图 7-151　【渐变填充】对话框

STEP ⬆20 利用 🖊 和 🖊 工具，绘制并调整出如图 7-152 所示的树叶高光图形，并填充为白色。

STEP ⬆21 选择 🖊 工具，将【透明度类型】设置为【射线】，调整操纵杆，为图形添加如图 7-153 所示的透明效果。

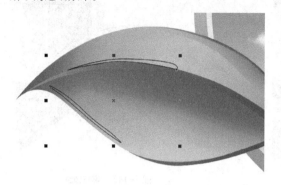

图 7-152 绘制高光部分　　　　　　　　　　　图 7-153 添加透明效果

下面利用【贝塞尔】工具、【形状】工具和【渐变填充】工具来绘制露珠图形。

STEP ⬆22 利用 🖊 和 🖊 工具，绘制出如图 7-154 所示的图像，填充深绿色（C:100,M:0, Y:100, K:0）并去除外轮廓。

STEP ⬆23 复制上述图形，选择 🖊 工具，弹出【渐变填充】对话框，设置各选项及参数如图 7-155 所示。

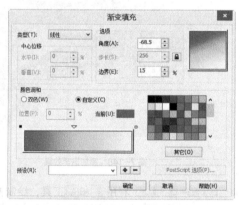

图 7-154 绘制的露珠图形　　　　　　　　　　图 7-155 【渐变填充】对话框

STEP ⬆24 单击 确定 按钮，然后将图形的外轮廓线去除，填充渐变色后的图形效果如图 7-156 所示，然后稍向左上方向移动该图形，如图 7-157 所示。

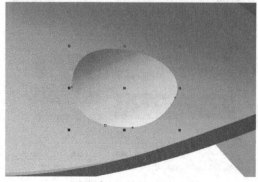

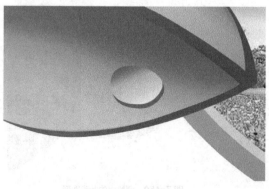

图 7-156 渐变填充　　　　　　　　　　　　　图 7-157 移动图形

STEP 25 利用 ○ 工具绘制露珠高光部分，填充为白色并去除轮廓线，如图 7-158 所示。

STEP 26 选择 工具，将【透明度类型】设置为【线性】，调整操纵杆，为图形添加交互式透明效果，如图 7-159 所示。

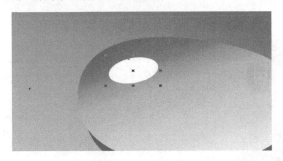

图 7-158　绘制高光部分

图 7-159　添加交互式透明效果

STEP 27 复制高光图形并改变其大小和位置，如图 7-160 所示。

STEP 28 分别将树叶和露珠群组，然后复制树叶和露珠，运用镜像、旋转和移动等命令改变其大小、位置和方向，效果如图 7-161 所示。

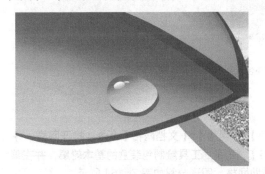

图 7-160　复制移动高光部分

图 7-161　复制树叶和露珠

STEP 29 按 Ctrl + I 组合键弹出【导入】对话框，选择"资料 /LOGO.cdr"文件，然后单击 导入 ▼ 按钮，当鼠标指针显示为带有文件名称和说明的导入符号时单击，将艺术字导入，最终效果如图 7-162 所示。

图 7-162　最终效果

7.4.2 绘制柠檬茶包装盒

本任务主要应用【透视】工具、【调和】工具、【贝塞尔】工具和【交互式填充】等工具来绘制如图 7-163 所示的图形。

图 7-163 柠檬茶包装盒

操作步骤

STEP 1 本例要借助网格，选择菜单栏【视图】/【网格】/【文档网格】命令，打开网格，并在属性栏【贴齐】对话框中选择【贴齐对象】【贴齐网格】。使用 ▢ 工具绘制包装盒的基本轮廓，并在菜单栏中【效果】/【添加透视】调整矩形的透视效果，借助网格。图形分解如图 7-164 所示。

STEP 2 将正面填充，使用 ◈ 交互式填充，填充类型设置为【辐射】，渐变颜色设置为 ▢▾ ▾，从白色（C:0,M:0,Y:0,K:0）到黄色（C:0,M:0,Y:100,K:0），并填充操作如图 7-165 所示。

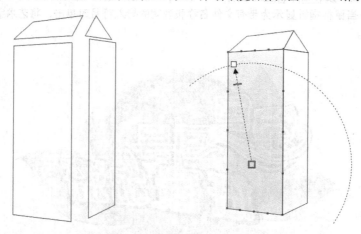

图 7-164 基本矩形分解图　　　图 7-165 交互式填充

STEP 3 接下来绘制文字图案，使用 字 工具，输入"balloon"，字体设置为 𝑂 Malgun Gothic ▾ ，并调整大小 36 pt ▾ ，取消轮廓笔。

STEP 4 单击菜单栏中下的工具。在其菜单栏中选择，设置【轮廓图角】为圆角，并设置颜色为洋红（C:0,M:100,Y:0,K:0）。【步长】1 设置为"1"，并拖动红色方块设置其轮廓图大小，如图 7-166 所示。

STEP 5 按照上文介绍过的方法调整其透视和位置，如图 7-167 所示。

图 7-166　设置字轮廓　　　　　　　　　　　　　图 7-167　调整透视和位置

STEP 6 使用工具绘制杯子图案，先画 3 个圆，并调整透视，如图 7-168 所示。

STEP 7 对上层两个圆进行均匀填充，分别是白色和黄色。最底层第 3 个圆使用进行渐变填充，设置参数如图 7-169 所示。

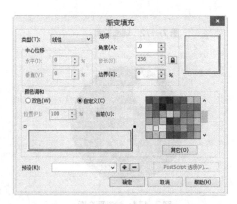

图 7-168　绘制 3 个圆　　　　　　　　　　　　图 7-169　渐变填充

STEP 8 取消轮廓线，将 3 个圆群组后单击菜单栏【效果】/【图框精确剪裁】/【置于图文框内部】，将其置于图框内剪裁，效果如图 7-170 所示。

STEP 9 接下来绘制杯子里的液体效果。使用和工具绘制如图 7-171 所示的图形。取消轮廓线。

STEP 10 在工具里选择调整图形轮廓，在菜单栏中选择，填充色选择为黄色，然后拖动长方形光标和正方形光标分别调整步长和轮廓图偏移大小。效果如图 7-172 所示。

STEP 11 用同样方法绘制完杯子里剩余图案。完成后如图 7-173 所示。

STEP 12 绘制巧克力球图案。利用工具绘制 2 个圆，小圆填充为白色，大圆填充为咖啡色，如图 7-174 所示。

STEP 13 使用工具，由咖啡色圆球中心拖曳到白色小圆的中心，并拖曳鼠标调整其步长，效果如图 7-175 所示。

图 7-170　置于图文框内部

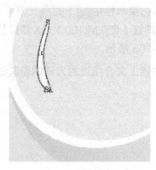

图 7-171　绘制图形

图 7-172　调整轮廓

图 7-173　绘制剩余图案

图 7-174　绘制两个圆

图 7-175　调和工具

STEP 🔄14　复制并调整巧克力球图案，得到如图 7-176 所示效果。

STEP 🔄15　接下来绘制商标彩带。使用 □ 工具绘制两个矩形，并使用封套工具 🖾 对其形状进行调整。在封套工具菜单栏中单击 □，选择控制点向下拖曳时按住 Ctrl 键，可以使两个控制点同步移动。并写上 "lemon" 文字，如图 7-177 所示。

图 7-176　复制并调整位置

图 7-177　使用封套工具

STEP 16 使用渐变填充工具，并调整其透视，这里不再赘述。完成后的效果如图 7-178 所示。

STEP 17 使用上述方法可以完成后续图形绘制，这里不再重复介绍。完成后的效果如图 7-179 所示。

STEP 18 以同样的方法绘制其余几个面。最后取消面的轮廓线。最终效果如图 7-180 所示。

图 7-178 商标彩带完成效果

图 7-179 绘制剩余图案

图 7-180 柠檬茶包装盒

7.5 实训

7.5.1 制作宣传单

利用交互式效果工具设计制作如图 7-181 所示的宣传单。

图 7-181 设计制作的宣传单

操作步骤

STEP 1 启动 CorelDRAW X6 后，选择菜单栏中的【文件】/【新建】命令，新建一个文件，设置文件的页面大小为"155mm×75mm"，横向幅面。

STEP 2 双击工具箱中的 □ 按钮，绘制一个与页面相同大小的矩形，为矩形填充黄绿色（C:25,M:0,Y:100,K:0），效果如图 7-182 所示。

图 7-182　绘制一个与页面相同大小的矩形

STEP 3 移动鼠标指针到垂直方向的标尺上，按住鼠标左键并向右拖曳，拉出辅助线，辅助线的个数与位置如图 7-183 所示。

图 7-183　拉出多条辅助线

STEP 4 选择菜单栏中的【视图】/【对齐辅助线】命令，如果已经勾选了【对齐辅助线】选项，就不需要操作这一步。

STEP 5 单击工具箱中的 □ 按钮，通过捕捉辅助线的交点，在工作区域绘制如图 7-184 所示的矩形。

STEP 6 为这一系列的矩形填充颜色，从左至右颜色分别为（C:0,M:0,Y:100,K:0），（C:30,M:0,Y:100,K:0），（C:15,M:50,Y:100,K:0），（C:0,M:0,Y:50,K:0），（C:80,M:0,Y:100,K:0），（C:0,M:15,Y:0,K:0），（C:20,M:0,Y:100,K:0），（C:95,M:0,Y:100,K:40），（C:33,M:0,Y:100,K:10）。

STEP 7 删除所有的辅助线，页面效果如图 7-185 所示。

图 7-184　在工作区域绘制矩形

图 7-185　删除所有的辅助线

STEP 8 选择菜单栏中的【视图】/【贴齐】/【贴齐对象】命令，如果已经勾选了【贴齐对象】选项，就不需要操作这一步。

STEP 9 单击工具箱中的 按钮，在弹出的隐藏工具中选取 工具，捕捉到矩形的边缘，如图 7-186 所示。然后拖曳鼠标绘制任意形态的线条，效果如图 7-187 所示。

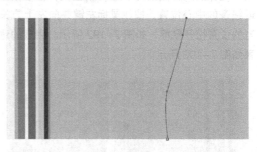

图 7-186　捕捉矩形的边缘　　　　　　　　　　图 7-187　绘制任意形态的线条

STEP 10 复制绘制的线条，单击工具箱中的 按钮，调整复制线条的形态，调整后的形态任意，再复制线条并进行调整，在调整的过程中注意线条的形态及疏密效果要尽量不同，调整后的效果如图 7-188 所示。

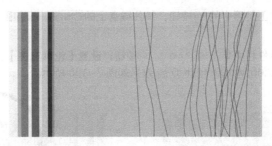

图 7-188　调整复制线条的形态

STEP 11 选择所有的线条，按下键盘上的 Ctrl + G 组合键，组合为一体。

STEP 12 单击工具箱中的 按钮，在弹出的隐藏工具中选取 工具，将会弹出如图 7-189 所示的【轮廓笔】对话框。

STEP 13 在【轮廓笔】对话框设置【颜色】选项为"白色"，【宽度】为"0.7mm"，【样式】为"虚线"，如图 7-190 所示。

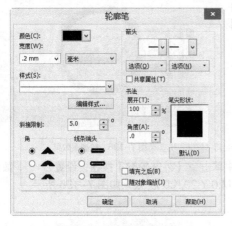

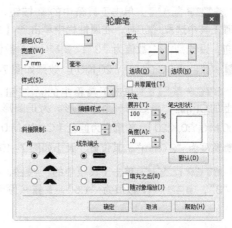

图 7-189　【轮廓笔】对话框　　　　　　　　　图 7-190　设置【轮廓笔】对话框

STEP 14 单击 确定 按钮，效果如图 7-191 所示。

STEP 15 选择虚线线条，单击工具箱中的按钮，在弹出的隐藏工具中选取工具，移动鼠标指针到靠近线条的中心位置，按住鼠标左键并向左上方拖曳，在适当的位置松开鼠标，如图 7-192 所示。完成的透明渐变效果如图 7-193 所示。

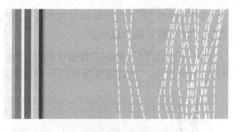

图 7-191　线条的效果

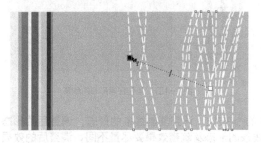

图 7-192　鼠标拖曳的方式

图 7-193　透明渐变效果

STEP 16 单击工具箱中的按钮，按住键盘上的Ctrl键，在如图 7-194 所示的位置绘制一个正圆形。

STEP 17 在属性栏中单击 .2 mm 按钮，设置【轮廓宽度】为"2.822mm"，设置正圆形为无填充，轮廓色为（C:65,M:100,Y:0,K:0）。效果如图 7-195 所示。

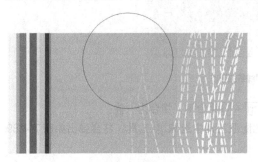

图 7-194　绘制正圆形

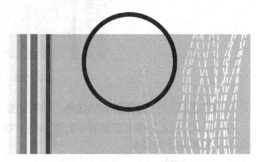

图 7-195　填充正圆形

STEP 18 单击工具箱中的按钮，在弹出的隐藏工具中选取工具，在属性栏中单击【外部轮廓】按钮，设置 1 数值为"3"，2.54 mm 数值为"2"，颜色为（C:0,M:0,Y:20,K:0）。效果如图 7-196 所示。

STEP 19 单击工具箱中的按钮，按住键盘上的Ctrl键，再绘制一个正圆形。为正圆形填充灰色（C:0,M:0,Y:0,K:20），轮廓色为蓝色（C:100,M:0,Y:0,K:0），轮廓宽度为"2.0mm"，其位置、大小如图 7-197 所示。

图 7-196　轮廓图效果

STEP 20 单击工具箱中的按钮，在属性栏中单击【外部轮廓】按钮，设置 1 数值为"3"，2.54 mm 数值为"1.5"，颜色为（C:0,M:0,Y:20,K:0）。效果如图 7-198 所示。

图 7-197 再绘制一个正圆形

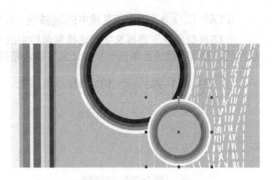

图 7-198 第 2 个正圆形的轮廓图效果

STEP 21 单击工具箱中的 按钮，按住键盘上的 Ctrl 键，再绘制第 3 个正圆形，其位置、大小如图 7-199 所示。

STEP 22 为正圆形填充颜色"白色"，无轮廓。效果如图 7-200 所示。

图 7-199 再绘制第 3 个正圆形

图 7-200 填充第 3 个正圆形

STEP 23 单击工具箱中的 按钮，在弹出的隐藏工具中选取 工具，单击属性栏中 无 按钮，在弹出的下拉列表中选取【射线】选项，为正圆形设置透明变化效果，如图 7-201 所示。

STEP 24 选择最初绘制的虚线线条组合，按下键盘上的 Shift + Page Up 组合键，将线条放置到最上层，效果如图 7-202 所示。

图 7-201 正圆形透明效果

图 7-202 调整图形间的顺序

STEP 25 单击工具箱中的 字 按钮，切换输入方式为中文状态，输入如图 7-203 所示的文字。设置字体为"黑体"，文字大小为"24"。

我 们 恭 候 您 的 光 临

图 7-203 输入文字

STEP 26 单击工具箱中的 ➘ 按钮，绘制如图 7-204 所示的线条。

STEP 27 选择文字，选择菜单栏中的【文本】/【使文本适合路径】命令，鼠标变为 ➡ 箭头状态后，在线条路径上单击一次，让文本适合路径。效果如图 7-205 所示。

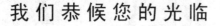

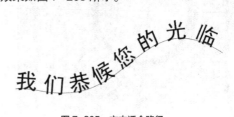

图 7-204　绘制线条　　　　　　　　　　　　　　　图 7-205　文本适合路径

STEP 28 选择适配路径后的文字，再选择菜单栏中的【排列】/【拆分在一路径上的文本】命令，让文字与路径脱离。将移动拆分后的文字放置到如图 7-206 所示的位置。

STEP 29 更改文字的颜色为（C:0,M:100,Y:0,K:0），无轮廓。

STEP 30 选择文字，单击工具箱中的 ➘ 按钮，在弹出的隐藏工具中选取 ▣ 工具，在属性栏中单击 ▣【外部轮廓】按钮，设置 ⛶1 ＋ 数值为"1"，⛶ 2.54 mm ＋ 数值为"0.8"。⛶ ■ ▾ 颜色为（C:0,M:0,Y:0,K:0）。效果如图 7-207 所示。

图 7-206　调整文字的位置　　　　　　　　　　　　图 7-207　为文字添加轮廓图效果

STEP 31 选择文字的轮廓图，选择菜单栏中的【排列】/【拆分轮廓图群组】命令，拆分轮廓图与文字。

 要点提示

这里不是选择文字，而是选择轮廓图。若选择的是文字，菜单栏中的选项为灰色。当文字轮廓出现图 7-208 所示的节点，表示选取的是轮廓图，若没有出现节点，表示选取的是文字。

图 7-208　左图表示选取的是轮廓图

STEP 32 选择拆分后的轮廓图，设置属性栏的【轮廓宽度】的数值为"0.8"，轮廓颜色为（C:20,M:80,Y:0,K:20）。效果如图 7-209 所示。

STEP 33 单击工具箱中的 字 按钮，切换输入方式为中文状态，输入如图 7-210 所示的文字。

设置字体为"黑体",文字大小为"7"。

图 7-209 编辑轮廓

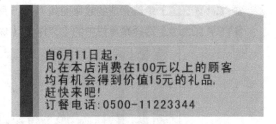

图 7-210 在宣传单上输入文字

STEP 34 最后的效果如图 7-211 所示。

STEP 35 选择所有的对象,按下键盘上的 Ctrl + G 组合键,将其组合为一体。任意移动组合后的位置以偏离原位。

STEP 36 双击工具箱中的 □ 按钮,再绘制一个与页面相同大小的矩形。

STEP 37 选择群组的对象,选择菜单栏中的【效果】/【图框精确剪裁】/【置于图文框内部】命令,在最后绘制的矩形路径上单击一次,将对象置入容器。效果如图 7-212 所示。

图 7-211 完成的效果

图 7-212 将群组对象置入容器

STEP 38 选择对象,再选择菜单栏中的【效果】/【图框精确剪裁】/【编辑 PowerClip】命令,切换为如图 7-213 所示的状态。

STEP 39 选择菜单栏中的【视图】/【贴齐】/【贴齐对象】命令,如果已经勾选了【贴齐对象】选项,就不需要操作这一步。

STEP 40 选择群组的图形,移动鼠标到左下角,按住鼠标拖曳对象到矩形容器对象的左下角,当捕捉标记显示为如图 7-214 所示的状态时松开鼠标。

图 7-213 编辑内容

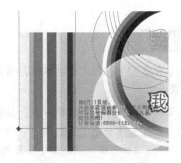

图 7-214 显示对齐捕捉标记

STEP 41 选择菜单栏中的【效果】/【图框精确剪裁】/【结束编辑此级别】命令,结束内容的编辑。

STEP 42 最终完成的效果图如 7-215 所示。

STEP 43 选择菜单栏中的【文件】/【保存】命令，将文件命名为"插画"并进行保存。

图 7-215　宣传单的最终效果

7.5.2 【图框精确剪裁】案例

利用【图框精确剪裁】命令绘制如图 7-216 所示的效果。

图 7-216　精确剪裁效果

操作步骤

STEP 1 启动 CorelDRAW X6 后，选择菜单栏中的【文件】/【新建】命令，新建一个文件，横向幅面。

STEP 2 单击工具箱中的 按钮，按住键盘上的 Ctrl 键，绘制一个圆形。

STEP 3 单击工具箱中的 按钮，选择圆形，按住键盘上的 Shift 键，缩小圆形，在松开鼠标左键前，单击鼠标右键一次，缩小并复制一个圆形。如图 7-217 所示。

STEP 4 选择菜单栏中的【窗口】/【泊坞窗】/【造形】命令，在界面右侧弹出【造形】泊坞窗（若此时没有选择【修剪】选项，请在相应的下拉列表中选择【修剪】选项），如图 7-218 所示。

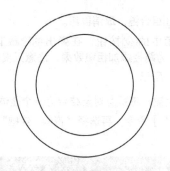

图 7-217　缩小并复制一个圆形　　　　图 7-218　【造形】对话框中的【修剪】选项

STEP **5**　选择缩小的圆形，在【造形】对话框中，不勾选【保留原始源对象】与【保留原目标对象】选项。单击 修剪 按钮，移动鼠标指针，在大圆形路径上单击一次，利用小圆形修剪大圆形，使之变为一个圆环。

STEP **6**　选择修剪后的圆环对象，缩小并复制两个，如图 7-219 所示。

STEP **7**　按 Ctrl + G 组合键，将所有圆环群组。

STEP **8**　单击工具箱中的 按钮，绘制如图 7-220 所示的图形。

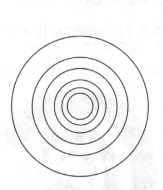

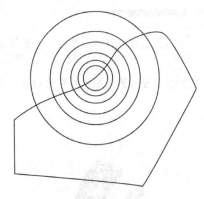

图 7-219　缩小复制后的圆环　　　　　　图 7-220　绘制闭合路径

STEP **9**　选择圆环图形，在【造形】对话框的 修剪 下拉列表中选择【相交】选项，不勾选【保留原始源对象】与【保留原目标对象】选项，如图 7-221 所示。

STEP **10**　单击 相交对象 按钮，移动鼠标，在最后绘制的图形路径上单击一次，得到两个图形的相交图形，如图 7-222 所示。

图 7-221　【造形】泊坞窗中的【相交】选项　　　图 7-222　两个图形相交后的效果

STEP ◪11◪ 选择相交后的图形，按 Ctrl + U 组合键，取消群组。

STEP ◪12◪ 选择最外环的图形，单击工具箱中的 ◪ 按钮，在弹出的隐藏工具中选取 ◪ 工具，移动鼠标指针并在图形的路径上按住鼠标左键拖曳，为路径添加粗糙效果，注意只变形局部区域。用同样的方式处理其他两个图形，完成的效果如图 7-223 所示。

STEP ◪13◪ 选择所有图形，按 Ctrl + L 组合键，将所有对象结合为一个整体。

STEP ◪14◪ 选择菜单栏中的【文件】/【导入】命令，再选择"资料 / 辣椒"图片。导入的图片如图 7-224 所示。

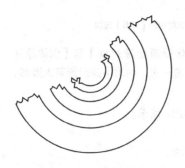

图 7-223　为路径添加粗糙效果

图 7-224　导入图片

STEP ◪15◪ 选择导入的图片后，再选择菜单栏中的【效果】【图框精确剪裁】【置于图文框内部】命令，在结合后的图形路径上单击鼠标左键，将图片置入容器中。效果如图 7-225 所示。

STEP ◪16◪ 复制置入图片的图形对象，旋转并移动，调整后的最终效果如图 7-226 所示。

图 7-225　显示精确剪裁效果

图 7-226　精确剪裁的最终效果

案例小结

在执行【效果】/【图框精确剪裁】/【置于图文框内部】命令后，会将图片的中心对齐到容器的中点上，如果图片的位置和大小不符合需要，可以执行【效果】/【图框精确剪裁】/【编辑 PowerClip】命令，对图片进行调整。

7.6 习题

1. 利用所学的工具绘制如图 7-227 所示的按钮。
2. 利用所学的【添加透视】命令绘制如图 7-228 所示的图案。

图 7-227 绘制按钮

图 7-228 绘制立方体

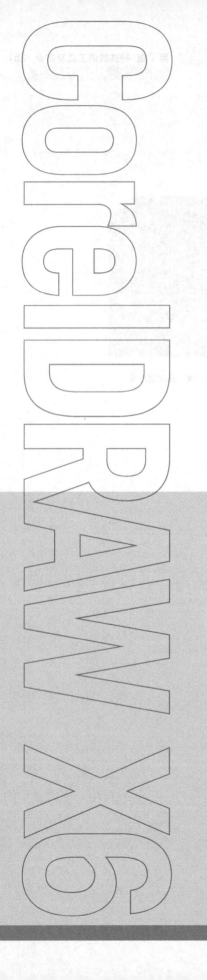

Chapter

8

第8章
位图的处理

　　CorelDRAW X6除了可以用来绘制矢量图形外，还具有处理位图图像的强大功能。利用CorelDRAW X6中【位图】菜单中的命令能够制作出精彩的图像艺术效果，可以为位图图像添加丰富的效果，在平面广告和海报等创作中运用非常广泛。本章主要介绍CorelDRAW X6中位图的颜色调整及特效制作，需要注意的是，【位图】菜单中大多数命令只能应用于位图，要想应用于矢量图形，需要先将矢量图形转换成位图。

学习要点

- 了解位图的颜色调整。

- 了解各个位图特效命令的功能。

- 灵活运用【位图】菜单中的命令。

- 熟悉位图与矢量图的相互转换。

8.1 位图的调整与校正

利用【效果】菜单中的【调整】、【变换】和【校正】命令，可以对位图图像中由于曝光过度或感光不足而呈现的瑕疵部分进行调整，从而全面提高位图图像的色彩效果。

1. 调整

- 【高反差】命令：可以将图像的颜色从最暗区到最亮区重新分布，以此来调整图像的阴影、中间色和高光区域的明度对比。
- 【局部平衡】命令：可以提高图像边缘颜色的对比度，使图像产生高亮对比的线描效果。
- 【取样 / 目标平衡】命令：可以用提取的颜色样本来重新调整图像中的颜色值。
- 【调合曲线】命令：可以改变图像中单个像素的值，以此来精确修改图像局部的颜色。
- 【亮度 / 对比度 / 强度】命令：可以均衡调整图形或图像中的所有颜色。
- 【颜色平衡】命令：可以改变多个图形或图像的总体平衡。当图形或图像上有太多的颜色时，使用此命令可以校正图形或图像的色彩浓度以及色彩平衡。这是从整体上快速改变颜色的一种方法。
- 【伽玛值】命令：在对图形或图像阴影、高光等区域影响不太明显的情况下，可以改变对比度较低的图像细节。
- 【色度 / 饱和度 / 亮度】命令：可以通过改变所选图形或图像的色度、饱和度和亮度值，来改变图形或图像的色调、饱和度和亮度。
- 【所选颜色】命令：可以在色谱范围内按照选定的颜色来调整组成图像颜色的百分比，从而改变图像的颜色。
- 【替换颜色】命令：可以将一种新的颜色替换图像中所选的颜色。对于选择的新颜色，用户还可以通过【色度】、【饱和度】和【亮度】选项进行进一步的设置。
- 【取消饱和】命令：可以自动去除图像的颜色，转成灰度效果。
- 【通道混合器】命令：可以通过改变不同颜色通道的数值来改变图像的色调。

2. 变换与校正

- 【去交错】命令：可以把扫描图像过程中产生的网点消除，从而使图像更加清晰。
- 【反显】命令：可以把图像的颜色转换为与其相对的颜色，从而生成图像的负片效果。
- 【极色化】命令：可以把图像颜色简单化处理，从而得到色块化效果。
- 【尘埃与刮痕】命令：可以通过更改图像中相异像素的差异来减少杂色。

【例 8-1】：调整图像色彩。

下面主要利用【效果】/【调整】/【调合曲线】命令调整图像的色彩，原图与调整后的效果如图 8-1 所示。

图 8-1　原图与调整后的效果

操作步骤

STEP 1 新建一个图形文件，导入"资料 / 蝴蝶 .jpg"图片。

STEP 2 选择【效果】/【调整】/【调合曲线】命令，弹出如图 8-2 所示的【调合曲线】对话框。

STEP 3 在【调合曲线】对话框中单击 🔒 按钮将其激活，即可在预览窗口中随时观察位图图像调整后的颜色效果，不必每次单击 [预览] 按钮。

STEP 4 在【活动通道】下拉列表中选择【红】选项，然后将鼠标指针移动到右侧窗口中的线形上并单击添加控制点，再将添加的控制点调整至如图 8-3 所示的位置。

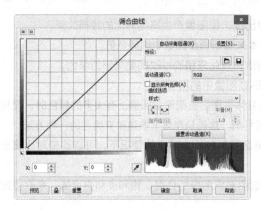
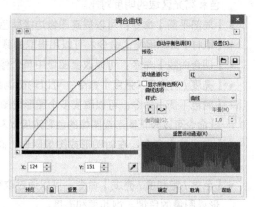

图 8-2 【调合曲线】对话框　　　　　　　　　图 8-3 控制点调整的位置

STEP 5 用与步骤（4）相同的方法，分别调整"绿色通道"和"兰色通道"，调整后的线形形态如图 8-4 所示。

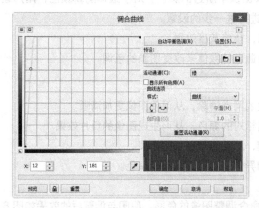
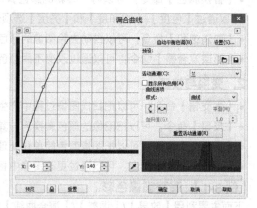

图 8-4 调整后的线形形态

STEP 6 单击 [确定] 按钮，即可完成位图图像色调的调整。

8.2 位图效果

利用位图效果命令可对位图图像进行特效艺术化处理。CorelDRAW X6 的【位图】菜单中共有 70 多个（分为 10 类）位图命令，每个命令都可以使图像产生不同的艺术效果，下面分别来进行介绍。

【例 8-2】：**基本的使用方式。**

操作步骤

STEP  选择菜单栏中的【文件】/【新建】命令，新建一个空白文件。

STEP 2 选择菜单栏中的【文件】/【导入】命令，导入"资料/位图处理.jpg"图片。

STEP 3 选择导入的图片，并选择菜单栏中的【位图】/【三维效果】/【三维旋转】命令，弹出图 8-5 所示的【三维旋转】对话框。

STEP 4 在【垂直】数值框中输入数值"20"，【水平】数值框中输入数值"–30"。单击 确定 按钮，图像产生三维旋转效果。图 8-6 所示为执行三维旋转操作前后图像的效果。

图 8-5 【三维旋转】对话框

图 8-6 三维旋转前后的效果

拓展知识

【三维旋转】对话框中的选项和按钮功能如下。

- ▣ 按钮：单击该按钮，对话框会切换为如图 8-7 所示的状态，可在对话框上部打开预览窗口。

- 🖑 按钮：移动鼠标指针到该按钮上，按住鼠标左键并拖曳，可以调整旋转的角度。同时，右侧的【垂直】与【水平】数值框中的数值会发生相应变化。

- 【垂直】数值框：以输入数值的方式，调整图像在垂直方向上的旋转角度。

- 【水平】数值框：以输入数值的方式，调整图像在水平方向上的旋转角度。

- 预览 按钮：单击该按钮，可以对当前的旋转效果进行预览。

图 8-7 【三维旋转】对话框

- 🔒 按钮：激活该按钮，当对话框中的参数改变时，都会自动进行预览；当该按钮为未激活状态时，只有在单击 预览 按钮后，才会对图像的效果进行预览。

- 重置 按钮：单击该按钮，可以将当前参数和图像的预览效果进行恢复。

8.2.1 【三维效果】命令组

在工作区域中选择了位图图片后，菜单栏中的【位图】/【三维效果】命令组可以使选择的位图产生不同类型的立体效果。它包括 7 个菜单命令，各命令的功能如下。

- 【三维旋转】：可以使图像产生一种景深效果。

- 【柱面】：可以使图像产生一种图像环绕在圆柱体上的扭曲效果，或贴附在一个凹陷曲面中的凹陷效果。

- 【浮雕】：可以使图像产生一种浮雕效果。通过控制光源的方向和浮雕的深度来控制图像的光照区和阴影区。
- 【卷页】：可以使图像产生有一角卷起的卷页效果。
- 【透视】：可以使图像产生三维的透视效果。
- 【挤远/挤近】：可以使图像从中心开始产生向中心挤近或向外挤远的扭曲效果。
- 【球面】：可以使图像产生一种球状扭曲效果，类似哈哈镜中的效果。

每个命令所产生的效果如图 8-8 所示。

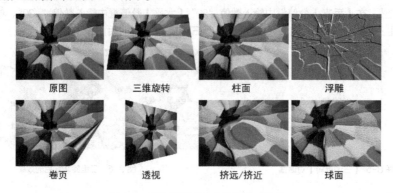

图 8-8　选择三维效果命令产生的各种效果

8.2.2 【艺术笔触】命令组

【艺术笔触】命令是一种模仿传统绘画效果的特效滤镜，可以使图像产生类似于画笔绘制的艺术特效。它包括 14 个菜单命令，各命令的功能如下。

- 【炭笔画】：可以使图像产生用炭笔在图板上绘画的效果。应用该命令后，图像会变为黑白颜色图像。
- 【单色蜡笔画】：可以使图像产生一种柔和的发散效果，软化位图的细节，产生一种雾蒙蒙的感觉。
- 【蜡笔画】：可以使图像产生一种融化效果。通过调整画笔的大小和图像轮廓线的粗细来反映蜡笔效果的强烈程度，轮廓线设置得越大，效果表现越强烈，在细节不多的位图上效果最明显。
- 【立体派】：可以使图像产生网印和压印的效果。
- 【印象派】：可以使图像产生一种类似于绘画中的印象派画法绘制的彩画效果。
- 【调色刀】：可以为图像添加类似于使用油画刀绘制的画面效果。
- 【彩色蜡笔画】：可以使图像产生类似于粉性蜡笔绘制出的斑点艺术效果。
- 【钢笔画】：可以产生类似使用墨水绘制的图像效果，此命令比较适合图像内部与边缘对比比较强烈的图像。
- 【点彩派】：可以使图像产生看起来好像由大量的色点组成的效果。
- 【木版画】：可以在图像的彩色或黑白色之间生成一个明显的对照点，使图像产生刮涂绘画的效果。
- 【素描】：可以使图像生成一种类似于素描的效果。
- 【水彩画】：此命令类似于【彩色蜡笔画】命令，可以为图像添加发散效果。
- 【水印画】：可以使图像产生斑点效果，将图像中的微小细节隐藏。
- 【波纹纸画】：可以为图像添加细微的颗粒效果。

每个命令所产生的效果如图 8-9 所示。

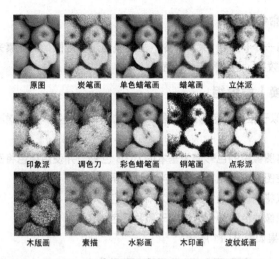

原图	炭笔画	单色蜡笔画	蜡笔画	立体派
印象派	调色刀	彩色蜡笔画	钢笔画	点彩派
木版画	素描	水彩画	木印画	波纹纸画

图 8-9　选择【艺术笔触】命令产生的各种效果

8.2.3 【模糊】命令组

【模糊】命令是通过不同的方式来柔化图像中的像素，使图像得到平滑的模糊效果。它包括 9 个菜单命令，各命令的功能如下。

- 【定向平滑】：可以为图像添加少量的模糊，使图像产生非常细微的变化，主要适合于平滑人物皮肤和校正图像中细微粗糙的部位。
- 【高斯式模糊】：此命令是经常使用的一个命令，主要通过高斯分布来操作位图的像素信息，从而为图像添加模糊变形的效果。
- 【锯齿状模糊】：可以为图像添加模糊效果，从而减少经过调整或重新取样后生成的参差不齐的边缘，还可以最大限度地减少扫描图像时的蒙尘和刮痕。
- 【低通滤波器】：可以抵消由于调整图像的大小而产生的细微狭缝，从而使图像柔化。
- 【动态模糊】：不仅可以使图像产生动态速度的幻觉效果，还可以使图像产生风雷般的动感。
- 【放射式模糊】：可以使图像产生向四周发散的放射效果，离放射中心越远放射模糊效果越明显。
- 【平滑】：可以使图像中每个像素之间的色调变得平滑，从而产生一种柔软的效果。
- 【柔和】：此命令对图像的作用很微小，几乎看不出变化，但是使用【柔和】命令可以在不改变原图像的情况下再给图像添加轻微的模糊效果。
- 【缩放】：此命令与【放射式模糊】命令有些相似，都是从图形的中心开始向外扩散放射。但使用【缩放】命令可以给图像添加逐渐增强的模糊效果，并且可以突出图像中的某个部分。

每个命令所产生的效果如图 8-10 所示。

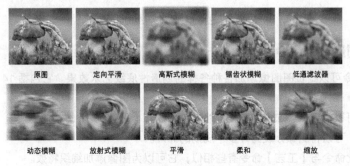

原图	定向平滑	高斯式模糊	锯齿状模糊	低通滤波器
动态模糊	放射式模糊	平滑	柔和	缩放

图 8-10　选择模糊命令产生的各种效果

8.2.4 【相机】命令组

【相机】命令组中只有一个【扩散】菜单命令，主要是通过扩散图像的像素来填充空白区域消除杂点，类似于给图像添加模糊的效果，但效果不太明显。

8.2.5 【颜色转换】命令组

【颜色转换】命令类似于位图的色彩转换器，可以给图像转换不同的色彩效果。它包括4个菜单命令，各命令的功能如下。

- 【位平面】：可以将图像中的色彩变为基本的RGB色彩，并使用纯色将图像显示出来。
- 【半色调】：可以使图像变得粗糙，生成半色调网屏效果。
- 【梦幻色调】：可以将图像中的色彩转换为明亮的色彩。
- 【曝光】：可以将图像的色彩转化为近似于照片底色的色彩。

每个命令所产生的效果如图8-11所示。

原图　　　　位平面　　　　半色调　　　　梦幻色调　　　　曝光

图8-11　选择颜色转换命令产生的各种效果

8.2.6 【轮廓图】命令组

【轮廓图】命令可以查找图像中颜色亮度变化较大的区域边缘，从而产生勾勒轮廓线的效果。它包括3个菜单命令，各命令的功能如下。

- 【边缘检测】：可以对图像的边缘进行检测显示。
- 【查找边缘】：可以使图像中的边缘彻底地显现出来。
- 【描摹轮廓】：可以对图像的轮廓进行描绘。

每个命令所产生的效果如图8-12所示。

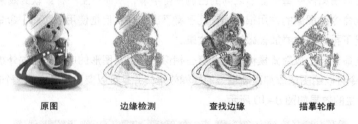

原图　　　　边缘检测　　　　查找边缘　　　　描摹轮廓

图8-12　选择轮廓图命令产生的各种效果

8.2.7 【创造性】命令组

【创造性】命令可以给位图图像添加各种各样的创造性底纹艺术效果。它包括14个菜单命令，各命令的功能如下。

- 【工艺】：可以为图像添加多种样式的纹理效果。
- 【晶体化】：可以将图像分裂为许多不规则的碎片。
- 【织物】：此命令与【工艺】命令有些相似，它可以为图像添加编织特效。

- 【框架】：可以为图像添加艺术性的边框。
- 【玻璃砖】：可以使图像产生一种玻璃纹理效果。
- 【儿童游戏】：可以使图像产生很多意想不到的艺术效果。
- 【马赛克】：可以将图像分割成类似于陶瓷碎片的效果。
- 【粒子】：可以为图像添加星状或泡沫效果。
- 【散开】：可以在水平和垂直方向上扩散像素，使图像产生一种变形效果。
- 【茶色玻璃】：可以使图像产生一种透过有色玻璃看图像的效果。
- 【彩色玻璃】：可以使图像产生彩色玻璃效果，类似于用彩色的碎玻璃拼贴在一起的艺术效果。
- 【虚光】：可以产生边框效果，还可以改变边框的形状、颜色和大小等内容。
- 【旋涡】：可以使图像产生旋涡效果。
- 【天气】：可以给图像添加下雪、下雨或雾等天气效果。

每个命令所产生的效果如图 8-13 所示。

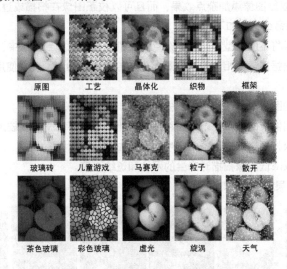

图 8-13　选择创造性命令产生的各种效果

8.2.8 【扭曲】命令组

　　【扭曲】命令可以对图像进行扭曲变形，从而改变图像的外观，但在改变的同时不会增加图像的深度。它包括 10 个菜单命令，各命令的功能如下。

- 【块状】：可以将图像分为多个区域，并且可以调节各区域的大小以及偏移量。
- 【置换】：可以将预设的图样均匀地置换到图像上。
- 【偏移】：可以按照设置的数值偏移整个图像，并按照指定的方法填充偏移后留下的空白区域。
- 【像素】：可以按照像素模式使图像像素化，并产生一种放大的位图效果。
- 【龟纹】：可以使图像产生扭曲的波浪变形效果，还可以对波浪的大小、幅度和频率等进行调节。
- 【旋涡】：可以使图像按照设置的方向和角度产生变形，生成按顺时针或逆时针旋转的旋涡效果。
- 【平铺】：可以将原图像作为单个元素，在整个图像范围内按照设置的个数进行平铺排列。
- 【湿笔画】：可以使图像生成一种尚未干透的水彩画效果。
- 【涡流】：此命令类似于【旋涡】命令，可以为图像添加流动的旋涡图案。
- 【风吹效果】：可以使图像产生起风的效果，还可以调节风的大小及风的方向。

每个命令所产生的效果如图 8-14 所示。

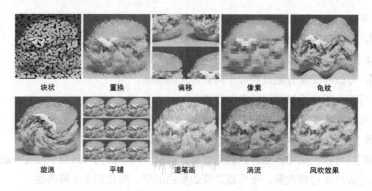

图 8-14　选择【扭曲】命令产生的各种效果

8.2.9　【杂点】命令组

【杂点】命令不仅可以给图像添加杂点效果，而且可以校正图像在扫描或过度混合时所产生的缝隙。它包括 6 个菜单命令，各命令功能如下。

- 【添加杂点】：可以将不同类型和颜色的杂点以随机的方式添加到图像中，使其产生粗糙的效果。
- 【最大值】：可以根据图像中相邻像素的最大色彩值来去除杂点，多次使用此命令会使图像产生一种模糊效果。
- 【中值】：通过平均图像中的像素色彩来去除杂点。
- 【最小】：通过使图像中的像素变暗来去除杂点，此命令主要用于亮度较大和曝光过度的图像。
- 【去除龟纹】：可以将图像扫描过程中产生的网纹去除。
- 【去除杂点】：可以降低图像扫描时产生的网纹和斑纹强度。

每个命令所产生的效果如图 8-15 所示。

图 8-15　选择杂点命令产生的各种效果

8.2.10　【鲜明化】命令组

【鲜明化】命令可以使图像边缘变得清晰。它包括 5 个菜单命令，各命令的功能如下。

- 【适应非鲜明化】：可以通过分析图像中相邻像素的值来加强位图中的细节，但图像的变化极小。
- 【定向柔化】：可以根据图像边缘像素的发光度来使图像变得更清晰。
- 【高通滤波器】：通过改变图像的高光区和发光区的亮度及色彩度，从而去除图像中的某些细节。
- 【鲜明化】：可以使图像中各像素的边缘对比度增强。
- 【非鲜明化遮罩】：通过提高图像的清晰度来加强图像的边缘。

每个命令所产生的效果如图 8-16 所示。

图 8-16　选择鲜明化命令产生的各种效果

8.3 【描摹位图】命令组

在 CorelDRAW 中除了可以将矢量图形转换为位图外，用户还可以将位图图像转换为矢量图。通过将位图图像转换为矢量图，可以继续对图形进行进一步的矢量调整，如填充渐变色、进行形状变形等。

选择要矢量化的位图图像后，再选择【位图】/【轮廓描摹】/【线条图】命令，将弹出图 8-17 所示的【Power TRACE】对话框。

图 8-17 【Power TRACE】对话框

整个对话框分为两大部分，左边是预览区和查看预览图形的工具按钮，右边是选项及参数设置区。

- 【预览】：设置预览区显示的图像，包括【之前和之后】、【较大预览】和【线框叠加】3 个选项。当选择【之前和之后】选项时，预览区中显示源图像及矢量化后的图形；当选择【较大预览】选项时，预览区中只显示矢量化后的图形；当选择【线框叠加】选项时，预览区中显示矢量化图形的外轮廓。
- 【透明度】：当在【预览】下拉列表中选择【线框叠加】选项时，此选项才可用。它用于设置矢量化后图形填充色的透明程度，数值越大，图形越透明。
- 【放大】按钮🔍：可放大图像或图形的显示。
- 【缩小】按钮🔍：可缩小图像或图形的显示。
- 【按窗口大小显示】按钮⊞：可将预览区中的图像或图形按对话框的大小显示。
- 【平移】按钮✋：当图像或图形放大到窗口无法完全显示时，利用此按钮在预览区中拖曳，可调整图像或图形的显示区域。
- 【撤销】按钮↩：单击此按钮，可撤销刚才的设置。
- 【重做】按钮↪：单击此按钮，可重做刚才撤销的设置。
- 重置 按钮：单击此按钮，将还原图像。
- 【图像类型】：设置图像的跟踪方式，包括【线条图】、【徽标】、【徽标细节】、【剪贴画】、【低质量图像】和【高质量图像】6 个选项。
- 【细节】：设置保留原图像细节的程度。数值越大，图形失真越小，质量越高。
- 【平滑】：设置生成图形的平滑程度。数值越大，图形边缘越光滑。

- 【拐角平滑度】：控制生成图形在转角位置的平滑度，数值越大，图形越平滑。
- 【删除原始图像】：勾选此复选项，系统会将源图像矢量化，否则会将源图像复制然后进行矢量化。
- 【移除背景】：将源图像中的填充色部分或全部移除，分为自动移除和指定颜色移除。当选中【自动选择颜色】单选项时，系统将自动选择要移除的颜色。当选中【指定颜色】单选项时，可利用右侧的【指定要移除的背景色】按钮 ✐，在预览区中吸取要移除的颜色。如果勾选【移除整个图像的颜色】复选项，系统会将与要移除颜色相同的颜色全部移除，否则只移除指定区域的颜色。
- 【跟踪结果详细资料】：显示描绘成矢量图形后的细节报告。
- 【颜色】选项卡：显示矢量化后图形的所有颜色及颜色值。

【颜色模式】：设置生成图形的颜色模式，包括"CMYK""RGB""灰度"等模式。

【颜色数】：设置生成图形的颜色数量。数值越大，图形越细腻。

8.4 综合案例

下面通过几个综合案例来巩固一下前面所学的知识。

8.4.1 绘制装饰画

利用位图处理工具，绘制如图 8-18 所示的装饰画。

图 8-18 装饰画

操作步骤

STEP 1 按 Ctrl + N 组合键新建一个文件。

STEP 2 双击工具箱中的 □ 按钮，绘制一个与页面相同大小的矩形。

STEP 3 在工具箱中的 ✎ 按钮上按住鼠标左键，在弹出的隐藏工具组中选择 ✎ 工具，绘制如图 8-19 所示的图形。

STEP 4 单击工具箱中的 字 按钮，输入数字 "354"，字体为 "黑体"，无填充，轮廓为黑色，其大小和位置如图 8-20 所示。

STEP 5 选择如图 8-20 所示的所有图形，将其群组，以方便后面的操作。

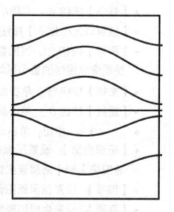

图 8-19 绘制图形

STEP 6 单击工具箱中的 ![icon]按钮，将属性栏中的填充颜色选项右侧的颜色设置为青色（C:61,M:0,Y:7,K:0），然后为如图 8-21 所示的图形填充颜色。

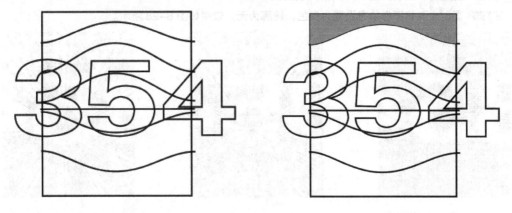

图 8-20　输入数字　　　　　　　　　　　　　　　　图 8-21　填充图形

STEP 7 使用 ![icon]工具，参照图 8-22 填充其他图形。

STEP 8 删除步骤（5）中群组的对象，效果如图 8-23 所示。

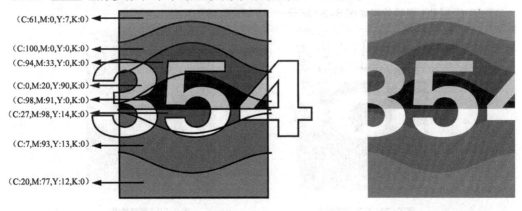

（C:61,M:0,Y:7,K:0）
（C:100,M:0,Y:0,K:0）
（C:94,M:33,Y:0,K:0）
（C:0,M:20,Y:90,K:0）
（C:98,M:91,Y:0,K:0）
（C:27,M:98,Y:14,K:0）
（C:7,M:93,Y:13,K:0）
（C:20,M:77,Y:12,K:0）

图 8-22　填充颜色　　　　　　　　　　　　　　　　图 8-23　删除群组对象后的效果

STEP 9 选择如图 8-23 所示的所有图形，然后选择菜单栏中的【位图】/【转换为位图】命令，弹出图 8-24 所示的【转换为位图】对话框。

STEP 10 按图 8-24 设置选项，然后单击 确定 按钮，将对象转换为位图。

STEP 11 选择转换为位图的文字，再选择菜单栏中的【位图】/【艺术笔触】/【印象派】命令，弹出【印象派】对话框，参照图 8-25 设置相应选项的参数。

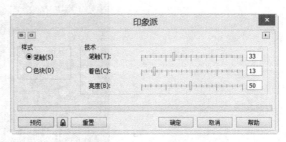

图 8-24　【转换为位图】对话框　　　　　　　　　　图 8-25　【印象派】对话框

STEP 12 单击 确定 按钮。设置艺术笔触后的效果如图 8-26 所示。

STEP 13 绘制如图 8-27 所示的图形。

STEP 14 将图形填充设置为白色，轮廓为无，效果如图 8-28 所示。

图 8-26　艺术笔触后的效果　　　　　图 8-27　绘制图形　　　　　图 8-28　填充效果

STEP 15 单击工具箱中的 按钮，将【透明度类型】设置为"辐射"，并参照图 8-29 对图形进行交互式透明化操作。

STEP 16 最终效果如图 8-30 所示。

图 8-29　交互式透明化　　　　　　　图 8-30　最终效果

STEP 17 选择菜单栏中的【文件】/【保存】命令，将文件命名为"装饰画 .cdr"并进行保存。

8.4.2　绘制海报

综合利用位图处理命令与文本等工具，绘制如图 8-31 所示的海报。

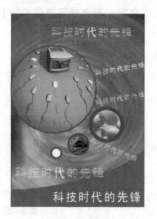

图 8-31　海报

操作步骤

STEP 1 按 Ctrl + N 组合键新建一个文件。

STEP 2 双击工具箱中的 □ 按钮，绘制一个与页面相同大小的矩形。

STEP 3 单击工具箱中的 按钮，在弹出的隐藏工具中选取 工具，绘制如图 8-32 所示的图形。

STEP 4 选择菜单栏中的【窗口】/【泊坞窗】/【造形】命令，在界面右侧弹出如图 8-33 所示的【造形】泊坞窗。

STEP 5 单击【造形】泊坞窗中的 焊接 ，在弹出的下拉列表中选择【修剪】选项（若此时已选择【修剪】选项，则不需要操作此步），并勾选【保留原目标对象】选项，如图 8-34 所示。

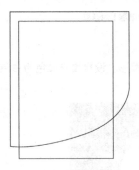

图 8-32　绘制出两个图形　　　图 8-33　【造形】对话框中的选项状态　　　图 8-34　勾选【保留原目标对象】选项

STEP 6 选择后绘制的曲线线条，然后单击【造形】对话框中的 修剪 按钮。

STEP 7 在矩形的路径上单击鼠标左键，修剪后的效果如图 8-35 所示。

STEP 8 填充修剪后的对象的颜色为蓝色（C:100,M:10,Y:10,K:0），效果如图 8-36 所示。

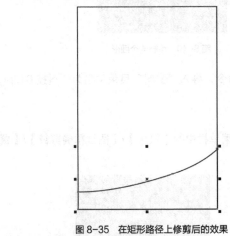

图 8-35　在矩形路径上修剪后的效果　　　　图 8-36　填充修剪后对象的颜色

STEP 9 选择菜单栏中的【文件】/【导入】命令，导入"资料 / 风景 .jpg"图片。按图 8-37 调整导入图片的大小和位置。

STEP 10 选择导入的图片，再选择菜单栏中的【位图】/【模糊】/【放射式模糊】命令，弹出如图 8-38 所示的【放射状模糊】对话框。

STEP 11 设置【数量】选项的数值为"30"，单击 确定 按钮。

图 8-37 导入并调整图片

图 8-38 【放射状模糊】对话框

STEP 12 图片模糊后的效果如图 8-39 所示。

STEP 13 单击工具箱中的 ⬭ 按钮，绘制如图 8-40 所示的圆形。设置填充颜色为白色，轮廓颜色为（C:20,M:80,Y:0,K:20）。

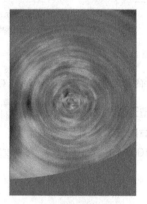

图 8-39 模糊效果

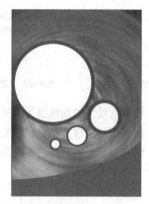

图 8-40 绘制 4 个圆形

STEP 14 选择菜单栏中的【文件】/【导入】命令，导入"资料"目录下名为"科技 01.jpg""科技 02.jpg""科技 03.jpg"的图片。

STEP 15 导入后的效果如图 8-41 所示。

STEP 16 选择如图 8-42 所示的图片，再选择菜单栏中的【效果】/【图框精确剪裁】/【置于图文框内部】命令，将鼠标指针放置在最大的圆形上。

图 8-41 导入图片

图 8-42 选择图片

STEP 17 单击鼠标左键，将图片放置在容器中，效果如图 8-43 所示。

STEP 18 以相同的方法放置其他图片，效果如图 8-44 所示。

STEP 19 选择如图 8-45 所示的对象。

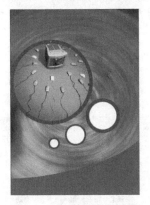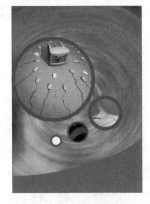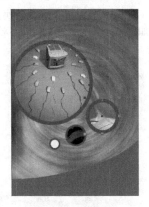

图 8-43　将图片放置在容器中　　　　图 8-44　放置其他图片　　　　图 8-45　选择对象

STEP 20 选择菜单栏中的【效果】/【图框精确剪裁】/【编辑 PowerClip】命令，切换到如图 8-46 所示的状态。

STEP 21 选择图片，参照容器的大小调整图片的大小，调整后的效果如图 8-47 所示。

图 8-46　编辑内容状态　　　　　　　　图 8-47　调整图片的大小

STEP 22 选择菜单栏中的【效果】/【图框精确剪裁】/【结束编辑】命令。

STEP 23 以相同的方法编辑另外一个图片，最终效果如图 8-48 所示。

STEP 24 单击工具箱中的 字 按钮，输入如图 8-49 所示的文字，设置字体为"黑体"，字体大小为"50"，并填充白色。

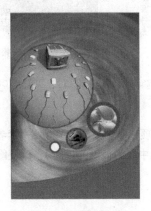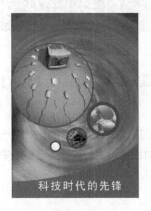

图 8-48　调整其他图片　　　　　　　图 8-49　输入文字

STEP 25 原地复制一组文字，选择复制后的文字后，再选择菜单栏中的【位图】/【转换为位图】命令，弹出如图 8-50 所示的【转换为位图】对话框。

STEP 26 按图 8-50 设置选项，然后单击 确定 按钮，将文字转换为位图。

STEP 27 选择转换为位图的文字，再选择菜单栏中的【位图】/【模糊】/【缩放】命令，弹出如图 8-51 所示的【缩放】对话框。

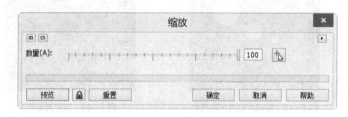

图 8-50 【转换为位图】对话框　　　　　图 8-51 【缩放】对话框

STEP 28 设置【数量】选项的数值为"100"，单击 确定 按钮。

STEP 29 移动模糊后的文字，效果如图 8-52 所示。

STEP 30 复制并移动模糊后的文字，调整复制后的文字的大小、位置与角度，最终效果如图 8-53 所示。

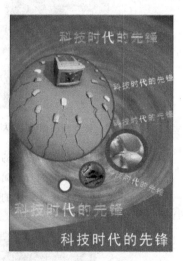

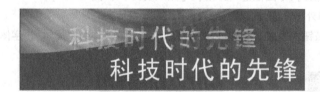

图 8-52 移动模糊后的文字　　　　　　　图 8-53 宣传海报的最终效果

STEP 31 选择菜单栏中的【文件】/【保存】命令，将文件命名为"海报 .cdr"并进行保存。

案例小结

本章介绍了处理位图的菜单命令，对每一个命令的选项和参数都进行了介绍，读者应了解每一个命令的使用方法和对图像产生的效果（这些内容在图像处理中起到很大的作用），以便能在以后的图像处理中灵活运用它们。

8.5 习题

1. 利用所学的【位图】/【轮廓图】命令组，将如图 8-54 所示的图片处理为图 8-55 所示的效果。

图 8-54 原图 图 8-55 处理后的效果

2. 利用所学的【位图】/【创造性】命令组，将如图 8-56 所示的图片处理为如图 8-57 所示的效果。

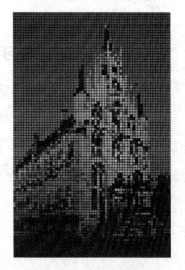

图 8-56 原图 图 8-57 处理后的效果

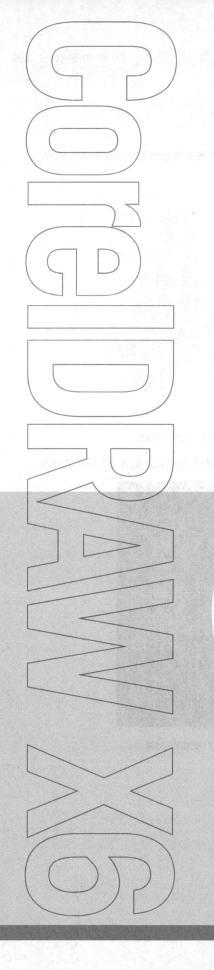

Chapter

9

第9章
综合案例应用

前面几章主要学习了CorelDRAW X6中基本工具的
使用方式和应用技巧，本章将综合运用所学过的工具，来
制作一套VI应用设计系统。

学习要点

- 巩固基本图形绘制工具的
  使用方法。

- 了解企业VI的一般内容
  设计。

9.1 标志设计

1. 练习目的

巩固基本图形绘制工具的使用方式。

2. 练习内容

利用基本绘图工具，绘制如图 9-1 所示的企业标志。

标志设计

图 9-1 绘制的企业标志

3. 操作步骤

STEP 1 按 Ctrl + N 组合键新建一个文件。

STEP 2 单击工具箱中的 ○ 按钮，绘制一个圆形。单击属性栏中的 ◯ 按钮，将圆形转变为弧形，修改属性栏中的 ⌒ 120.0 270.0 的数值分别为 "120" "270"。效果如图 9-2 所示。

STEP 3 选择菜单栏中的【视图】/【贴齐】/【贴齐对象】命令，开启对象捕捉模式（若已开启捕捉，则不需要操作这一步）。

STEP 4 通过捕捉弧形的两个端点和弧形中点，绘制 3 个圆形，圆形的大小和位置如图 9-3 所示。

STEP 5 单击工具箱中的 按钮，从上方的小圆形处向中间的大圆形位置拖曳，如图 9-4 所示，将两个圆形调和。

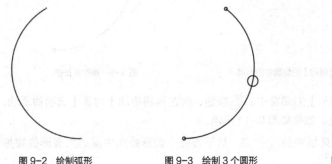

图 9-2 绘制弧形   图 9-3 绘制 3 个圆形   图 9-4 调和两个圆形

STEP 6 选择菜单栏中的【窗口】/【泊坞窗】/【调和】命令，弹出图 9-5 所示的【调和】泊坞窗。

STEP 7 单击【调和】泊坞窗中的 按钮，在弹出的菜单中选择【新路径】命令，移动鼠标指针到最初绘制的圆弧上，如图 9-6 所示。单击鼠标左键，设置圆弧为调和路径。新路径效果如图 9-7 所示。

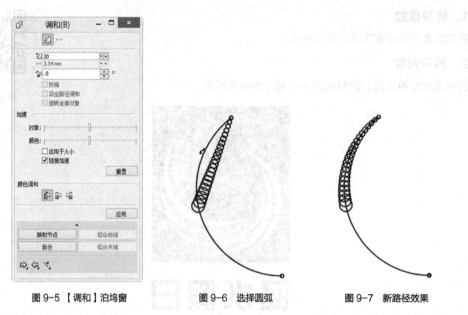

图 9-5 【调和】泊坞窗　　　　图 9-6 选择圆弧　　　　图 9-7 新路径效果

STEP 8 在【调和】泊坞窗中设置【步长】为"11"，如图 9-8 所示，然后单击 应用 按钮，效果如图 9-9 所示。

图 9-8 设置【调和】泊坞窗中的选项　　　　图 9-9 修改步长值

STEP 9 单击【调和】泊坞窗中的 按钮，向左稍稍拖动【对象】选项的滑块，如图 9-10 所示，然后单击 应用 按钮，效果如图 9-11 所示。

STEP 10 单击工具箱中的 按钮，从下方的小圆形处向中间的大圆形位置拖曳鼠标，如图 9-12 所示，将两个圆形调和。

STEP 11 参照步骤（7）~（10），修改另一端的调和效果，修改后的效果如图 9-13 所示。

图 9-10　拖动【对象】下面的滑块　　　　　　　　图 9-11　修改加速对象

图 9-12　调和另外两个圆形　　　　　　　　图 9-13　修改调和效果

STEP 12 选择调和后的圆形，按 Ctrl + K 组合键将对象拆分，将最初的圆弧删除，选择所有圆形，然后按 Ctrl + G 组合键将所有对象群组。

STEP 13 填充对象颜色为黑色，无轮廓，效果如图 9-14 所示。

STEP 14 通过复制、旋转、移动等操作来调整对象，效果如图 9-15 所示。

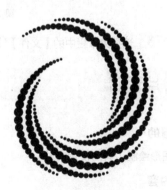

图 9-14　为对象填充颜色　　　　　　　　图 9-15　复制旋转对象

STEP 15 分别为图形填充不同的色彩，色彩可自行设定，也可参考给出的色彩设置，如图 9-16 所示。

STEP 16 单击 按钮，绘制一个如图 9-17 所示的矩形。按 Ctrl + Page Down 组合键将矩形放到最后。设置填充颜色为黑色，无轮廓，效果如图 9-17 所示。

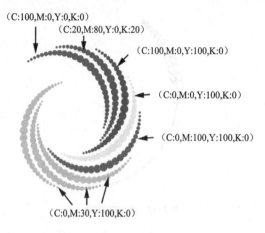

图 9-16 色彩设置参考值

图 9-17 将绘制的矩形放置到最后

STEP 17 单击工具箱中的**字** 按钮，输入文字"蓝水假日"。字体可自行设置，字体、大小如图 9-18 所示。

图 9-18 输入文字

STEP 18 选择菜单栏中的【文件】/【保存】命令，将文件命名为"企业标志 .cdr"并进行保存。

9.2 名片设计

1. 练习目的

巩固基本图形绘制工具的使用方式。

2. 练习内容

利用基本绘图工具，绘制如图 9-19 所示的名片。

图 9-19　名片设计

3. 操作步骤

STEP 1 按 Ctrl + N 组合键，新建一个文件。

STEP 2 单击属性栏中的 A4 ⌄ 按钮，在弹出的下拉列表中选择【名片】选项，将页面设置为【横向】。

STEP 3 双击工具箱中的 □ 按钮，绘制一个与页面同样大小的矩形。如图 9-20 所示。

STEP 4 复制并向下缩小一份矩形，为其填充黑色。效果如图 9-21 所示。

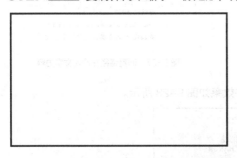

图 9-20　绘制一个与页面同样大小的矩形

图 9-21　复制并向下缩小一份矩形

STEP 5 选择缩小后的矩形，按 Ctrl + Q 组合键，将矩形转化为曲线。

STEP 6 选择如图 9-22 所示的节点，单击属性栏中的 ⌐ 按钮，将直线路径转化为曲线。

STEP 7 如图 9-23 所示，使用鼠标拖曳路径，调整路径的弧度。

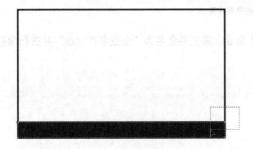

图 9-22　选择节点

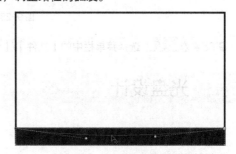

图 9-23　调整路径的弧度

STEP 8 调整后的效果如图 9-24 所示。

STEP 9 利用基本绘图工具，绘制如图 9-25 所示的图形。

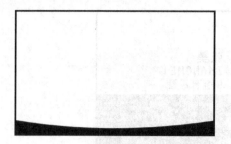

图 9-24　调整路径后的效果

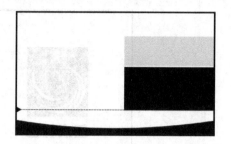

图 9-25　利用绘图工具绘制图形

STEP 10 选择菜单栏中的【文件】/【打开】命令，打开“9.1 节”练习中绘制的“企业标志”文件，选择所绘制的标志，按Ctrl + C组合键。

STEP 11 切换窗口到绘制“名片”的文档，按Ctrl + V组合键，将标志粘贴到当前文档中，调整标志大小和位置，效果如图 9-26 所示。

STEP 12 输入文字，文字内容如图 9-27 所示。

蓝水假日

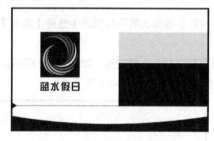

图 9-26　调整标志位置

张美
ZHANGMEI
销售部经理
地址:蓝水路33号
电话:(0232)88880000　88882222
邮编:255003
E-MAIL:Zhangmeixx@suho.com
营销代理:青岛美高房产有限公司

图 9-27　调整路径并输入文字内容

STEP 13 调整文字大小、字体及位置，最终效果如图 9-28 所示。

张美
ZHANGMEI
销售部经理
地址:蓝水路33号
电话:(0232)88880000 88882222
邮编:255003
E-MAIL:Zhangmeixx@suho.com
蓝水假日
营销代理:青岛美高房产有限公司

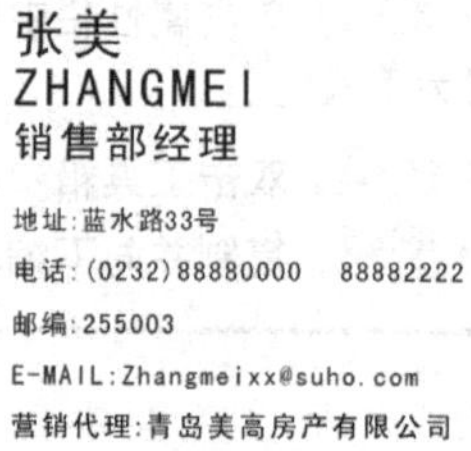

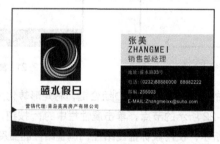

图 9-28　名片的最终效果

STEP 14 选择菜单栏中的【文件】/【保存】命令，将文件命名为“企业名片 .cdr”并进行保存。

9.3 光盘设计

1. 练习目的

巩固基本图形绘制工具的使用方式。

2. 练习内容

利用基本绘图工具，绘制如图 9-29 所示的光盘。

图 9-29 光盘设计

3. 操作步骤

STEP 1 按 Ctrl + N 组合键，新建一个文件。

STEP 2 单击工具箱中的 ○ 按钮，绘制如图 9-30 所示的 4 个圆形。

STEP 3 选择最外与最内部的两个圆形，按下键盘中的 Ctrl + L 组合键，将两个圆形结合为一个对象，填充颜色为黑色，无轮廓。修改另外两个圆形为无填充，轮廓为白色，宽度为"1.0mm"，效果如图 9-31 所示。

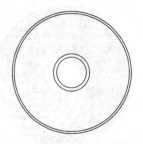

图 9-30 绘制大小不同的 4 个圆形　　　　　　图 9-31 填充图形对象

STEP 4 选择菜单栏中的【文件】【打开】命令，打开"9.1 节"练习中绘制的"企业标志"文件，选择标志中的图形部分，按 Ctrl + C 组合键。

STEP 5 切换窗口到绘制"光盘"的文档，按 Ctrl + V 组合键，将标志粘贴到当前文档中。

STEP 6 选择标志中的图形部分，再选择菜单栏中的【效果】/【图框精确剪裁】/【置于图文框内部】命令。

STEP 7 移动鼠标指针到黑色填充的圆形路径上，单击鼠标左键，将图形放置到容器中，效果如图 9-32 所示。

STEP 8 选择标志中的图形部分，再选择菜单栏中的【效果】/【图框精确剪裁】/【编辑 PowerClip】命令。

STEP 9 工作区域将切换到如图 9-33 所示的编辑内容状态。

图 9-32 将图形放置到容器中　　　　　　图 9-33 编辑内容状态

STEP 10 如图 9-34 所示，调整标志的位置与大小。

STEP 11 选择标志中的图形部分，选择菜单栏中的【效果】/【图框精确剪裁】/【结束编辑】命令，退出内容编辑状态，编辑后的效果如图 9-35 所示。

图 9-34　调整标志的位置与大小　　　　　　　　　　图 9-35　编辑后的效果

STEP 12 输入如图 9-36 所示的文字。

STEP 13 调整文字大小和位置，如图 9-37 所示。

蓝水假日
精品房演示

图 9-36　输入文字　　　　　　　　　　　　　　图 9-37　光盘效果

STEP 14 单击工具箱中的 □ 按钮，绘制一个与光盘等高的正方形，再绘制一个圆心位于正方形右侧路径上的圆形，如图 9-38 所示。

STEP 15 利用圆形修剪正方形，修剪后的效果如图 9-39 所示。

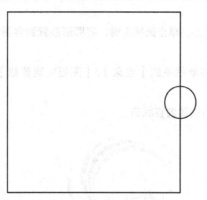 

图 9-38　绘制正方形与圆形　　　　　　　　　　图 9-39　正方形被修剪后的效果

STEP 16 填充修剪后的对象为黑色，无轮廓，效果如图 9-40 所示。

STEP 17 复制企业的标志，调整标志的大小和位置，如图 9-41 所示。

图 9-40　为修剪后的对象填充颜色

图 9-41　调整企业标志的大小与位置

STEP　18　最终绘制好的光盘与光盘套的效果如图 9-42 所示。

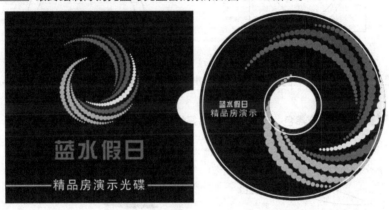

图 9-42　光盘最终效果

STEP　19　选择菜单栏中的【文件】/【保存】命令，将文件命名为"企业光盘 .cdr"并进行保存。

9.4　太阳帽设计

1.　练习目的

巩固基本图形绘制工具的使用方式。

2.　练习内容

利用基本绘图工具，绘制如图 9-43 所示的太阳帽。

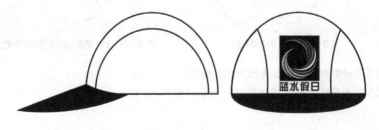

图 9-43　太阳帽设计

3. 操作步骤

STEP 1 按 Ctrl + N 组合键，新建一个文件。

STEP 2 利用基本绘图工具，绘制如图 9-44 所示的图形。

STEP 3 选择菜单栏中的【窗口】/【泊坞窗】/【造形】命令，弹出【造形】泊坞窗。

STEP 4 选择矩形，确认【造形】对话框的 修剪 ▼ 下拉列表中为【修剪】选项，勾选【保留原始源对象】复选项，然后单击 修剪 按钮。

STEP 5 在外圆路径上单击鼠标左键，利用矩形修剪外圆。

STEP 6 同样再利用矩形修剪内圆，最后删除矩形，效果如图 9-45 所示。

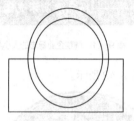

图 9-44 绘制基本图形

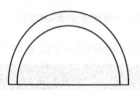

图 9-45 删除矩形

STEP 7 单击工具箱中的 🖊 按钮，在弹出的隐藏工具中选取 🖊 工具，如图 9-46 所示，绘制帽子的帽沿。

STEP 8 为帽沿填充黑色，无轮廓。绘制好的帽子侧面效果如图 9-47 所示。

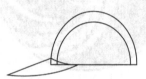

图 9-46 绘制基本帽沿

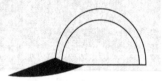

图 9-47 绘制好的帽子侧面效果

STEP 9 单击工具箱中的 ◯ 按钮，绘制如图 9-48 所示的 3 个椭圆形。

STEP 10 选择左边的椭圆形，单击【造形】对话框中的 修剪 ▼ 按钮，在下拉列表中选择【相交】选项，并勾选【保留原目标对象】复选项，然后单击 相交对象 按钮。

STEP 11 移动鼠标指针到中间椭圆形的路径上，单击鼠标左键，得到相交图形。

STEP 12 用同样的方法处理右边的椭圆形与中间的椭圆形，效果如图 9-49 所示。

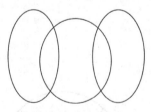

图 9-48 绘制 3 个椭圆形

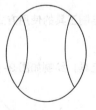

图 9-49 3 个椭圆形的路径相交后的效果

STEP 13 绘制如图 9-50 所示大小的矩形。

STEP 14 利用矩形修剪其他图形，效果如图 9-51 所示。

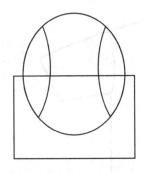

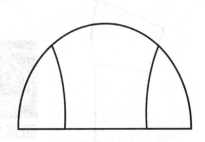

图 9-50 在相交图形上绘制矩形   图 9-51 利用矩形修剪其他图形的效果

STEP **15** 单击工具箱中的 按钮，在弹出的隐藏工具中选取的 按钮，如图 9-52 所示，绘制帽子的帽沿，并为其填充黑色，如图 9-53 所示。

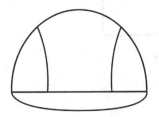

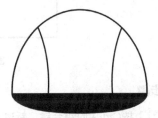

图 9-52 绘制帽子的帽沿   图 9-53 绘制好的帽子正面效果

STEP 16 导入"9.1 节"练习中绘制的企业标志，调整标志的大小和位置，效果如图 9-54 所示。

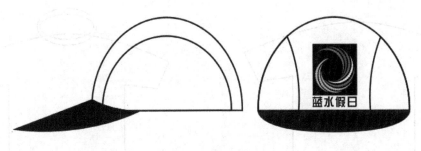

图 9-54 太阳帽的最终效果

STEP 17 选择菜单栏中的【文件】/【保存】命令，将文件命名为"帽子设计"，并进行保存。

9.5 T 恤设计

1. 练习目的

巩固基本图形绘制工具的使用方式。

2. 练习内容

利用基本绘图工具，绘制如图 9-55 所示的 T 恤。

图 9-55　T恤设计

3. 操作步骤

STEP 按 Ctrl + N 组合键，新建一个文件。

STEP 单击工具箱中的 按钮，在弹出的隐藏工具中选取 工具，绘制如图 9-56 所示的图形。

STEP 单击工具箱中的 按钮，绘制如图 9-57 所示的两个椭圆形。

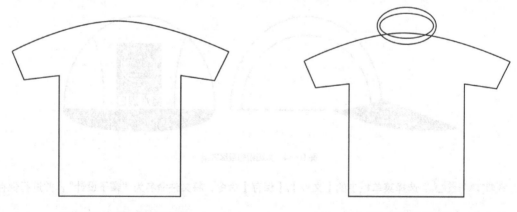

图 9-56　绘制 T 恤基本图形　　　　　　　图 9-57　绘制两个椭圆形

STEP 选择菜单栏中的【窗口】/【泊坞窗】/【造形】命令，弹出【造形】泊坞窗。

STEP 选择较小的圆形，单击【造形】对话框中的 相交 按钮，在下拉列表中选择【修剪】选项（若此时已选择【修剪】选项，则不需要操作此步），不勾选【保留原始源对象】与【保留原目标对象】复选项，然后单击 修剪 按钮。

STEP 移动鼠标指针到 T 恤路径上，单击鼠标左键，修剪后的效果如图 9-58 所示。

STEP 选择另一个圆形，单击【造形】对话框中的 修剪 按钮，在下拉列表中选择【相交】选项，并勾选【保留原目标对象】复选项，然后单击 相交对象 按钮。

STEP 移动鼠标指针到 T 恤路径上，单击鼠标左键，相交后的效果如图 9-59 所示。

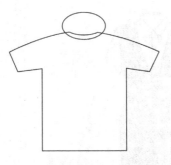

图 9-58　T 恤基本图形被修剪后的效果

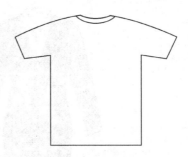

图 9-59　与椭圆形相交后的效果

STEP 9 单击工具箱中的 按钮，在弹出的隐藏工具中选取 工具，绘制如图 9-60 所示的图形。

STEP 10 利用新绘制的图形，与 T 恤路径相交，效果如图 9-61 所示。

图 9-60　绘制新图形

图 9-61　与新绘制图形相交后的效果

STEP 11 复制衣袖并镜像到另一侧，为 T 恤领口填充颜色（C:0,M:100,Y:0,K:0），效果如图 9-62 所示。

STEP 12 导入 "9.1 节" 练习中绘制的标志，调整位置与大小，最终效果如图 9-63 所示。

图 9-62　填充领口颜色

图 9-63　T 恤的最终效果

STEP 13 选择菜单栏中的【文件】/【保存】命令，将文件命名为 "T 恤设计"，并进行保存。

9.6 女员工制服设计

1. 练习目的

巩固基本图形绘制工具的使用方式。

2. 练习内容

利用基本绘图工具，绘制如图 9-64 所示的女员工制服。

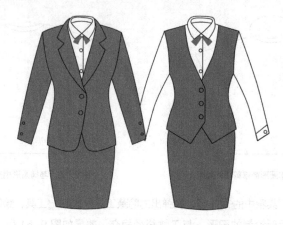

图 9-64　女员工制服设计

3. 操作步骤

STEP 1 按 Ctrl + N 组合键,新建一个文件。

STEP 2 单击工具箱中的 按钮,参照图 9-65、图 9-66、图 9-67 和图 9-68 的顺序绘制制服上衣的基本图形。

   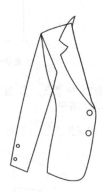

图 9-65　绘制衣身　　　图 9-66　绘制衣领　　　　图 9-67　绘制袖子　　　　图 9-68　绘制纽扣

STEP 3 选择所有图形,按下键盘中的 Ctrl + G 组合键,将所有图形群组。

STEP 4 复制群组对象,镜像后如图 9-69 所示,调整图形间的位置,并为其填充红色,效果如图 9-70 所示。

STEP 5 单击工具箱中的 按钮,如图 9-71 所示,绘制上衣衣领。

图 9-69　镜像并复制图形　　　　　图 9-70　外套形态　　　　　图 9-71　绘制领口

STEP 6 单击工具箱中的 按钮，调节领口的节点，如图 9-72 所示。

STEP 7 调整衣领的位置与大小，如图 9-73 所示。

STEP 8 继续绘制领结等其他细节部分，如图 9-74 所示。

图 9-72 调整节点

图 9-73 调整领口位置与大小

图 9-74 绘制其他细节部分

STEP 9 绘制制服的裙子，如图 9-75 所示，按下键盘上的 Shift + Page Down 组合键，将其调整到最底层，并填充红色，最终效果如图 9-76 所示。

STEP 10 以相同的方式绘制出另一款制服，效果如图 9-77 所示。

图 9-75 绘制裙子

图 9-76 为裙子图形填充红色

图 9-77 绘制另一款制服

STEP 11 选择菜单栏中的【文件】/【保存】命令，将文件命名为"女员工制服设计 .cdr"，并进行保存。

9.7 礼品——手表设计

1. 练习目的

巩固基本图形绘制工具的使用方式。

2. 练习内容

利用基本绘图工具，绘制如图 9-78 所示的手表。

图 9-78　手表设计

3. 操作步骤

STEP 1 按 Ctrl + N 组合键，新建一个文件。

STEP 2 单击工具箱中的 按钮，绘制如图 9-79 所示的表带图形。

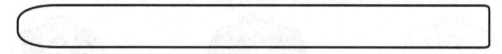

图 9-79　绘制表带图形

STEP 3 单击工具箱中的 按钮，绘制如图 9-80 所示的圆形。

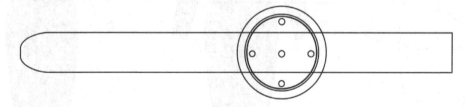

图 9-80　绘制多个大小不同的圆形

STEP 4 同时选择最大的圆形与表带，单击属性栏中的 按钮，焊接两个图形，焊接后的效果如图 9-81 所示。

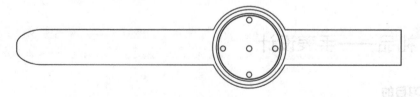

图 9-81　焊接两个图形后的效果

STEP 5 单击工具箱中的 按钮，在如图 9-82 所示的矩形标识的位置添加节点。

STEP 6 删除图 9-83 所示的框选的节点，删除后的效果如图 9-84 所示。

STEP 7 继续绘制表的指针与旋钮，效果如图 9-85 所示。

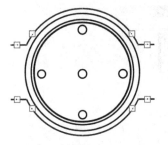

图 9-82 在矩形标识上添加节点

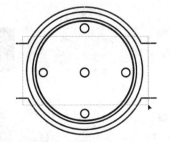

图 9-83 选择节点

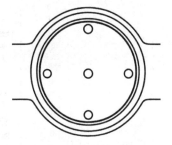

图 9-84 删除节点后的效果

STEP 8 选择如图 9-86 所示的外圈圆形，单击工具箱中的 🔷 按钮，在弹出的隐藏工具中选取 ■ 工具，则弹出【渐变填充】对话框，按图 9-87 设置参数，然后单击 确定 按钮。

图 9-85 绘制表的指针与旋钮

图 9-86 选择外圈的圆形

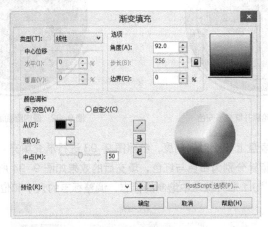

图 9-87 设置参数

STEP 9 填充后的效果如图 9-88 所示。

STEP 10 选择如图 9-89 所示的中间层圆形，单击工具箱中的 🔷 按钮，在弹出的隐藏工具中选取 ■ 工具，弹出【渐变填充】对话框，按图 9-90 设置参数，然后单击 确定 按钮。

图 9-88 渐变填充后的效果

图 9-89 选择中间层的圆形

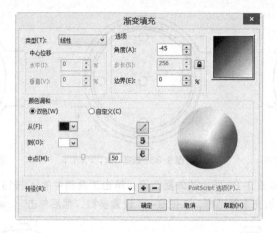

图 9-90　设置渐变参数值

STEP 11 去掉轮廓并填充渐变色，效果如图 9-91 所示。

STEP 12 选择最内圈的圆形，为其填充黑色，无轮廓，效果如图 9-92 所示。

图 9-91　去掉轮廓并填充渐变色

图 9-92　最内圈圆形的填充效果

STEP 13 选择表盘上 5 个时间刻度，参照图 9-93 进行渐变填充。

STEP 14 填充指针分别为白色与红色，填充后的效果如图 9-94 所示。

STEP 15 导入 "9.1 节" 练习中绘制的标志，调整标志的大小和位置，效果如图 9-95 所示。

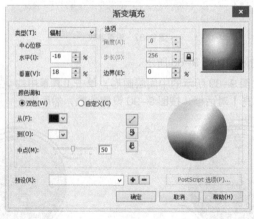

图 9-93　设置参数进行渐变填充

图 9-94 渐变填充圆形

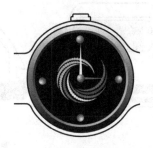

图 9-95 导入并调整标志的位置和大小

STEP 16 如图 9-96 所示，绘制表带扣。

STEP 17 如图 9-97 所示，绘制表带的扣眼。

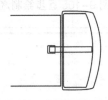

图 9-96 绘制表带扣

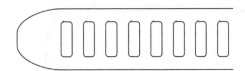

图 9-97 绘制表带的扣眼

STEP 18 填充表带为黑色，添加文字，最终效果如图 9-98 所示。

图 9-98 手表的最终效果

STEP 19 以相同的方式绘制出另一款手表的效果图，如图 9-99 所示。

图 9-99 另一款手表的效果图

STEP 20 选择菜单栏中的【文件】/【保存】命令，将文件命名为"手表设计"，并进行保存。

9.8 汽车车身设计

1. 练习目的

巩固基本图形绘制工具的使用方式。

2. 练习内容

利用基本绘图工具，绘制如图 9-100 所示的汽车车身。

图 9-100　汽车车身设计

3. 操作步骤

STEP 1 按 Ctrl + N 组合键，新建一个文件。

STEP 2 参照图 9-101、图 9-102、图 9-103、图 9-104 和图 9-105 逐步绘制汽车图形。

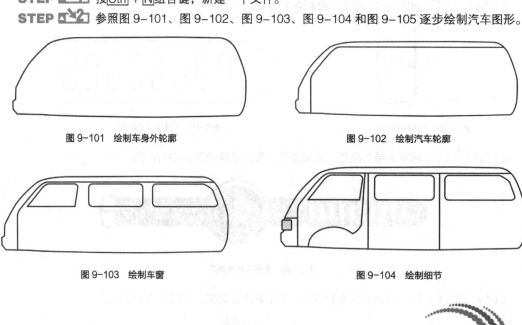

图 9-101　绘制车身外轮廓　　　　　　　　　　图 9-102　绘制汽车轮廓

图 9-103　绘制车窗　　　　　　　　　　图 9-104　绘制细节

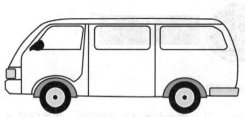

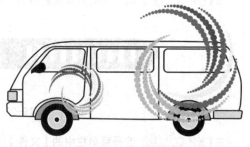

图 9-105　绘制车轮　　　　　　　　　　图 9-106　导入并调整标志

STEP 3 选择汽车外轮廓与 3 个车窗图形，按 Ctrl + L 组合键，将图形结合为一个整体。

STEP 4 导入"9.1 节"练习中绘制的标志的图形部分，并复制一份，如图 9-106 所示，调整标志的位置与大小。

STEP 5 选择两个标志，按 Ctrl + G 组合键，将图形群组。

STEP 6 选择群组后的标志，选择菜单栏中的【效果】/【图框精确剪裁】/【置于图文框内部】命令。

STEP 7 移动鼠标指针到车窗的路径上，单击鼠标左键，精确剪裁后的效果如图 9-107 所示。

图 9-107　对标志精确剪裁后的效果

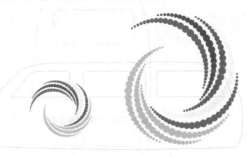

图 9-108　调整标志在容器中的位置

STEP 8 选择菜单栏中的【效果】/【图框精确剪裁】/【编辑 PowerClip】命令。

STEP 9 调整标志在容器中的位置，如图 9-108 所示。

STEP 10 选择菜单栏中的【效果】/【图框精确剪裁】/【结束编辑】命令，完成后的效果如图 9-109 所示。

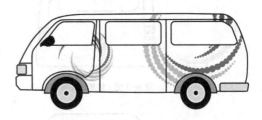

图 9-109　进行精确剪裁后的效果

STEP 11 单击工具箱中的 □ 按钮，绘制如图 9-110 所示的矩形。

STEP 12 选择矩形，确认【造形】对话框中的 相交 ∨ 下拉列表中为【相交】选项，并勾选【保留原目标对象】复选项。然后单击 相交对象 按钮。

STEP 13 移动鼠标指针到汽车外轮廓的路径上，单击鼠标左键，相交后的效果如图 9-111 所示。

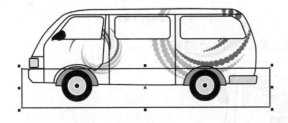

图 9-110　在车身底部绘制一个矩形

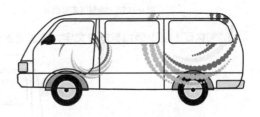

图 9-111　与矩形相交后的效果

STEP 14 填充相交部分颜色为黑色，无轮廓，并调整图形间的顺序，效果如图 9-112 所示。

STEP 15 输入文字，最终效果如图 9-113 所示。

图 9-112　调整各个图形间的顺序

图 9-113　汽车本身的最终效果

STEP 16 参照图 9-114 ～图 9-119 逐步绘制汽车背面的图形。

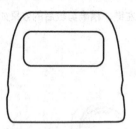

图 9-114　绘制汽车背面 A

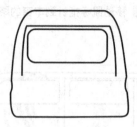

图 9-115　绘制汽车背面 B

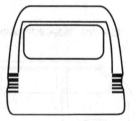

图 9-116　绘制汽车背面 C

图 9-117　绘制汽车背面 D

图 9-118　绘制汽车背面 E

图 9-119　绘制汽车背面 F

STEP 17 添加标志与文字，汽车背面最终效果如图 9-120 所示。

图 9-120　汽车背面效果

STEP 18 选择菜单栏中的【文件】/【保存】命令，将文件命名为"汽车车身设计"，并进行保存。

9.9　文化用品设计

1.　练习目的

巩固基本图形绘制工具的使用方式。

2. 练习内容

利用基本绘图工具，绘制如图 9-121 所示的文件夹。

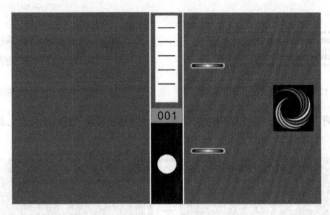

图 9-121　文件夹设计

3. 操作步骤

STEP 1　按 Ctrl + N 组合键，新建一个文件。

STEP 2　如图 9-122 所示，绘制出文件夹的基本轮廓线。

STEP 3　为其填充颜色，颜色可自定义，填充效果如图 9-123 所示。

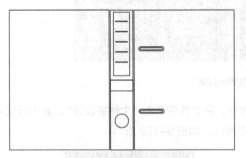

图 9-122　绘制文件夹的基本轮廓线

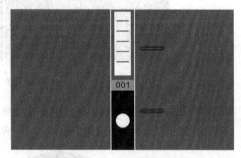

图 9-123　为文件夹填充颜色

STEP 4　选择文件的金属环图形，单击工具箱中的 按钮，在弹出的隐藏工具中选取 工具，弹出【渐变填充】对话框，参照图 9-124 设置参数，然后单击 确定 按钮。

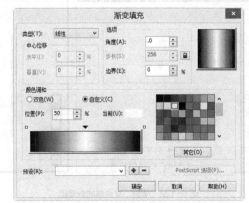

图 9-124　设置参数值

STEP 5 填充后的效果如图 9-125 所示。

STEP 6 选择金属环下面的圆角矩形，填充颜色为（C:0,M:0,Y:0,K:20）的灰色，效果如图 9-126 所示。

图 9-125　渐变填充后的效果　　　　　　　　　　图 9-126　为圆角矩形填充灰色

STEP 7 导入"9.1 节"练习中绘制的标志，调整标志的位置与大小，最终效果如图 9-127 所示。

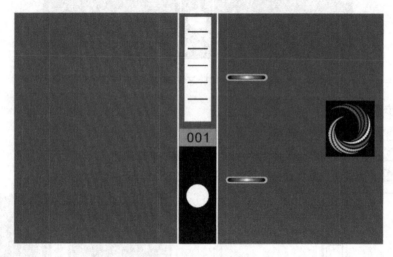

图 9-127　文件夹的最终效果

STEP 8 选择菜单栏中的【文件】/【保存】命令，将文件命名为"文件夹设计"，并进行保存。

STEP 9 以相同方式绘制出信封、文件袋的效果图，如图 9-128 所示。

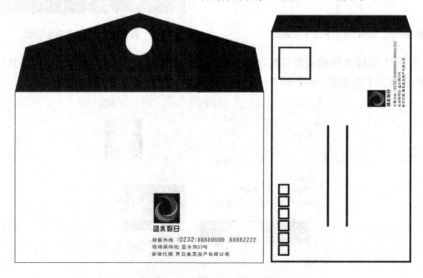

图 9-128　信封、文件袋的效果图

9.10 宣传折页设计

1. 练习目的

巩固基本图形绘制工具的使用方式。

2. 练习内容

利用基本绘图工具,绘制如图 9-129 所示的宣传折页设计。

图 9-129 宣传折页设计

3. 操作步骤

STEP 1 按 Ctrl + N 组合键,新建一个文件,设置页面大小为 "280mm×180mm"。

STEP 2 选择菜单栏中的【视图】/【设置】/【辅助线设置】命令,在弹出的【选项】对话框左侧的选项栏中选择【文档】/【辅助线】/【水平】选项,在右侧的数值输入框中输入数值 "0",再单击 添加(A) 按钮,添加一条水平方向的辅助线,然后在数值输入框中输入数值 "60",再单击 添加(A) 按钮。以相同的方式分别输入数值 "135" "180",总共添加 4 条水平方向的辅助线,【选项】对话框如图 9-130 所示。

图 9-130 在【选项】对话框中设置添加水平辅助线

STEP 03 在左侧的选项栏中选取【文档】/【辅助线】/【垂直】选项，在右侧的数值输入框中输入数值"0"，然后单击 添加(A) 按钮。以相同的方式分别输入数值"190""280"，【选项】对话框如图 9-131 所示。

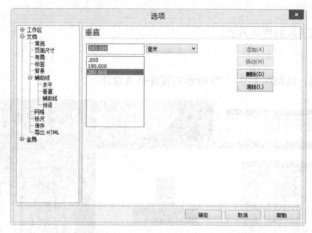

图 9-131　在【选项】对话框中设置添加垂直辅助线

STEP 04 辅助线的设置完成后，单击 确定 按钮，工作区域中添加的辅助线状态如图 9-132 所示。

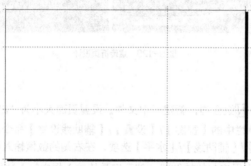

图 9-132　工作区域内添加的辅助线状态

STEP 05 选择菜单栏中的【视图】/【设置】/【贴齐对象设置】命令，弹出【选项】对话框，勾选【显示贴齐位置标记】选项，如图 9-133 所示，单击 确定 按钮。

图 9-133　勾选【显示贴齐位置标记】选项

STEP **6** 选择菜单栏中的【视图】/【对齐辅助线】命令，如果已经勾选了【对齐辅助线】选项，就不需要操作这一步。

STEP **7** 单击工具箱中的 □ 按钮，通过捕捉绘制如图 9-134 所示的矩形。

STEP **8** 如图 9-135 所示，为矩形填充颜色。

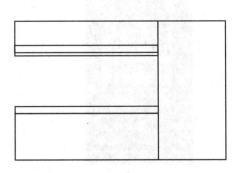

图 9-134 通过捕捉绘制矩形

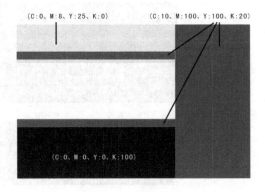

图 9-135 为矩形填充颜色

STEP **9** 选择菜单栏中的【文件】/【导入】命令，导入"资料"目录下名为"VI 01.jpg""VI 02.jpg""VI 03.jpg"的图片。

STEP **10** 导入如图 9-136 所示的图片。

STEP **11** 如图 9-137 所示，调整图片的大小和位置。

图 9-136 导入 3 张图片

图 9-137 调整几张图片的位置和大小

STEP **12** 利用基本绘图工具，绘制如图 9-138 所示的地点导向图。

STEP **13** 将地点导向图群组，放置在折页的右下角，如图 9-139 所示。

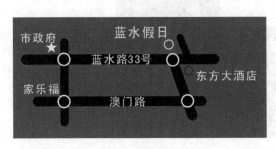

图 9-138 绘制地点导向图

图 9-139 将地点导向图放置到折页右下角

STEP 14 输入如图 9-140 所示的文字，设置字体为"黑体"，大小分别为"22""8"。

STEP 15 如图 9-141 所示，将文字放置在折页的右侧，然后让文字与右侧的矩形垂直居中对齐。

图 9-140 输入文字   图 9-141 调整文字

STEP 16 输入如图 9-142 所示的文字，设置字体为"黑体"，大小为"8"。

STEP 17 将文字群组，如图 9-143 所示，调整文字的位置。

图 9-142 输入文字并修改其字体与大小   图 9-143 调整文字的位置

STEP 18 导入"9.1 节"练习中绘制的标志，调整标志的大小与位置，并输入文字，最终效果如图 9-144 所示。

图 9-144 宣传折页的最终效果

STEP 19 选择菜单栏中的【文件】/【保存】命令，将文件命名为"宣传折页设计 .cdr"，并进行保存。

9.11 报纸广告设计

1. 练习目的

巩固基本图形绘制工具的使用方式。

2. 练习内容

利用基本绘图工具，绘制如图 9-145 所示的报纸广告。

图 9-145　报纸广告设计

3. 操作步骤

STEP 1 按 Ctrl + N 组合键，新建一个文件，设置页面大小为"A4"，页面纵向。

STEP 2 单击工具箱中的 □ 按钮，如图 9-146 所示，绘制 3 个矩形，从上到下依次填充颜色（C:0,M:20,Y:100,K:0）、（C:30,M:100,Y:100,K:5）、（C:0,M:0,Y:0,K:100）。

STEP 3 选择菜单栏中的【文件】/【导入】命令，导入"资料"目录下名为"VI 04.jpg"的图片。

STEP 4 导入后的效果如图 9-147 所示。

STEP 5 单击工具箱中的 按钮，在弹出的隐藏工具中选取 工具，参照导入图片的白色区域绘制如图 9-148 所示的路径。

STEP 6 选择导入的图片，再选择菜单栏中的【效果】/【图框精确剪裁】/【置于图文框内部】命令。

图 9-146　绘制 3 个不同大小的矩形

图 9-147　导入图片的效果

STEP 7 移动鼠标指针到第（5）步绘制的路径上，单击鼠标左键，将图片放置在容器内，效果如图 9-149 所示（这样处理后，可以遮盖图片中的白色部分）。

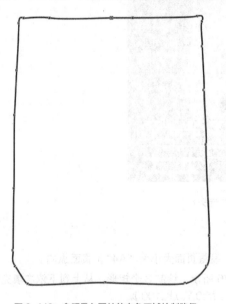

图 9-148　参照导入图片的白色区域绘制路径

图 9-149　选择导入图片

STEP 8 去掉精确剪裁容器的轮廓，调整图片的大小与位置，如图 9-150 所示。

STEP 9 单击工具箱中的 按钮，在弹出的隐藏工具中选取 工具，拖曳鼠标为图片添加投影，如图 9-151 所示。

STEP 10 输入如图 9-152 所示的文字，设置字体为"黑体"，大小分别为"30"和"20"。

STEP 11 利用基本绘图工具，绘制如图 9-153 所示的装饰线条。

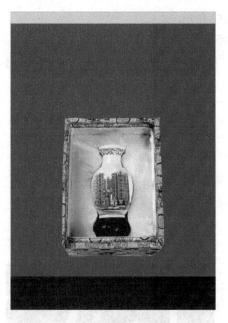

图 9-150 调整图片位置

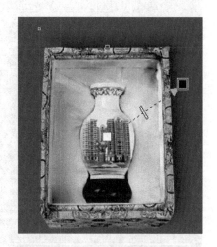

图 9-151 为图片添加阴影

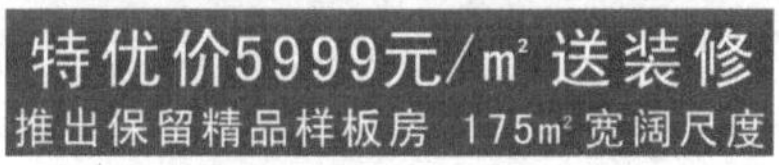

特优价5999元/m² 送装修
推出保留精品样板房 175m² 宽阔尺度

图 9-152 输入文字并修改字体

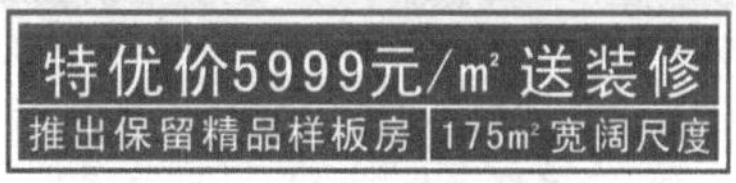

特优价5999元/m² 送装修
推出保留精品样板房 175m² 宽阔尺度

图 9-153 绘制装饰线条

STEP 12 将文字与线条群组，参照图 9-154 调整位置。

STEP 13 以相同的方式输入如图 9-155 所示的文字。

特优价5999元/m² 送装修
推出保留精品样板房 175m² 宽阔尺度

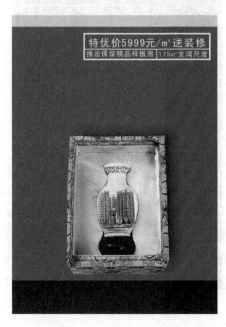

图 9-154 调整文字与线条的位置

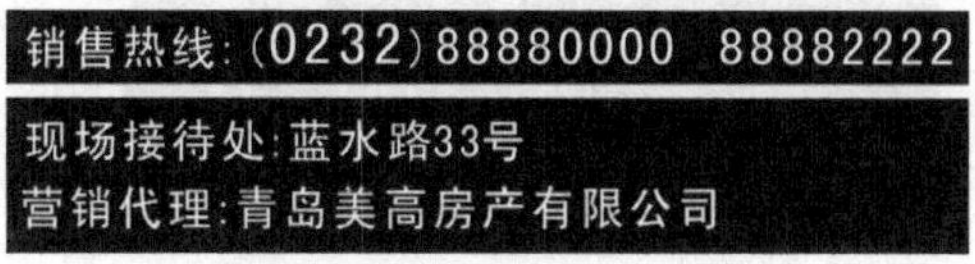

销售热线:(0232)88880000 88882222
现场接待处:蓝水路33号
营销代理:青岛美高房产有限公司

图 9-155 输入其他文字

STEP 14 调整文字的位置与大小，如图 9-156 所示。

STEP 15 利用基本绘图工具，绘制如图 9-157 所示的地点导向图。

图 9-156　调整其他文字的位置

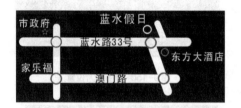

图 9-157　利用绘图工具绘制地点导向图

STEP 16 群组地点导向图，如图 9-158 所示，调整地点导向图的位置与大小。

STEP 17 导入"9.1 节"练习中绘制的标志，调整标志的位置与大小，最终效果如图 9-159 所示。

图 9-158　调整地点导向图的位置与大小

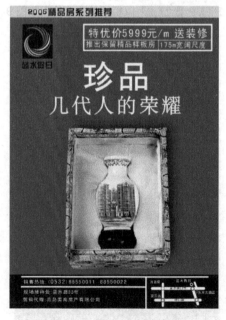

图 9-159　报纸广告的最终效果

STEP ⟨18⟩ 选择菜单栏中的【文件】/【保存】命令，将文件命名为"报纸广告设计"，并进行保存。

9.12 案例小结

　　本章练习了一些较为系统的 VI 应用设计，在练习中运用的工具与命令是对前面学习的一个巩固，练习中难度并不大，但是需要花费的时间较多，希望读者耐心完成该练习，并熟练掌握一些常用的工具和命令。

案例小结